国家林业和草原局普通高等教育"十四五"规划教材

林业生态工程学(南方本)

(第2版)

王克勤　李艳梅　主编

中国林业出版社
China Forestry Publishing House

内 容 简 介

"林业生态工程学"是水土保持与荒漠化防治专业的核心课程。本教材对林业生态工程建设的基本理论和技术体系进行了系统阐述，内容主要包括：林业生态工程概述、林业生态工程基础理论、森林培育理论、人工造林技术、森林抚育、集水造林技术、水源涵养林业生态工程、山丘区林业生态工程、南方典型区域林业生态工程、林业生态工程项目管理、林业生态工程效益评价。本教材的特点：一是针对南方地区的地形地貌及气候特点对林业生态工程体系进行了优化，植物种类选择突出南方分布特点，使林业生态工程建设做到因地制宜；二是针对南方地区特有的水土流失类型区，介绍了典型区域林业生态工程的建设特点和技术措施，使林业生态工程建设做到因害设防；三是列举了实际案例对理论方法进行了总结，体现了理论与实践的结合。

本教材适用于我国秦岭—淮河以南地区水土保持与荒漠化防治专业相关课程的学习，也可供相关从业人员学习参考。

图书在版编目(CIP)数据

林业生态工程学：南方本／王克勤，李艳梅主编.—2版.—北京：中国林业出版社，2023.6（2023.10重印）

国家林业和草原局普通高等教育"十四五"规划教材
ISBN 978-7-5219-2184-7

Ⅰ.①林… Ⅱ.①王… ②李… Ⅲ.①林业-生态工程-高等学校-教材 Ⅳ.①S718.5

中国国家版本馆 CIP 数据核字(2023)第 072603 号

责任编辑：范立鹏
责任校对：苏 梅
封面设计：周周设计局

出版发行：中国林业出版社
　　　　　（100009，北京市西城区刘海胡同7号，电话83223120）
电子邮箱：cfphzbs@163.com
网址：www.forestry.gov.cn/lycb.html
印刷：北京中科印刷有限公司
版次：2018年1月第1版
　　　2023年6月第2版
印次：2023年10月第2次印刷
开本：787mm×1092mm　1/16
印张：17.25
字数：410千字
定价：56.00元

《林业生态工程学》(南方本)(第 2 版)编写人员

主　　编：王克勤　李艳梅

编写人员：(按姓氏笔画为序)

　　　　　王克勤(西南林业大学)
　　　　　王治国(水利部水利水电规划设计总院)
　　　　　刘　霞(南京林业大学)
　　　　　李　凤(南昌工程学院)
　　　　　李艳梅(西南林业大学)
　　　　　宋娅丽(西南林业大学)
　　　　　张光灿(山东农业大学)
　　　　　赵洋毅(西南林业大学)
　　　　　涂　璟(安徽工程大学)
　　　　　黎建强(西南林业大学)

第 2 版前言

"林业生态工程学"是水土保持与荒漠化防治专业的核心课程。《林业生态工程学》(南方本)第 1 版问世以来,在我国生态环境类专业,尤其在南方地区农林院校生态环境类专业得到了广泛应用,并取得了较好的效果。

进入 21 世纪以来,随着我国生态文明建设的深入推进,"山水林田湖草沙"系统治理理念的深化运用,"双碳"目标的确定实施,国家生态建设有了更新、更高要求的新时代到来,高等教育需要进一步履行服务国家战略和经济社会发展的职责和使命,高等农林教育更要满足"新农科"建设的要求。2022 年 11 月,教育部等四部门联合出台《关于加快新农科建设推进高等农林教育创新发展的意见》,提出大力推进农林类紧缺专业人才培养,推进农林教育供给侧改革,增强学科专业设置的前瞻性、适应性和针对性。农林院校面临新一轮专业设置、人才培养模式、教材体系、教学方法等的重大改革。在此背景下,南方地区林业生态工程同样需要将不断发展的新理念、新材料、新方法、新技术加以总结,补充完善其理论和技术体系,并在教材内容修订中加以体现,以适应新时代环境生态类专业科技创新型人才培养的需求。为此,我们在第 1 版基础上进行了修订。

与第 1 版教材相比,第 2 版教材主要在以下方面进行了修订:在教材体系上作了调整和补充,使各章节的内容更加系统完整并体现新的理念和技术。将原第 4 章近自然森林经营技术整合到第 5 章森林抚育部分,将原第 5 章定向培育的内容整合到第 3 章培育理论部分,使本课程体系更加合理。结合林业生态工程发展中的新理念,第 5 章中融入了林分健康可持续管理内容;结合林业生态工程发展中应用的新材料、新技术,在第 6 中增加了集水光伏高效利用技术内容;结合林业生态工程发展中应用的新方法,在第 6 中增加了集水造林的案例,使教材体系与林业生态工程发展的新趋势紧密结合。为了突出林业生态工程的适应性和针对性,将下篇南方林业生态工程建设技术中的案例全部单独列出,并对案例进行了更新和完善。结合国家对项目实行"放管服"改革,在第 10 章增加了林业工程项目的实施及验收内容。本教材仍采用第 1 版的模块化课程体系结构,包括林业生态工程概述和基础理论模块、森林培育基础理论模块、南方林业生态工程建设技术模块。不同学校、不同专业可根据前修课程内容选择不同模块作为教学重点。为配合教学改革,便于学生自学和总结,每章仍配有章小节和课后思考题,以帮助学生掌握重点、课后复习和深入思考。

在结构上,除了必要的理论阐述外,本教材注重南方林业生态工程规划、设计、施工、管理等技术操作和基本技能的培养,并配以南方各类型、各区域的典型案例,具有很强的针对性和实践性;在教材内容上,注重融入林业生态工程的新理念、新要求、新技术和新方法,可使读者更好地了解林业生态工程发展的新趋势。本教材除满足教学外,还可供有关设计、生产、科研及管理部门参考。

本教材由王克勤和李艳梅担任主编,各章分工如下:第 1 章和第 2 章由王克勤和王治国编写,第 3 章由涂璟编写,第 4 章和第 5 章由黎建强编写,第 6 章由王克勤编写,第 7

章和第 8 章由赵洋毅和刘霞编写，第 9 章由宋娅丽和李凤编写，第 10 章由李艳梅和王治国编写，第 11 章由王克勤、李艳梅和张光灿编写。全书最后由王克勤和李艳梅修改定稿。

本教材是在第 1 版的基础上编写的，同时参考和引用了众多专家、学者的珍贵资料和研究成果，除注明出处的部分外，限于体例未能一一说明。在此谨向第 1 版作者和有关文献作者致以诚挚的谢意！

由于编者水平有限，书中难免有不妥或疏漏之处，敬请广大读者和专家给予批评指正。

编 者

2023 年 3 月

目　录

第 2 版前言

上篇　绪　论

第 1 章　林业生态工程概述 (2)
 1.1　林业生态工程的概念 (2)
 1.2　林业生态工程的基本内容 (4)
 1.3　林业生态工程的类型和体系 (5)
 1.4　国内外林业生态工程 (7)
 1.5　林业生态工程与其他学科的关系 (14)
 复习思考题 (15)

第 2 章　林业生态工程基础理论 (16)
 2.1　生态学基本原理 (16)
 2.2　系统可持续发展理论 (18)
 2.3　生态经济学理论 (21)
 2.4　景观生态学原理 (27)
 2.5　恢复生态学理论 (32)
 复习思考题 (34)

中篇　森林培育基础理论

第 3 章　森林培育理论 (36)
 3.1　人工林概述 (36)
 3.2　立地分类 (40)
 3.3　树种选择 (52)
 3.4　林分的结构与配置 (58)
 复习思考题 (79)

第 4 章　人工造林技术 (81)
 4.1　造林整地 (81)
 4.2　造林方法 (89)
 复习思考题 (98)

第5章 森林抚育 (99)
- 5.1 林地抚育 (99)
- 5.2 林木抚育 (104)
- 5.3 林分改造 (109)
- 5.4 封山育林 (113)
- 5.5 近自然森林经营 (117)
- 复习思考题 (119)

第6章 集水造林技术 (120)
- 6.1 集水的含义和集水系统分类 (120)
- 6.2 微区域集水系统的结构、特点和功能 (122)
- 6.3 微区域集水系统的技术要点 (125)
- 6.4 光伏提水灌溉高效利用技术 (126)
- 复习思考题 (129)

下篇 南方林业生态工程建设技术

第7章 水源涵养林业生态工程 (132)
- 7.1 水源涵养林概述 (132)
- 7.2 水源涵养林营造技术 (135)
- 7.3 南方地区水源涵养林营造案例 (139)
- 复习思考题 (147)

第8章 山丘区林业生态工程 (148)
- 8.1 山丘区林业生态工程体系 (148)
- 8.2 山丘区林业生态工程的主要类型 (151)
- 8.3 山丘区林业生态工程典型案例 (167)
- 复习思考题 (172)

第9章 南方典型区域林业生态工程 (173)
- 9.1 沿海防护林 (173)
- 9.2 石漠化地区林业生态工程 (181)
- 9.3 干热河谷区林业生态工程 (189)
- 9.4 崩岗区林业生态工程 (195)
- 复习思考题 (201)

第10章 林业生态工程项目管理 (202)
- 10.1 林业生态工程项目管理程序 (202)
- 10.2 林业生态工程规划 (207)
- 10.3 林业生态工程可行性研究 (214)
- 10.4 林业生态工程初步设计 (223)

10.5　林业生态工程实施及验收 …………………………………………（234）
　　复习思考题 …………………………………………………………………（236）
第 11 章　林业生态工程效益评价 ………………………………………（238）
　　11.1　林业生态工程效益评价概述 …………………………………………（238）
　　11.2　林业生态工程效益评价方法 …………………………………………（243）
　　11.3　林业生态工程综合效益评价指标体系 ………………………………（253）
　　11.4　林业生态工程效益评价典型案例 ……………………………………（259）
　　复习思考题 …………………………………………………………………（263）

参考文献 …………………………………………………………………………（265）

上篇

绪　论

第 1 章

林业生态工程概述

森林是以木本植物为主体的生物群落及其环境的综合体。森林生态系统是地球陆地上最大、最发达的生态系统之一，在整个生物圈的物质和能量交换过程以及保持和调节自然界的生态平衡中，具有涵养水源、保持水土、防风固沙、改善区域环境和农业生产条件等多种功能，占有极其重要的位置。但是，由于种种复杂的原因，森林毁坏，覆盖率降低，使我国的生态环境日趋恶化，自然灾害频繁、水土流失加剧、荒漠化面积扩大、水资源短缺、生物多样性减少等生态环境问题日益凸显。同时，森林与全球变暖、城市"热岛"效应及工矿区环境保护等的关系问题，在我国也越来越引起关注。因此，水土保持工程措施是防治水土流失、改善生态环境的根本性措施。考虑到水土保持工程措施与其他林业工程的协调统一，共同形成系统的森林防护体系，结合林业生态工程实施水土保持工程措施更具有系统性和全局观，也充分反映了山丘区水土保持林体系与林业生态工程的有机协调统一。

1.1 林业生态工程的概念

林业生态工程是生态工程的一个分支，要理解它，必须首先理解生态工程的基本概念。

1.1.1 生态工程的基本概念

20 世纪 60 年代，美国著名生态学家 H. T. Odum(1913—2002)首先提出了生态工程的概念，其定义为"为了控制系统，人类应用主要来自自然的能源作为辅助能对环境的控制""对自然的管理就是生态工程，更好的措辞是与自然结成伙伴关系"，80 年代初期欧洲生态学家 Dietrich Uhlmann(1930—2018)、Milan Straskraba(1931—2000)提出了"生态工艺技术"，将它作为生态工程的同义语，并定义为"在环境管理方面，根据对生态学的深入了解，花最小代价，对环境的损坏又是最小的一些技术"，美国的 William J. Mitsch(1947—)与丹麦的 Sven Erik Jørgenson(1934—2016)联合将生态工程定义为"为了人类社会及其自然环境二者的利益而对人类社会及其自然环境进行的设计"。1993 年又修改为"为了人类社会及其自然环境的利益，而对人类社会及其自然环境加以综合的而且能持续的生态系统设计。它包括开发、设计、建立和维持新的生态系统，以期达到诸如污水处理(水质改善)、地面矿渣及废弃物的回收、海岸带保护等。同时还包括生态恢复、生态更新、生物控制等目的"。随着生态工程研究的深入发展，美国、中国、瑞典等国学者出版了有关生态工程的专著，1992年在荷兰创办了国际性的生态工程杂志——*Ecological Engineering*。目前，生态工程已经成为国际上极其活跃的新研究领域之一。

生态工程在我国的正式提出开始于20世纪70年代末期。面对我国生态环境和社会经济发展过程中存在的严峻形势，1986年，我国著名生态学家马世骏及时提出了以"整体、协调、循环、再生"为核心的生态工程基本建设理念，又进一步将生态工程定义为："生态工程是应用生态系统中物种共生与物质循环再生原理，结合系统工程最优化方法设计的分层多级利用物质的工艺系统。"生态工程的目标是在促进自然界良性循环的前提下，充分发挥物质的生产潜力，防止环境污染，达到经济效益和生态效益同步发展。1997年7月25日，王如松教授在《中国科学报》（海外版）发表的《生态工程与可持续发展》一文中指出："生态工程是一门着眼于生态系统持续发展能力的整合工程技术。它根据生态控制论原理去系统设计、规划和调控人工生态系统的结构要素、工艺流程、信息反馈关系及控制机构，在系统范围内获取高的经济和生态效益。不同于传统末端治理的环境工程技术和单一部门内污染物最小化的清洁生产技术，生态工程强调资源的综合利用、技术的系统组合、科学的边缘交叉和产业的横向结合，是中国传统文化与西方现代技术有机结合的产物。"可见，生态工程中的生态是指生态系统，而不是指生态环境（实际上生态系统包含了生态环境）。生态工程可简单地概括为生态系统的人工设计、施工和运行管理。它着眼于生态系统的整体功能与效率，而不是单一因子和单一功能的解决；强调的是资源与环境的有效开发以及外部条件的充分利用，而不是对外部高强度投入的依赖。这是因为生态工程包含着生命有机体，它们具有自我繁殖、自我更新、自主选择有利于自己发育的环境的能力，这也是区别于一般工程（如土木工程、水利工程等）的实质所在。

早在3000多年前，我国就已形成了"观乎天文以察时变，观乎人文以成天下"的人类生态理论体系，包括道理（即自然规律，如天文、地理、水文、气象等）、事理（即对人类活动的合理规划管理，如中医、农事、军事、家事等）和情理（即社会行为的准则，如伦理、道德、法律等），我国社会正是依靠对这些天、地、人三者关系的整体认识，依靠物质循环再生、社会协调共生和修身养性自我调节的生态观，维持着几千年稳定的社会结构，形成了独特的生态工程技术。20世纪70年代以来，在以马世骏为首的生态学家的倡导下，我国生态工程建设蓬勃发展，农业、林业、渔业、牧业及工业生态工程模式如雨后春笋般涌现，取得了显著的社会、经济和环境效益，得到了各级政府的广泛支持和群众的积极参与，获得了国际学术界的好评。生态工程作为一门学科已经形成并蓬勃发展，而且被全社会普遍接受并关注。

综合生态学家的阐述，云正明等（1998）对生态工程进行了比较概括的定义："应用生态学、经济学有关理论和系统论的方法，以生态环境保护与社会经济协同发展为目的（可持续发展），对人工生态系统、人类社会生态环境和资源进行保护、改造、治理、调控、建设的综合工艺技术体系或综合工艺过程。"

生态工程包括农业生态工程、林业生态工程、草业生态工程、工矿生态工程、恢复生态工程、城镇生态工程等类型。生态工程的实施首先要具备理论基础，其次是技术的应用。从理论上讲，生态工程主要涉及3个方面的技术：一是在不同结构的生态系统中，能量与物质的多级利用与转化，包括：①自然资源（如光、热、水、肥、土、气等）的多层次利用技术，林业生态工程中所谓的乔、灌、草结合就属于这一类。②生物产品的多级利用技术，是指人类通过设计和建造优质、稳定的生态系统，使非经济生物产品（如枯枝落叶、草类、动物排泄物，通过各种途径返回自然界）通过人工选择的营养级生物种群，转化为经济生物产品（如木材、粮食、肉类，可为人类直接利用）的技术，如"桑基鱼塘"就是这种技术的体现。二是资源再生技术，即通常所谓的"变害为利"技术，是把人类生活与生产活动中产生的有害废物，如污水、废气、垃圾、养殖场的排泄物等污染环境的物质，通过生态工程技术，转化为人类可利用的资源。三是自然生态系统中生物种群之间共生、互生与拮抗关系的利用技术，即利用这些关系达到维持优化人工生态系统的目的，如"林地+养殖""林地+种植"等生态产业是这类技术的典型代表。

1.1.2 林业生态工程的基本概念

关于林业生态工程的概念，目前有多种解释。王礼先等（1998）根据我国的林业生产实践和生态工程的概念提出的初步概念是："林业生态工程是生态工程的一个分支，是根据生态学、林学及生态控制论原理，设计、建造与调控以木本植物为主的人工复合生态系统的工程技术，其目的在于保护、改善与持续利用自然资源与环境。"林业生态工程与传统的森林培育和经营技术有4个明显的区别：①传统的森林培育和经营是以林地为对象，在宜林地上造林，在有林地上经营；而林业生态工程的目的是在某一区域（或流域）内，设计、建造与调控人工的或天然的森林生态系统，特别是人工复合生态系统，如农林复合生态系统、林牧复合生态系统。②传统的森林培育和经营在设计、建造与调控森林生态系统过程中，主要关注木本植物与环境的关系、木本植物的种间和种内关系以及林分的结构功能、物质流与能量流；而林业生态工程主要关注整个区域人工复合生态系统中物种共生关系与物质循环再生过程，以及整个人工复合生态系统的结构、功能、物质流与能量流。③传统的森林培育和经营的主要目的在于提高林地的生产率，实现森林资源的可持续利用和经营；而林业生态工程的目的在于提高整个人工复合生态系统的经济效益与生态效益，实现生态系统的可持续经营。④传统的森林培育和经营在设计、建造与调控森林生态系统过程中仅考虑在林地上采用综合技术措施；而林业生态工程则考虑在复合生态系统中的各类土地上采用综合措施，也就是通常所说的"山水田林路综合治理"。

综上，可以概括出更加符合生态工程概念的林业生态工程概念：根据生态学、生态经济学、系统科学与生态工程原理，针对自然资源环境特征和社会经济发展现状，以木本植物为主体，并将相应的植物、动物、微生物等生物种群人工匹配结合而形成的稳定而高效的人工复合生态系统的过程，也包括对现有不良的天然或人工森林生态系统和复合生态系统的改造及调控措施的规划设计。

1.2 林业生态工程的基本内容

林业生态工程的目标是通过人工设计，在一个区域或流域内建造以木本植物群落为主体的优质、高效、稳定的多种生态系统的复合体,形成区域复合生态系统,以达到自然资源的可持续利用及环境的保护和改良。其内容主要包括4个方面:

(1)区域总体规划

区域复合生态工程总体规划就是在平面上对一个区域的自然环境、经济、社会和技术因素进行综合分析,在现有生态系统的基础上,合理规划布局区域内的天然林、天然次生林、人工林,以及农林复合、农牧复合、城乡及工矿绿化等多种不同结构的生态系统,使它们在平面上形成合理的镶嵌配置,构筑以森林为主体的或森林参与的区域复合生态系统的框架。

(2)时空结构设计

对于每一个生态系统来说,系统设计最重要的内容是时空结构设计。时空结构设计在空间上就是立体结构设计,是指通过组成生态系统的物种与环境、物种与物种、物种内部关系的分析,在立体上构筑群落内物种间共生互利、充分利用环境资源的稳定高效的生态系统,通俗地说就是乔灌草结合、林农牧结合;在时间上,就是利用生态系统内物种生长发育的时间差别,合理安排生态系统的物种构成,使之在时间上充分利用环境资源。

(3)食物链结构设计

利用食物链原理,设计低耗高效生态系统,使森林生态系统的产品得到再转化和再利用,是林业生态工程的优化设计,也是系统内部植物、动物、微生物及环境间科学的系统优化组合,如桑基鱼塘、有害生物综合控制等。

(4)特殊生态工程设计

特殊生态工程是指建立在特殊环境条件基础上的林业生态工程,主要包括工矿区林业生态工程、城市(镇)林业生态工程、严重退化的劣地生态工程(如盐渍地、流动沙地、崩岗地、裸岩裸土地、陡峭边坡等)。由于环境的特殊性,必须采取特殊的工艺设计和施工技术才能完成。

1.3 林业生态工程的类型和体系

林业生态工程的类型划分至今尚无统一的方法。划分林业生态工程类型,必须首先了解生态系统的分类及我国关于森林和林种的划分,然后才能正确划分林业生态工程的类型。

1.3.1 林种与林种划分

根据森林起源可将森林分为天然林和人工林。天然林(natural forest)是指天然下种或萌芽而长成的森林,而人工林(artificial forest)是用人工种植的方法营造的森林。森林(包括天然林和人工林)按其不同的效益可划分为不同的种类,简称林种。对于人工林来说,不同林种反映不同的森林培育目的;对于天然林来说,不同林种反映不同的经营管理性质。

根据2019年修订的《中华人民共和国森林法》,林种有五大类:①防护林。以防护为主要目的的森林、林木和灌木丛,包括水源涵养林、水土保持林、防风固沙林、农田和牧场防护林、护岸林、护路林。②用材林。以生产木材为主要目的的森林和林木,包括以生产竹材为主要目的的竹林。③经济林。以生产果品、食用油料、饮料、调料、工业原料和药材等为主要目的的林木。④能源林。以生产物质能源为主要培育目的的林木，有油料和木质能源林之分。⑤特种用途林。以国防、环境保护、科学实验等为主要目的的森林和林木，包括国防林、实验林、母树林、环境保护林、风景林、名胜古迹和革命纪念地的林木、自然保护区的森林。

林种划分只是相对的，实际上每一个林种都起着多种作用，如防护林也能生产木材，而用材林也有防护作用，这两个林种同时也可以供人们游憩。但大多数情况，每片森林都有一个主要作用，在培育人工林和经营天然林时必须区别对待。

1.3.2 林业生态工程体系

林业生态工程是在不同的地理区域人工设计、改造、构建的以木本植物为主体的森林生态系统和复合生态系统。由于地理区域的差异性，不同区域的林业生态工程在生态安全中扮演不同的角色，所承担的生态功能具有较大差异。其划分应符合生态系统类型划分及林种划分的基本原则，并满足生态建设的实际要求。20世纪70年代初，北京林业大学关君蔚先生在其发表的《甘肃黄土丘陵地区水土保持林林种的调查研究》一文中首次提出水土保持林体系的概念；王礼先、王斌瑞在20世纪90年代构建了山丘区水土保持林体系；之后，王治国（1999）、王百田（2010）等相继根据林业生态工程在不同地理区域所承担的生态功能，将其分为江河上中游水源涵养林业生态工程体系、山丘区林业生态工程体系、风沙区草原区防风固沙林业生态工程体系、生态经济型林业生态工程和环境改良型林业生态工程等几大类型，每一类型又分为不同的亚类。

我国幅员辽阔，不同区域的气候、地貌、植被、经济、社会等条件有很大的差别，无法用一个统一的定式来描述全国的林业生态工程体系。尤其是南方地区分布着特殊的水土流失类型，尽管其分布范围较小，但水土流失形式特殊，形成的危害严重，造成的损失巨大。在前人工作的基础上，根据南方地区地貌类型、气候、植被类型、存在的主要生态环境问题及区域经济发展水平，本教材将林业生态工程体系分为江河上中游水源涵养林业生态工程体系、山丘区林业生态工程体系和南方典型区域林业生态工程体系三大类型，14亚类（表1-1），虽未尽然，但体现了我国南方地区林业生态工程建设的特点。

表1-1 南方地区林业生态工程体系分类表

类型	亚类	地理区域
江河上中游水源涵养林业生态工程	天然林保护工程 天然次生林改造 水源涵养林营造 自然保护区	江河上中游汇水区
山丘区林业生态工程	分水岭防护林 坡面水土保持林 梯田地埂防护林 沟道防护林 水库、河岸（滩）水土保持林 经济林	江河中下游农业区

（续）

类　型	亚　类	地理区域
南方典型区域林业生态工程	海岸防护林 石漠化地区林业生态工程 干热河谷区林业生态工程 崩岗区林业生态工程	沿海沙地 喀斯特地区 西南干热河谷 花岗岩分布区

注：引自关君蔚，1962。

1.4 国内外林业生态工程

1.4.1 国外林业生态工程

国外大型林业生态工程的实践始于1934年的美国"罗斯福工程"。19世纪后期，不少国家由于过度放牧和开垦等原因，经常风沙弥漫，各种自然灾害频繁发生。20世纪以来，很多国家都开始关注生态建设，先后实施了一批规模和投入巨大的林业生态工程，其中影响较大的有美国的"罗斯福工程"、苏联的"斯大林改造大自然计划"、北非五国的"绿色坝工程"、加拿大的"绿色计划"、日本的"治山计划"、法国的"林业生态工程"、菲律宾的"全国植树造林计划"、印度的"社会林业计划"、韩国的"治山绿化计划"、尼泊尔的"喜马拉雅山南麓高原生态恢复工程"等。这些大型工程都为各国的生态环境建设起到了至关重要的作用。

(1) 美国的"罗斯福工程"

美国建国初期，人口主要集中在东部的13个州，其后不断向西进入大陆腹地。到19世纪中叶，中西部大草原6个州人口显著增长。由于过度放牧和开垦，19世纪后期经常风沙弥漫，各种自然灾害日益频繁。特别是1934年5月发生的一场特大黑风暴，沙尘绵延2800 km，席卷全国2/3的大陆，大面积农田和牧场毁于一旦，使大草原地区损失肥沃表土逾3×10^8 t，6000×10^4 hm^2耕地受到危害，小麦减产102×10^8 kg。当时的美国总统罗斯福发布命令，宣布实施"大草原各州林业工程"，因此，这项工程又被称为"罗斯福工程"。

(2) 苏联的"斯大林改造大自然计划"

1990年，苏联森林总面积7.92×10^8 hm^2，森林覆盖率36%，其中防护林面积1.78×10^8 hm^2，占森林总面积的22.5%，占国土总面积的8%。然而20世纪初，由于森林植被较少和特殊高纬度地理条件，农业生产经常遭到恶劣气候条件等因素的影响，产量低而不稳，为了保证农业稳产高产，大规模营造农田防护林提上了议事日程。1948年，苏联发布了"苏联欧洲部分草原和森林草原地区营造农田防护林，实行草田轮作，修建池塘和水库，以确保农业稳产高产计划"，这就是通常所称的"斯大林改造大自然计划"。

(3) 北非五国的"绿色坝工程"

撒哈拉沙漠的飞沙移动现象十分严重，威胁着周边国家的生产、生活和人民生命安全，特别是北非的摩洛哥南部、阿尔及利亚和突尼斯的主要干旱草原区、利比亚和埃及的地中海沿岸及尼罗河流域尤为严重。为了防止沙漠北移，控制水土流失，发展农牧业和满足人们对木材的需要，北非五国政府决定在撒哈拉沙漠北部边缘联合建设一项跨国林业生态工程。

（4）加拿大的"绿色计划"

加拿大森林面积 $4.2×10^8\ hm^2$，森林覆盖率 41.8%，林产品贸易量占全球份额的 20%。由于加拿大的经济是以森林工业为中心逐步发展起来的，因而历史上加拿大的森林资源也经历了大规模的采伐阶段。随着公众对生态环境的日益关注，加拿大不断完善林业发展战略，特别是最近 20 多年来，大约每 5 年召开一次全国性林业大会，及时对林业发展战略进行调整，林业发展由木材永续利用阶段向森林生态系统的可持续经营阶段推进。1992 年，加拿大国家林业大会制定了国家林业战略——可持续的森林：加拿大的承诺，标志着加拿大最大的林业生态工程开始全面实施。

（5）日本的"治山计划"

第二次世界大战后，日本针对本国多次发生的大水灾，提出治水必须治山、治山必须造林，特别是营造各种防护林。于 1954—1994 年连续制订和实施了 4 期防护林建设计划，防护林的比例由 1953 年占国土面积的 10% 提高到 32%，其中水源涵养林占 69.4%，并在 3300 hm^2 的沙岸宜林地上营造 150~250 m 宽的海岸防护林。1987 年 2 月，日本开展第 7 个治山五年计划，到 1991 年，总投资达 19 700 亿日元，造林款政府补贴 50%（国家 40%、地方 10%）。

（6）法国的"林业生态工程"

1965 年起，法国开始大规模兴建海岸防风固沙、荒地造林和山地恢复等五大林业生态工程。虽历经多届政府，但大型林业生态工程仍由政府预算维持，并由国家森林局执行。第二次世界大战后的 20 年森林覆盖率提高了 6.3%。造林由国家给予补贴（营造阔叶林补助 85%、营造针叶林补助 15%），免征林业产品税，只征 5% 的特产税（低于农业 8%），国有林经营费用 40%~60% 由政府拨付。

（7）菲律宾的"全国植树造林计划"

菲律宾于 1986 年在全国开始实施"全国植树造林计划"，其重要目标是增加森林覆盖率，稳定生态环境，提供就业机会，改善乡村地区的贫困状况，恢复退化的热带雨林和红树林。

（8）印度的"社会林业计划"

印度针对本国社会经济实际情况，组织实施具有鲜明特点的社会林业计划，在国际上享有盛誉。自 1973 年正式执行社会林业计划以来，取得了巨大成绩，被联合国粮食及农业组织誉为发展中国家发展林业的典范。

（9）韩国的"治山绿化计划"

为了防止水土流失、改善生态环境，韩国已先后组织实施了 3 期治山绿化计划。20 世纪 80 年代末已消灭荒山荒地，完成国土绿化任务，水土流失基本得到控制，森林水源涵养功能大增，生态环境有较大改观。

（10）尼泊尔的"喜马拉雅山南麓高原生态恢复工程"

尼泊尔政府与国际组织联合，1980 年开始实施喜马拉雅山南麓高原生态恢复工程，该工程借鉴了印度的乡村林业模式和中国在退化高原地区植树造林、增加植被覆盖的成功经验，耗资2.5亿美元。工程实施5年后，为该国573万人提供了全年需要的燃料用材，并为13.2万头牲畜提供了充足的饲料，同时使粮食产量增加了约1/3。

1.4.2 我国林业生态工程

1.4.2.1 我国古代林业生态工程

早在春秋战国时期，一些有识之士面对黄河流域广大地区山林植被遭到严重破坏、自然灾害日益频繁的现状，发出了保护与合理利用山林的呼吁，提出了一些主张。孟轲曾说："数罟不入洿池，鱼鳖不可胜食也；斧斤以时入林，材木不可胜用也。"(《孟子·梁惠王上》)荀况则更进一步强调："草木荣华滋硕之时，则斧斤不入山林，不夭其生，不绝其长也。"(《荀子·王制》)据大约成书于战国时期的《逸周书·大聚解》记载，重视保护生物资源，大约始于夏商时代，作为夏禹治国的禁令之一："禹之禁：春三月，山林不登斧斤，以成草木之长；夏三月，川泽不入网罟，以成鱼鳖之长。"明确指出合理利用生物资源的目的在于促进生物资源的繁殖。

大约在春秋战国时期就形成了以家庭为单元的小型综合农业。《孟子·梁惠王上》就曾写道："五亩之宅，树之以桑，五十者可以衣帛矣。鸡豚狗彘之畜，无失其时，七十者可以食肉矣。百亩之田，勿夺其时，数口之家，可以无饥矣。"《管子·立政》提出："一年之计莫如树谷，十年之计莫如树木""山泽不救于火，草木不植成，国之贫也"，反之，"山泽救于火，草木植成，国之富也"；明末的《沈氏农书》详细介绍了农林牧综合经营的经验，提出了"养猪羊乃农家第一者"，有粮多养禽畜，养畜积肥才能"粪多力勤"夺丰收的思想，书中还写道："令羊专吃枯叶、枯草，猪专吃糟麦，则烧酒又获赢息。有赢无亏，……何不为也。"这种依赖综合经营构成的种植、饲养、加工间的物质循环，把农、林、牧以及加工副业联结成一个物质循环利用的整体，促进了农业生态系统的动态平衡。

早在1300年前，《齐民要术》里就提出了"地势有良薄，山泽有异宜，顺天时，量地力，则用力少而成功夺，任情返道劳而无积"的理论；《农说》指出："合天时、地脉、物性之宜，而无所差异"才能取得"事半功倍"的效果；《农书》也指出："顺天之时，国地之宜"；《群芳谱》里，又进一步论及树种的生物学特性，书中写道："凡花卉果蔬，地产不同，秉性亦异。在北者耐寒，在南者喜暖。高山者宜燥，下地者宜湿……北者移之南，则盛；南者移之北，则变。如橘生淮南，移之北则为枳。龙眼荔枝之类盛于南方，榛、松、枣、栗之属蕃于北土……此物之固然，非人力可强致也。诚能顺其天，以致其性，斯得种植之法。"《群芳谱》里关于青杨造林地改良的记载："栽青杨于春月。将欲栽树的土地挑深一尺五寸，宽一尺，长短任意，以先水饮透。"这是典型的造林地的土壤改良措施。其中还指出："蚕豆……两浙桑树下，遍环种之。此豆与豌豆，树叶茂时彼已结荚而成实矣。"这种组合运用了植物群落的时空配合规律；战国时期《庄子·山木》中曾指出："蝉方得意美，而忘其身，螳螂执臂而搏，见得而忘其形，异鹊从而利之。"这是食物链原理的生动描述。

这说明了我国古代不仅认识了生态学的一些原理，而且能利用于农林业生产实践中，体现出林业生态工程在我国有悠久的发展历史。

1.4.2.2 我国现代林业生态工程的战略布局

林业生态工程总体规划与布局，既要考虑和分析林业生产的自然条件，包括气候、土壤、植被、地形、地质地貌等因素，又要考虑林业生态工程管理运行的整体效益。因此，以自然生态环境条件为基础，以自然灾害防治为出发点，以工程管理运行整体效益为目标，是开展林业生态工程规划与布局的基本原则。

首先，因地制宜是林业生态工程建设的基本原则。森林植被的生长发育要求特定的水热组合，同样，特定的水热组合可以满足特定的植被群落。水热组合受多种因素的影响，从大气环流、大地构造，到微地貌的改变，都能影响特定区域的水热组合特征以及与之相适应的土壤特点、植被特征。因此，林业生态工程规划与布局要充分考虑自然生态环境条件的分异特征，因地制宜，从气候条件、土壤条件、植被条件、地质地貌特点进行综合分析加以确定。其次，因害设防实现减灾防灾是林业生态工程规划与布局的出发点。针对我国主要自然灾害特点与分布，充分发挥森林植被改善和影响区域气候、水资源分布功能，起到涵养水源、净化水质、保持水土和抵御各种自然灾害的作用。再次，获取最佳生态效益、经济效益和社会效益是林业生态工程规划与布局的最终目标。林业生态工程建设一方面要获取最佳的生态效益；另一方面，对中国这样一个农业人口多、土地生产压力大、经济相对不太发达的国家而言，林业生态工程建设的经济效益水平将直接关系工程建设的质量、进度及可持续发展。因此，开展林业生态工程总体规划与布局，必须分析林业生产现状，包括森林资源、林业用地、森林经营手段等多个方面，分析社会经济发展水平，使林业生态工程规划与布局同当前林业生产、社会经济发展水平相适应，以确保规划的实施，实现林业生态工程建设生态效益、经济效益和社会效益相统一。最后，林业生态工程规划与布局要充分注意地域完整性，以便于工程管理。

我国林业生态工程就是根据我国生态环境特点和可持续发展战略的要求，结合我国经济和社会发展状况；根据各种不同类型的生态环境区划及国土整治的要求，结合林业生产建设特点；根据工程建设因害设防、因地制宜、合理布局、突出重点、分期实施、稳步发展的原则，结合林业生态建设现状进行规划与布局。由于各区域的情况不同，生态环境问题的外在表现及治理建设内容也不同。从布局上可以分为流域林业生态工程、区域林业生态工程以及跨区域林业生态工程。

20世纪70年代末至90年代初，我国林业生态工程建设出现了新的形势，步入了"体系建设"的新阶段，改变了过去单一生产木材的传统思维，采取生态、经济并重的战略方针，在加快林业产业体系建设的同时，狠抓林业生态体系建设，先后确立了以遏制水土流失、改善生态环境、扩大森林资源为主要目标的六大林业生态工程，即三北防护林体系建设工程、长江中上游防护林体系建设工程、沿海防护林体系建设工程、平原绿化工程、太行山绿化工程、防沙治沙工程。在六大林业生态工程取得初步成效的基础上，为了进一步解决生态环境出现的新问题，扩大林业生态工程的成果效益，从20世纪90年代初又相继启动实施了黄河中上游防护林工程、淮河太湖流域综合治理防护林体系建设工程、辽河流域综合治理防护林体系建设工程及珠江流域综合治理防护林体系建设工程等林业生态工程。至1998年，我国建设了十大林业生态工程，总面积$705.6×10^4$ km^2，占国土总面积的73.5%，覆盖了我国的主要水土流失区、风沙侵蚀区和台风、盐碱危害区等生态环境最为脆弱的地区，构成了我国林业生态工程建设的基本框架。

20世纪末至21世纪初，随着干旱、洪涝、沙尘暴等自然灾害的频发，国家从社会经济发展对林业生态工程的客观需求和国情出发，遵循自然规律和经济规律，围绕21世纪林业建设的总体目标和任务，对以往实施和拟规划建设的林业生态工程进行了系统整合，提出了实施天然林资源保护工程、退耕还林还草工程、京津风沙源治理工程、"三北"和长江中下游地区等重点防护林体系建设、野生动植物保护及自然保护区建设工程和重点地区以速生丰产用材林为主的林业产业建设工程六大林业重点工程建设的发展战略，即目前实施的六大林业生态工程。

(1) 天然林资源保护工程

天然林资源保护工程主要解决天然林的休养生息和恢复发展问题。这项工程1998年开展试点，2000年在全国17个省(自治区、直辖市)全面启动。截至2003年年底，累计投入各类资金380.75亿元，取得阶段性成果。

我国国有林区多分布于大江大河的源头或上中游地区，经过几十年的采伐，为国家提供了 $10 \times 10^8 \text{ m}^3$ 以上的木材。但成、过熟林面积已由20世纪50年代初期的 $1200 \times 10^4 \text{ hm}^2$，减少到目前的 $560 \times 10^4 \text{ hm}^2$，其涵养水源、保持水土的功能大大减弱，给生态环境、工农业生产和人民生活造成巨大的损失。1999年，国务院公布实施《全国生态环境建设规划》，停止天然林采伐，保护天然林工程在我国正式启动，这不仅是我国履行国际环境保护义务和加强国土整治的具体行动，同时也是建设江河上中游水源涵养林业生态体系的一个契机。

天然林资源保护工程是一项复杂、庞大的系统工程，涉及面广、技术复杂、管理难度大。由于工程建设刚刚开始时，国家尚未出台较为完善的方针政策，对其定义、内涵、外延、内容及任务的理解并不充分。根据国家林业和草原局有关资料，工程建设总的思路是：保护、培育和恢复天然林，以最大限度地发挥其以生态效益为中心、以森林的多功能为基础、以市场为导向，调整林区经济产业结构，培育新的经济增长点，促进林区资源环境与社会经济协调发展。工程以长江上游(三峡库区为界)、黄河中上游(以小浪底库区为界)为重点，在工程管理上实行管理、承包与经营一体化，业务上以科学技术为支撑，本着先易后难的建设原则，根据国家和林区的经济条件，分期分批逐步实施。

我国有25个天然林区。天然原始林主要分布在大小兴安岭与长白山一带，在四川、云南、新疆、青海、甘肃、湖北、海南、西藏和台湾也分布有一定面积的原始林。按照建设总的思路和原则，将25个林区划分为3个大的保护类型：

①大江、大河源头山地、丘陵的原始林和天然次生林。

②内陆、沿海、江河中下游的山地、丘陵区的天然次生林。

③自然保护区、森林公园和风景名胜区的原始林和天然次生林。

我国的自然保护区、森林公园和风景名胜区大部分分布在河流上游，其原始林和天然次生林的保护，是水源涵养林业生态工程建设与天然林资源保护工程的重要组成部分。

(2) 退耕还林还草工程

退耕还林还草(即"一退双还")是西部大开发的一项重大举措。1999年秋季，时任国务院总理朱镕基考察陕北水土流失与生态环境治理情况时指出："防治水土流失，是当前生态环境建设的急迫任务。治理水土流失，要采取退耕还林（草）、封山绿化、以粮代赈、个体承包的措施。"2000 年 9 月，国务院发布了《国务院关于进一步做好退耕还林还草试点工作的若干意见》，一改历史上形成的"提倡垦殖、注重耕战、以粮为纲、奖励垦伐"的做法，转变为退出耕种还林还草，对退耕者以粮代赈、实行补贴和鼓励政策，实现了历史性的大转折，是在经受荒漠化、沙尘暴、水土流失、洪涝灾害、生态严重恶化之后的理性思考，是顺天意、合民心、利在当代、功在千秋的一项重大举措。其目的是从国家生态安全出发，从根本上改变我国西部地区相对落后的面貌，建设山川秀美、经济持续发展、人民更加富裕的新西部。

按水土流失和风蚀沙化危害程度、水热条件、地形地貌特征以及植被恢复的方式和类型，退耕还林工程建设区域划分为 10 个类型区，即西南高山峡谷区、川渝鄂山地丘陵区、长江中下游低山丘陵区、云贵高原区、琼桂丘陵山地区、长江黄河源头高寒草甸区、新疆干旱荒漠区、黄土丘陵沟壑区、华北干旱半干旱区、东北山地及沙地区。

退耕还林工程建设范围包括北京、天津、河北、山西、内蒙古、辽宁、吉林、黑龙江、安徽、江西、河南、湖北、湖南、广西、海南、重庆、四川、贵州、云南、西藏、陕西、甘肃、青海、宁夏、新疆等 25 个省（自治区、直辖市）及新疆生产建设兵团，共 1887 个县，其中重点建设县 856 个。工程区土地总面积 7.10×10^8 hm^2，占国土总面积的 73.91%，其中，农业用地 0.97×10^8 hm^2，林业用地 2.21×10^8 hm^2，牧业用地 1.80×10^8 hm^2，分别占土地面积的 13.6%、31.21% 和 5.53%。区内总人口 7.12 亿，其中，农业人口 5.53 亿，占总人口的 77.64%。自然资源部土地详查数据显示，工程建设省份 25°以上的陡坡 586.87×10^4 hm^2，其中梯田 92.2×10^4 hm^2，已退耕 54.67×10^4 hm^2，现有坡地 440×10^4 hm^2，都亟须进行治理；15°~25°的耕地 0.12×10^8 hm^2，其中梯田 0.03×10^8 hm^2，已退耕 1.33×10^4 hm^2，现有坡地 1.4×10^8 hm^2，生态地位重要亟须治理的近 800×10^4 hm^2；6°~15°耕地 0.18×10^8 hm^2，其中梯田 0.06×10^8 hm^2，已退耕 6.67×10^4 hm^2，现有坡地 0.12×10^8 hm^2。

（3）京津风沙源治理工程

该工程是从北京所处位置特殊性及改善这一地区生态环境的紧迫性出发而实施的重点生态工程，主要解决我国首都周围地区风沙危害问题。京津风沙源治理工程是构筑京津生态屏障的骨干工程，也是我国履行《联合国防治荒漠化公约》、改善世界生态状况的重要举措。工程于 2000 年 6 月开始实施，计划工程实施后，工程区林草覆盖率由目前的 6.7% 提高到 21.4%。

（4）"三北"及长江中下游地区等重点防护林体系建设工程

"三北"及长江中下游地区等重点防护林工程主要解决"三北"和其他地区各不相同的生态问题，具体包括三北防护林工程，长江、沿海、珠江防护林工程和太行山、平原绿化工程。该工程涉及全国 31 个省（自治区、直辖市）的 1900 多个县，基本覆盖了我国主要的水土流失、风沙和盐碱等生态环境脆弱地区。工程自 1989 年开始。

三北防护林工程建设范围东起黑龙江宾县，西至新疆乌孜别里山口，北抵国界线，东西长 4480 km，南北宽 560~1460 km，被誉为中国的"绿色长城"，包括 13 个省（自治区、直辖市）的 590 个县，总建设面积 406.9×10^4 km^2，占总国土面积的 42.4%。该工程的主要功能在于：重点防治黄土高原和华北山地的水土流失；营造农田防护林，实现农田林网化，保护"三北"地区耕地；建设一批名、特、优、新果品基地。

长江中上游流域森林资源丰富，是整个长江流域水土保护的重要屏障。长江流域防护林生态系统是一个复杂的系统，有些地区面临环境恶化和经济社会贫困的双重压力。由于长期的不合理耕作和人为破坏，特别是对森林的过度砍伐，使长江中上游地区森林植被面积锐减，水土保持能力削弱，导致生态环境的急剧恶化。长江流域防护林生态系统建设工程的实施，旨在恢复遭受破坏的森林系统，遏制水土流失。该工程实施以来，森林覆盖率提高到29.5%，净增9.6%。治理水土流失面积$6.5 \times 10^4 \ km^2$，治理区土壤侵蚀量降低到$5.4 \times 10^8 \ t$，减少了42.0%。

沿海防护林工程于1989年开始实施，截至2003年，新营造或更新海岸基干林带5672 km，沿海地区的水土流失面积降至$288.41 \times 10^4 \ hm^2$，减少$108.56 \times 10^4 \ hm^2$。珠江防护林工程建设，使工程区有林地面积增加了6.4%；森林覆盖率提高了1.58%，达46.15%。

(5) 野生动植物保护及自然保护区建设工程

野生动植物保护及自然保护区建设工程主要解决物种保护、自然保护和湿地保护等问题。工程实施范围包括具有典型性、代表性的自然生态系统、珍稀濒危野生动植物的天然分布区、生态脆弱地区和湿地地区等。工程实施以来，将野生动植物和湿地保护进一步纳入全面协调可持续发展战略，使珍贵自然遗产得到有效保护，取得了显著的成效。

该工程建立包括森林类型、湿地类型、野生动植物类型、荒漠类型等多种类型的保护区600多个。截至2020年5月，我国已建立数量众多、类型丰富、功能多样的各级各类自然保护地，总数达1.18万个，占陆域国土面积的18%、领海的4.1%。共有国家公园试点10个，分别是：东北虎豹、祁连山、大熊猫、三江源、海南热带雨林、武夷山、神农架、普达措、钱江源、南山国家公园体制试点，涉及吉林、黑龙江、甘肃、青海、四川、陕西、海南、福建、湖北、云南、浙江、湖南等12个省，总面积超过$22 \times 10^4 \ km^2$，约占陆域国土面积的2.3%。建立各级各类自然保护区2830个，总面积$147 \times 10^4 \ km^2$，约占全国陆地面积的14.88%，国家级自然保护区474个，总面积$98 \times 10^4 \ km^2$；地方级自然保护区2356个，总面积$49 \times 10^4 \ km^2$。目前，共有国家级地质公园277处(含资格)，省级地质公园343个，联合国教育、科学及文化组织批准的147个地质公园，有39个在我国。建立森林公园3553处，总面积$1866 \times 10^4 \ km^2$，其中，国家级森林公园902个，省级森林公园1448个，市县级森林公园1203处。共建立海洋公园111处，其中国家级海洋公园67处，保护面积$7263 \times 10^4 \ km^2$，涉及11个沿海省份。有湿地公园1693处，其中国家级899处，保护湿地$240 \times 10^4 \ hm^2$。有国家沙漠(石漠)公园120处，总面积$43 \times 10^4 \ hm^2$，设立风景名胜区1051处，其中国家级244处，省级807处，总面积$23.02 \times 10^4 \ km^2$，约占国土面积的2.3%。2021年10月12日，我国第一批5个国家公园——三江源国家公园、大熊猫国家公园、东北虎豹国家公园、海南热带雨林国家公园、武夷山国家公园正式设立，标志着国家公园体制这一重大制度创新落地生根，从试点转向了快速发展阶段。第一批正式设立的5个国家公园保护面积达$23 \times 10^4 \ km^2$，涵盖了我国陆域近30%的国家重点保护野生动植物种类，实现了重要生态区域的整体保护，涵盖了所在区域典型自然生态系统以及珍贵的自然景观和文化遗产，保护了最具影响力的旗舰物种，对构建我国以国家公园为主体的自然保护地体系发挥着示范和引领作用。

随着工程的实施，野生动植物、湿地和自然保护区管护体系建设得到很大加强，已初步形成较为健全的法律法规体系、行政管理体系、执法监管体系和科技支撑体系。

（6）重点地区以速生丰产用材林为主的林业产业建设工程

以重点地区速生丰产用材林木为主的林业产业基地建设工程（简称速丰林工程）主要目的是解决我国的木材供应问题，同时也减轻木材需求对天然林资源的压力，为其他 5 项生态建设提供重要保证。该工程布局于我国 400 mm 等降水量线以东，地势比较平缓，立地条件较好，自然条件优越，不会对生态环境产生不利影响的 18 个省（自治区、直辖市），以及其他条件具备适宜发展速丰林的地区。

速丰林工程发挥劳动力密集、产业关联度高、示范和拉动作用显著的优势，创造数以百万计的工作岗位，大量吸纳企业富余人员和农村剩余劳动力就业。速丰林工程的实施，有力地推动了林业产业与造纸等木材利用行业的协调发展，为缓解我国木材供需矛盾、实现由采伐天然林为主向采伐人工林为主的转变、统筹城乡发展、促进农民增收、提升林业产业化水平、落实全面协调可持续的科学发展观奠定了坚实基础。

1.5　林业生态工程与其他学科的关系

根据《自然保护与环境生态类本科专业教学质量国家标准》的课程设置意见，"林业生态工程"是水土保持与荒漠化防治专业的专业核心课。该课程的目的在于使学生了解林业生态工程的定义、体系和基础理论，森林培育基本理论，林业生态工程体系配置，林业生态工程管理及效益评价等内容和知识，具有较强的综合性，与其他基础学科和应用学科有着密切的联系。

①与气象学、水文学的关系。各种气象因素和不同的气候类型对水土流失都有直接或间接的影响，并形成不同的水土流失特征。在林业生态工程建设中，要根据气象、气候因素对水土流失的作用以及径流、泥沙移动规律，营造不同类型的林种，以抵御干旱、暴雨、风浪等的危害，并使其变害为利。

②与地貌学的关系。地形地貌是主要营林立地因子之一，对降水、光照和热量等产生再分配作用，直接影响树木的成活与生长。应根据不同区域的地形地貌特征，营造不同类型的林种。

③与土壤学的关系。土壤是水力侵蚀和风力侵蚀的主要对象，也是林木生长的基质。不同的土壤具有不同的贮水能力和土壤肥力。因此，通过营造不同类型林种可以有针对性地改良土壤性状，提高土壤肥力，防止水土流失。

④与农业科学的关系。保持水土是水土流失地区发展农业生产的基础，通过林业生态工程建设从根本上控制水土流失，为农业创造高产稳产条件。

⑤与水利科学的关系。营造库岸、河岸（滩）林业生态工程是防治河流水害的根本措施，也是净化河流水质，减少河流、水库、湖泊淤积的根本措施。因此，营造水土保持林是保护良好河流生态系统的重要工程。

⑥与环境科学的关系。森林能净化大气，控制土壤和水污染，保护和美化环境，因此，林业生态工程应吸收环境科学的理论和方法，丰富林业生态工程的内容。

本章小结

本章主要介绍了生态工程和林业生态工程的概念，简要归纳了林业生态工程的基本内容和主要类型，总结了林业生态工程体系，并对国外影响力较大的林业生态工程和我国林业生态工程的战略布局进行介绍，旨在使学生从全局上把握林业生态工程学的基本知识。本章的学习重点是理解林业生态工程的概念，然后从我国林业生态工程战略布局的变化认识林业生态工程在生态建设中的重要作用。

复习思考题

1. 什么是生态工程？
2. 什么是林业生态工程？
3. 简述林业生态工程体系的构成特点。
4. 林业生态工程与传统的造林绿化有哪些区别与联系？
5. 我国的六大林业重点工程指的是什么？

第 2 章

林业生态工程基础理论

王礼先教授在其 1998 年出版的《林业生态工程学》一书中，把现代生态学与景观生态学理论、生态经济学理论、系统科学与系统工程理论、可持续发展理论、环境科学理论、水土保持学理论、防护林学理论作为林业生态工程的基础理论，这无疑是正确的。但这些理论本身也是很多学科交叉形成的，很多是林学和水土保持在荒漠化防治专业的专业基础理论。本教材不全面介绍这些理论，但考虑林业生态工程是人工构建的森林生态系统，与其他生态工程一样，生态学基本原理是必须要重申的基础理论。我国南方地区林业生态工程建设的主战场是山区、丘陵区，必须与农业生态系统紧密结合，形成完整的农业有机体，需要系统的可持续发展理论为指导。而作为生态学分支的景观生态学和恢复生态学，是人工构建健康森林生态系统和保护现有生态系统的重要理论保障，在本章单独介绍。

2.1 生态学基本原理

我国著名生态学家马世骏先生提出的生态工程概念将生态学原理与经济建设和生产实践结合起来，实现生物有机体在有人工辅助能量、物质参与下和现代工程技术的系统结合配套技术。由此可见，在设计、建设生态工程及应用生态工程的一些技术时必须遵循生态学的基本原理。

(1) 生态位原理

生态位是生态学研究中广泛使用的概念，又称生态龛或小生境，通常是指生物种群所占据的基本生活单位。对于生物个体及其种群来说，生态位是指其生存所必需的或可被其利用的各种生态因子或关系的集合。每一种生物在多维的生态空间中都有其理想的生态位，而每一种环境因素都给生物提供着现实的生态位。这种理想生态位与现实生态位之差一方面迫使生物去寻求、占领和竞争良好的生态位；另一方面也迫使生物不断地适应环境，调节自己的理想生态位，并通过自然选择，实现生物与环境的平衡。在实际生态系统中，由于其是人工或半人工的生态系统，人为的干扰控制使其物种呈单一性，从而产生了较多的空白生态位。因此，在生态工程设计及技术应用中，如能合理运用生态位原理，把适宜而有经济价值的物种引入系统中，填充空白生态位而阻止一些有害的杂草、病虫、鸟兽的侵袭，就可以形成一个具有多样化的物种及种群稳定的生态系统。充分利用高层次空间生态位,使有限的光、气、热、水、肥资源得到合理利用,最大限度地减少资源的浪费,增加生物量与产量。例如,稻田养鱼就是把鱼引入稻田中,鱼可以吃掉水稻生长发育过程中所发生的一些害虫,为稻田施肥,而水稻则为鱼类生长提供一定的饵料,从而取得互惠互利的效果。又如,低质量林分的改造,就是要引入优良树种利用林分中空白生态位,并且通过改良土壤和小气候环境不断扩大林分的生态位,有利于林分的进展演替。

(2) 限制因子原理

生物的生长发育离不开环境,并适应环境的变化,但生态环境中的生态因子如果超过生物的适应范围,对生物就有一定的限制作用,只有当生物与其居住环境条件高度相适应时,生物才能最大限度地利用环境条件,并表现最大的增长潜力。

① 最小因子定律。即植物的生长取决于数量最不足的那一种物质。这一定律说明,某一数量最不足的营养元素,由于不能满足生物生长的需要,将限制其他处于良好状态的因子发挥效应。生态系统由于人为的作用也会促使限制因子的转化,但无论怎么转化,最小因子仍然是起作用的。

② 耐性定律。在最小因子定律的基础上,人们发现不仅因为某些因子在量上不足时生物的生长发育会受到限制,某些因子过多也会影响生物的正常生长发育和繁殖。1913年,美国生态学家谢尔福德(V. E. Shelford,1817—1968)把生态因子的最大量和最小量对生物的限制作用概念合并为耐性定律,即生物在生长发育过程中对各种生态因子都存在一个生物学上限和下限,它们之间的幅度就是该种生物对某一生态因子的耐性范围。因此,在生态工程建设与生态工程技术应用时,必须考虑生态因子的限制因子原理。

(3) 食物链原理

在自然生态系统中,由生产者、消费者、分解者所构成的食物链,从生态学原理看,它是一条能量转化链、物质传递链,也是一条价值增值链。绿色植物被食草动物所食,草食动物被肉食动物吃掉,植物和动物残体又可为小动物和低等动物分解,以这种吃与被吃关系形成了食物链,但是食物链并非简单的一种关系,如水稻—蝗虫—鸟类这样简单,而是形成了一种复杂的食物网。众所周知,太阳能是地球上一切能量的来源,太阳能被固定形成化学潜能,并沿着食物链的各个营养级传递,由于能量在转化过程中不可避免地消耗与损失,没有任何能量能够完全有效转化为下一营养级的生物潜能。林德曼(R. L. Lindeman,1915—1942)著名的"十分之一定律"说明,能量从一个营养级向下一个营养级转化的比例只有1/10,因此,在自然界的食物链很少有长达4个营养级之上。但在人工生态系统与生态工程中,这条食物链往往进一步缩减了,缩减了的食物链不仅不利于能量的有效转化和物质的有效利用,同时还降低生态系统的稳定性,加重环境污染。因此,根据生态系统的食物链原理,在生态系统与生态工程的设计、建设中,可以将各营养级因食物选择而废弃的生物物质和作为粪便排泄的生物物质,通过增加转化环节,使生物物质与相应的生物载体进行转化,延长食物链的长度,并提高生物能的利用率。如在经济林中养殖土鸡、鸡粪喂猪、猪粪制造沼气、沼渣肥田、稻田养鱼、鱼吃害虫,保障水稻丰产,从而形成了一种以人为中心的网状食物链的种养方式,其资源利用效率和经济效益要比单一种养方式大得多。

(4) 整体效应原理

系统是由相互作用和相互联系的若干组成部分结合而成的具有特定功能的整体,其基本的特征就是集合性,表现在系统各组分间相互联系、依赖、作用、制约的不可分割的整体,整体的作用和效应要比各部门之和大。由于生态工程是涉及生物、环境、资源以及社会经济要素构成社会—经济—自然的复合系统,因此,生态工程的建设要达到能流的转化率高、物流循环规模大、信息流畅、价值流增加显著——即整体效应最好,就需要合理调配、组装、协调系统的各个组分,使整个系统的总体生产力提高,整体效应的取得取决于系统的结构,结构决定功能。生态工程强调在不同层次上,根据自然资源、社会经济条件按比例有机组装和调节,以整体协调优化,实现高产、高效、可持续发展。

(5) 协同进化原理

生物的生存、繁衍不断从环境中摄取能量、物质和信息,生物的生长发育依赖于环境,并受环境的强烈影响。外界环境中影响生物生命活动的各种能量、物质和信息因素称为生态因子,生态因子既有对生物和生命活动所需的主导因子,也有限制生物生存和生命活动的限制因子。主导因子促进生物的生长发育,而限制因子则制约生物生长与生产的发展,因而在当地的生态工程建设中必须充分分析当地主导因子及限制因子的数量和质量,以选择适宜的物种和模式。

生态系统作为生物与环境的统一体,既要求生物要适应其生存环境,又伴有生物对生存环境的改造作用,这就是协同进化原理。协同进化原理认为生物与环境应看作相互依存的整体,生物不只是被动地受环境作用和限制,而是在生物生命活动过程中,通过排泄物、尸体等释放能量、物质于环境,使环境得到物质补偿,保证生物的延续。封山育林、植树种草、退耕还林、合理间(套、轮)作都是为了改善生态环境,同时在对可再生资源利用中做到保护其更新能力,确保资源再生和循环利用,达到永续利用,充分保护环境,提高资源利用率的目的。

(6) 效益协调统一原理

生态工程系统是一个社会—经济—自然复合生态系统,是自然再生产和经济再生产交织的复合生产过程,具有多种功能与效益,既有自然的生态效益,又有社会的经济效益,只有生态与经济效益相互协调,才能发挥系统的整体综合效益。

生态工程的设计、建设与应用都是以追求综合效益为最终目标。在其建设与调控中,将经济与生态工程建设有机交织地进行,如农业开发与生态环境建设结合、资源利用与增殖结合、乡镇农业开发与环保防污建设结合等,就是将所追求的生态效益、经济效益和社会效益融为一体。

2.2 系统可持续发展理论

林业生态工程建设的重点区域是生态脆弱、水土流失严重的山区和丘陵区,其目标是人工构建森林生态系统,必须与农业生态系统有机结合,形成整体性的复合农林生态系统,体现出其生态效益、社会效益和经济效益。这说明林业生态工程建设面对的环境条件具有很强的制约性,必须对限制因子实现创新,克服工程建设中的限制因子,有利于工程不断实现综合效益。这就要求林业生态工程必须遵循系统可持续发展规律。

(1) 系统发展的概念

系统的生存和发展是与特定条件相对应的。系统发展条件集合包括了与系统的生存和发展有关的一切内部因素和外部因素,即系统的组成单元、系统的结构、系统的输入、系统的环境等。系统发展是系统发展条件改善的结果。系统发展定义为系统发展指标 y 的增大,即 $dy>0$;系统发展条件改善定义为发展条件的量化指标 x 的增大,即 $dx>0$。生态工程能否成功建设,关键在于要准确把握生态系统发展的条件集合,通过条件的改善,促进生态系统的发育。

(2) 系统发展的表现形态

① 逻辑斯谛曲线的结构。一般来说,系统发展表现为逻辑斯谛增长过程。伊莫詹尼 (Imogene M. King, 1923—2007) 曾用生物生长的例子说明这一曲线的意义:y 是生物的生长量,x 是限制因子。在初期,生长速度 dy/dx 与其限制因子 x 的输入量成正比。这个因子的供应达到一定水平之后就不再起限制作用。上升的曲线很快就转向水平方向,于是又有一个新的因子起限制作用。当新的限制因子 x 的投入增加时,曲线才开始再次爬高。

利用逻辑斯谛曲线二阶导数和三阶导数为零的 3 个点 O、A、B,可将逻辑斯谛曲线划分为 4 个阶段,分别为突破阶段、扩张阶段、成熟阶段和稳定阶段。这 4 个阶段构成一个完整的逻辑斯谛增长过程(图 2-1)。

图 2-1　逻辑斯谛曲线及其 4 个成长阶段

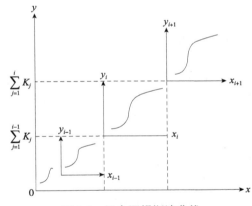

图 2-2　组合逻辑斯谛曲线

② 组合逻辑斯谛曲线。由逻辑斯谛曲线的性质可知,当 $y \to K$ 时,$dy/dx \to 0$,即 $dy \to 0$。系统持续发展要求 $dy>0$,更确切地说是大于某个不为零的正数。因此,为了满足持续发展的要求,系统必然进入下一轮逻辑斯谛增长过程,依次相循,就生成了组合逻辑斯谛曲线(图 2-2)。在林业生态工程建设中同样如此,任何一个影响森林生态系统发展的限制因子其作用是有限度的,当该因子的作用发挥至极限时,它的改善将不再起作用,甚至会起到相反的作用,反而不利于森林生态系统的稳定和发展。要使森林生态系统得到持续发展,其他条件可能成为限制因子,必须同时改善这些因子,才能达到持续发展的目的。例如,水是一个非常敏感的环境因子,缺水时,它就是限制因子,但长时间水分过剩,则不利于树木生长,甚至出现涝灾而死亡。

图 2-3 系统演化的 4 种模式

③系统演化模式。系统演化的模式大致有 4 种：持续发展、停滞、循环、灭亡。$Y\text{-}T$ 平面上，4 种模式的几何示意如图 2-3 所示。当一个单元过程进入第四阶段后，系统就达到了演化模式的分叉点 H。系统在 H 点的行为决定了它的命运是停滞、循环、灭亡还是持续发展。

第一，要有创新意识，识别限制因子。发现或确认限制因子是实现持续发展的关键，突破它对系统发展的限制，系统可进入下一个逻辑斯谛增长过程，系统就实现了持续发展。

第二，要有创新思维，积极改善系统发展条件(限制因子)。系统发展条件存在于系统当时的选择空间、创新过程的周期、创新成本、创新成本与收益在系统内部的分配，以及系统的决策结构等全过程。创新过程就是对系统发展条件的改善，创新能否成功取决于对系统发展条件的改善程度。

第三，要有系统思想，保持系统发展的连续性。对于一个高度复杂的系统来说，在其发展过程中表现最强烈的属性之一就是发展的连续性。除非有强大的外来干扰，否则这种连续就不会中断。连续性并不意味着没有变化、没有发展，而是说在发展中系统总有许多稳定的成分和属性得到保持。就演化而言，可以分为两大类：泛化与特化。泛化是系统在演化的过程中不断扩大自己的发展条件集合，增加各发展条件之间的相互替代性，减少对某一发展条件依赖性的过程。特化是系统演化过程中不断缩小自己的发展条件集合，增加对某些发展条件的依赖性，以至离开这些发展条件或这些发展条件的恶化会导致系统灭亡的过程。在演化中采取泛化策略的系统，其演化的选择空间在演化过程中是扩张的；在演化中采取特化策略的系统，其演化选择空间在演化过程中是收敛的。对于特化系统而言，昔日的成功意味着今天的困境，祖先的光荣成为后代的枷锁，没落就寓于繁荣之中，因为没有一成不变的环境。

第四，要有忧患意识，核算创新成本，包括时间成本、资源成本、机会成本等。创新是一个过程，确认与克服限制因子也需要时间，如果转换所需的最短时间大于系统能够等待的最长时间，那么新的逻辑斯谛增长就不会发生。等待系统的命运是灭亡。创新是要付出代价的。一方面，创新要占用系统可支配的有限的资源；另一方面，要付出机会成本，即占用的资源用于原有方式时的收益。如果创新代价是一个处于分叉点 H 的系统所无力支付的，那么等待它的就可能是在停滞、循环和灭亡三者之中任选其一了。这里所指的系统是其生存与发展主要由人类支配的系统，因此，创新成本与收益在系统内的人之间如何分配是至关重要的，它直接影响是否创新这一重大决策问题的答案。

第五，要有敏锐的发展观，使创新具有前瞻性。系统演化的前途不仅取决于进入稳定阶段(指逻辑斯谛曲线第四阶段)所采取的处理方式，还取决于进入稳定阶段前的选择。前者往往表现为被动的、短期的、超常规的，甚至革命性的危机处理，选择时空相对狭小；而后者是一种主动的、择优的、具有远见的解决思路，风险性小。由于发展过程不断受到不同时间尺度的限制因子的制约，因此，建立一种具有预警、消除、转换、恢复和替代功能的创新机制尤为重要。

从系统可持续发展理论可以看到，要使林业生态工程建设实现可持续发展，首先要正确判别影响因子集合，并确定限制因子，进而确定人工构建森林生态系统的模式、群落结构和种群结构；其次要深入研究限制因子出现的条件，正确应用森林培育的技术体系，实现限制因子的克服和转换等创新过程；最后要准确把握创新的时机，在限制因子影响森林生态系统发育之前使其得到改善。

2.3 生态经济学理论

林业生态工程建设不仅要取得生态效益，还要实现经济效益和社会效益，因此，其不仅具有自然属性还具有社会属性和经济属性。生态经济学理论对于林业生态工程建设具有重要的指导作用。

生态经济学以生态学原理为基础，经济学理论为主导，以人类经济活动为中心，围绕人类经济活动与自然生态之间相互发展关系这个主题，研究生态系统和经济系统相互作用所形成的生态经济问题，阐明它们产生的生态经济原因及解决的理论原则，从而揭示生态经济运动发展的客观规律。本节以流域为系统单元来介绍生态经济系统的特点和运行规律。

2.3.1 流域生态经济系统的组成

流域生态经济系统是由流域生态系统和流域经济系统相互交织而成的复合系统。它具有独立的特征和结构，有其自身运动的规律性，与系统外部存在着千丝万缕的联系，是一种能够经过调控，优化利用流域内各种资源，形成生态经济合力，产生生态经济功能和效益的开放系统。

在流域生态系统和经济系统中，包含着人口、环境、资源、物资、资金、科技等基本要素，各要素在空间和时间上，以社会需求为动力，通过投入产出链渠道，运用科学技术手段有机组合在一起，构成了流域生态经济系统。

(1) 组成要素

①人口。流域范围内的人口是指具有一定数量和质量的人口总称，是流域生态经济系统的核心要素。人不但可以能动地调节控制人口本身，而且可以能动地与环境、资源、物资、资金、科技等要素相连接，构成复杂的生态经济关系。人不仅是消费者，而且是生产者，能创造比自身消费多得多的财富。人口要素在流域生态经济系统中，起着促进或延缓生态发展的作用。

②环境。在流域范围内，环绕人群的空间中可以直接、间接影响人类生活和发展的一切自然因素和社会因素的总体，称为流域环境。人类必须合理地调节自己的经济活动，使其与环境容量相适应，并力争提高环境质量，促进流域生态经济的协调发展。

③资源。资源是指生产资料或生活资料的天然来源。由于流域所处的地理位置不同，因而资源的种类和数量也有很大区别，资源的差异性，形成了不同类型的流域生态经济系统。资源利用的有限性，对生态经济系统的形成、演替和发展起着重要的制约作用。如森林采伐量不能超过其生长量，草场不能超载放牧，耕地不能耗竭地力，水域不能过度捕

捞，环境污染不得超标等。由于不合理利用资源，单方面追求经济的增长所带来的一系列生态问题，越来越引起人类的关注。人们为了防止和挽救生态失调及其所造成的损失，积极开展以流域为单元的水土保持的综合治理，在保护、改善或重建良好的生态系统中做出了巨大努力。

④物资。物资是生产和生活上所需要的物质资料。物资是生态经济中已经社会化了的物质要素，是自然资源经过劳动加工转化而来的社会物质财富。自然资源是物资转化的源泉，物资是社会经济运动的物质力量。物资是生态经济系统形成和发展的重要条件，在把自然资源转化为物质资源过程中，只有以丰富的物质资源为基础，采用先进的生产工具，才能把更多的自然资源转化为经济物资。

⑤资金。资金是用货币形式表现的再生产过程中物质资源的价值。再生产过程中的资金循环要依次经过流通过程、生产过程和再流通过程3个阶段。

⑥科技。科技是指与该系统有内在联系的人化和物化形态的科技。其包括具有一定身体素质、科学知识、生产经验、劳动技能的人和科技物化了的劳动资源。

(2) 组成要素的结合

①结合的动力。人类的需求大体经历了3个阶段，即单纯生存需求阶段、物质享受阶段和包括优美环境在内的全面需求阶段。不同的需求直接决定各要素的结合方式。流域综合治理同时要树立起"环境优美、经济繁荣"两个奋斗目标，而这两个目标的实现过程实质上是流域生态系统要素和流域经济系统要素相互联系、相互作用的过程。因此，人类需求是生态经济系统要素结合的内在动力。

②结合的渠道。流域生态经济系统内部各要素的相互结合，不但要有需求作为动力，而且必须通过生态经济系统投入产出渠道，才能完成各要素之间的相互结合。流域生态系统的投入产出食物链和流域经济系统的投入产出链在生产过程中是相互交织形成流域生态经济系统的投入产出生产链。流域生态经济系统结构内部的各要素就是通过它相互结合起来的。流域生态系统中的农田生态经济系统产出的部分农副产品，可以作为牧业生态经济系统的投入物质；牧业生态经济系统的部分产出物，可作为渔业生态经济系统的投入物质；农、林、牧、渔各生态经济系统的产品，可作为加工业或其他工业的投入物质，而上述各个生态经济系统的下脚料和废物，又可作为农田生态经济系统的投入物质。农、林、牧、渔、工等生态经济系统，通过投入产出生产链，有机地构成了流域生态经济系统。

③结合的手段。流域生态经济系统内部各要素经过投入产出生产链渠道相互结合，并不是自发进行的，而是运用一定的科学技术手段交织连接的结果。科技作为生态经济要素的结合手段，主要指人们在对自然规律和经济规律认识的基础上，充分运用自身所掌握的科技知识和劳动资料，用人化和物化的技术手段直接改造生态系统，使生态系统经济化、经济系统生态化。

(3) 自然、经济与人口再生产的统一

在流域生态经济再生产过程中，产品参与和影响经济、社会、自然再生产，自然力和人类劳动相结合，共同创造使用价值。因此，再生产的过程，不仅有自然力的投入，而且有劳动力的投入。

自然再生产是生物与自然环境之间进行物质能量交换、转化、循环的自然生物再生产过程。这一过程是按自然规律，通过植物生产、动物生产、有机物分解等环节循环运转完成的。自然界中的各种生物和自然物质都是生态系统中物质循环过程的组成部分，它为人类生存和经济的发展提供了自然物质条件，因此，自然再生产是经济再生产的基础。

经济再生产是人类有目的的生产经营活动。它是以一定的生产关系联系起来的人们通过利用自然物质而创造物质财富的过程。经济再生产过程包括生产、分配、交换、消费4个环节，其中生产处于首要地位。通过经济再生产将自然物质转化为人们需要的各种产品，在生产过程中，劳动者的活劳动和物化劳动也凝结在产品之中，这些产品通过经济系统内部的交换、分配、消费各环节后，变成经济物质和经济能量，达到预期的经济目的。因此，经济再生产既受到自然再生产的制约，也受到社会因素的影响。

人口再生产，从生态意义来看，是种群的再生产，从社会经济意义来看，是劳动力的再生产。人类为了自己的生存和发展，需要不断地开发、利用自然资源，进行经济活动，从而使经济社会资源与环境资源在一定的生产方式下结合起来。因此，人是流域生态经济系统的核心和主体。

总之，没有一定数量和素质的人口，就没有社会经济的再生产；经济再生产和人口再生产都需要自然再生产提供食物、原料等最基本的生产资料，而自然再生产同样受人口再生产和经济再生产的影响。3种再生产过程相互联系、相互制约、相互交织，使流域生态系统成为一个有机联系的统一整体。

2.3.2 流域生态经济系统的结构

(1) 有序性

流域生态经济系统是一个开放系统，它一刻不停地与外界环境进行着能量、物质和信息的交换。生态经济结构的开放性，给流域生态经济系统带来了活力。生态经济系统内部各要素之间进行着永不停止的交换活动，系统本身处于非平衡状态，并具有通过与外界的交换力图向平衡目标发展的趋势。因此，流域生态经济系统是一个远离平衡状态的开放系统。由于远离平衡状态，系统就更需要通过不停的物质、能量、信息交换来趋于或维持一定的动态平衡。在这一复杂的运动变化中，系统内部不同元素之间存在非线性的机制。因此，流域生态经济结构是一种典型的有序组织结构——耗散结构。

(2) 网络结构

流域生态经济系统各要素之间的相互组合，不仅是点的结合和单链条上的结合，而且是纵横交织的网络结合。流域生态系统中，生物之间通过吃与被吃的关系，构成食物链；多条食物链相互交织成食物网。以生态系统为基础的生态经济系统，无论是各要素之间，还是各个系统之间，都呈现网络性的连接关系。流域生态经济系统的组成要素繁多，大系统中有小系统，小系统中有多种成分，生物、环境、经济、技术等因素共存于一体并相互作用、相互制约。农业子系统的产品(粮、棉、油、木、丝、糖、菜、果、烟、药、麻、肉、蛋、奶、毛、皮等)作为物质资料，要输入包括工业子系统在内的其他子系统。工业子系统的肥料、农药等产品直接输入农业子系统，工业生产过程中的各类废气、废水、废渣排放后，经过生化循环又与农业子系统连接起来。所有这些，构成了错综复杂的网络结构。

(3) 立体结构

流域生态经济系统结构有明显的三维空间特征。流域生态环境立体和水平方面的差异性，会造成生物群落在与自然环境相适应过程中表现出明显的垂直分化和水平分化。如云南的胶—茶人工林，上层是 5~6 m 高的橡胶树，第二层是 3~4 m 高的肉桂和萝芙木，第三层是 1 m 高的茶树，第四层是名贵中药砂仁，最下面一层是喜阴的地被植物层，形成了多层次立体结构。林中动物由于对生境和生物群落的依附性，而分别活动和居住在树冠、树干、灌木、草丛中，它们同样也具有多层次立体结构。例如，有人对一片欧洲成熟森林中的鸟类做了统计，其中 15% 在地面筑巢，25% 在草丛筑巢，31% 在树干上和树干内筑巢，29% 在树冠上筑巢。就是地表以下的生态系统结构，同样具有立体特性，一方面，植物的根系分浅根系、深根系；另一方面，一些节肢动物、穴居动物和若干微生物，分别生活在不同深度的土壤中。另外，能源和矿产等资源也都是立体分布的。

由于流域生态环境的立体特征，生物种群、能源和矿产资源的立体分布，人类经济活动的立体配置，有机组成了流域生态经济系统的立体结构。流域生态经济系统的立体结构具体表现为立体种植业、立体养殖业和多层次加工业的有机结合，其上下左右、内外前后，相互促进、循环往复、生生不息。多层次的多次增殖，用最小的投入获得最大的产出，做到生态、经济、社会效益的高效获取。

综上所述，流域生态经济系统结构是一个有序、网络、立体的结构，了解流域生态经济系统结构的这些特征，对创立优化的流域生态经济系统，搞好山区生态经济建设，有十分重要的现实意义。

2.3.3　流域生态经济系统的功能

流域生态经济系统的生产和再生产过程是物流、能流、信息流和价值流的交换和融合过程。因此，流域生态经济系统具有物质循环、能量流动、价值增殖、信息传递四大功能。

(1) 物质循环

流域生态经济系统的物质循环是流域自然生态系统的物质循环与流域社会经济系统的物质循环的有机结合和统一，是流域生态经济系统中自然物质与经济物质相互渗透、互相转化、不断循环的运动过程。这一运动过程是以农业、能源、资源等生产部门为渠道进行的。农业生产部门利用太阳光生产出的植物和动物产品，除供人们生活消费外，部分产品提供给工业部门作为生产原料，这些流动着的物质最后经过生化分解过程，以简单的物质形态重新释放到生态系统中，归还于环境。能源的开发、生产和利用，是人们从事物质生产的强大动力，是社会生产力发展的重要标志。但在能源生产过程中，有大量有害物质释放到环境中，造成环境的恶化。例如，各种可利用的矿产资源，是流域生态经济系统重要的物质资源，矿产资源通过开采加工，其产品直接或间接地参与流域生态经济系统的物质循环，但形成大量的废渣沉积起来，侵占耕地，污染环境，造成水土流失。因此，人们既要大量开发、生产和利用能源，也必须投入经济物质，有效解决因能源消耗而造成的环境污染问题。

流域生态经济系统物质循环的实质，是人类通过社会生产与自然界进行物质交换。在交换过程中，改变自然物质的形态，加工成对人们有用的物质产品，满足人们生活和生产的需要。而要实现生态经济再生产的顺利发展，必须把人口、社会、自然等方面的关系理顺，使人口再生产、自然再生产和经济再生产三者彼此协调，才能促进物流畅通，实现良性循环。

（2）能量流动

流域生态经济系统的能量是指做功的能力，包括正在做功的能量和未做功但具有潜在做功能力的能量。生态系统的太阳能、生物能、矿化能和各种潜能称为自然能量，自然能量投入经济系统中，按照人类经济活动的意图，沿着人们的经济行为、技术行为所规定的方向传递和变换，便成为经济系统的经济能量。流域生态经济系统中的能量流动是流域生态经济系统的自然能量流动和流域经济系统中的经济能量流动有机结合、相互转化、不断传递流动的过程。

流域生态经济系统中的一切物质循环都伴随着能量流动，物质循环和能量流动相互依存、相互制约、不可分割地同时进行。能量流动与物质循环的渠道是一样的，生态系统中各种生物之间错综复杂的捕食关系，是能量流动的主要渠道。自然能量转化为经济能量，是由农业、能源和矿产等生产部门把各种能量输入经济系统的各部门和各个生产环节，通过投入产出生产链相互交换物质能量。但是，能量流动有3个显著的特点：①能量属于单向流动，是非循环的，它只能一次流过系统。生态系统的能量起源于太阳，能量以光能的形式转入生态系统之后，以热的形式逸散到环境中；绿色植物从太阳获取的光能绝不可能再返回太阳中去，草食动物从绿色植物中所获得的能量，也绝不可能再返回给绿色植物。同样，自然能量转化为经济能量进入经济系统，不论是开采各种矿物能源，还是把这些矿物转换为其他形式的能源，或者是在各种生产和消费领域中被消耗的能源，都不能以原来的能量形式返回给原来的领域。另外，能源在使用消耗过程中，其无效能量以热能的形式逸散到大气里，也不能再循环利用。②能量流动是遵循力学定律进行的，在自然界中，能量既不能消灭，也不能凭空产生，它可以从一种形式转换为另一种形式，在从高能位向低能位、由集中到分散的转换过程中能量守恒。流域生态经济系统的能量随着食物链和生产链的各个环节传递和转移，其能量逐级递减。③生态经济系统中的能量流动和物质循环所产生的污染物及其危害不同，经济能量在消耗过程中排放的大量污染物质，是大气的主要污染物，而经济系统的物质循环带来的污染物质主要污染水体和土壤。

总之，能量的大量投入会创造出更多的经济物质，为社会创造更多的物质财富。但是经济物质消耗过大，其产生的有害物质也会大量增加，污染生态环境。因此，在流域综合治理中，发展山区经济和保护生态环境，二者不可偏废。

（3）价值增殖

流域生态经济系统结构中物流和能流的转化、循环过程与产品生产和价值增殖过程是基本一致的。流域生产和再生产过程，是自然生态过程和社会经济过程有机结合的自然和社会相互作用的过程。在这一过程中，人类通过有目的的劳动，把自然物质和能量变换成经济物质和能量，价值沿着生产链不断形成、增殖和转移，并通过交换关系实现其价值。劳动者在劳动过程中消费着活劳动和物化劳动，在创造出新的使用价值的同时，不但转移了旧价值，而且创造了一定数量的新价值。价值量随之积累而增加。流域生态经济结构越复杂，转化层次也越多，则产品价值越大。因此，因地制宜，建立合理的生产结构，选择能发挥资源优势并使之转化为经济优势的多层次循环利用模式，进行立体经营，是发展山区经济，建立转化循环高效、经济高产、生态平衡的流域生态经济系统的关键环节。

(4) 信息传递

在流域生态经济系统中，生态系统与经济系统之所以能相互联结成为一个有机整体，除了能量和物质的交换外，还存在着信息传递现象。人类的经济活动总是伴随着信息活动，有效地进行经济活动必须有足够的信息作保证，因为在任何一项经济活动中，信息流起着支配的作用，它调节着人流、物流、能流的数量、方向、速度和目标，没有它就会导致系统的紊乱和破坏。

信息传递是管理生态经济系统的关键，人类控制生态系统，是通过获得信息流和控制能流、物流来实现的，生态经济管理就是科学地调节物流、能流和价值流。为此，必须及时、准确地掌握"三流"运动发出的信息，采取科学的调控手段，来达到生态经济系统稳定和发展的目的。在流域生态经济再生产过程中，需要人口再生产、自然再生产、经济再生产之间相互适应，协调发展。所以，管理生态经济系统，不仅需要大量的经济、社会信息，而且需要逐步实现人与自然的对话。从这种意义上说，生态经济管理的本质是信息管理。

综上所述，流域生态经济系统是通过物质循环、能量流动和信息传递把人口、自然、社会联结在一起，构成生态经济有机整体。生态经济系统能流、物流、信息流的转换、传递过程集中到一点，就是价值流的运动发展过程，而价值流的物质承担者是使用价值流。流域生产和再生产的目的就是要创造出更多的使用价值流，以满足人类生存的社会发展的需要。因此，物质循环、能量流动、价值增殖、信息传递，是流域生态经济系统的四大基本功能，四者之间的相互联系和相互作用，推动着流域生态经济系统不断运动、变化和发展。

2.3.4 流域生态经济系统的平衡

流域生态经济系统的平衡是指在保持生态平衡条件下的经济平衡，是生态平衡与经济平衡有机结合、相互渗透的矛盾统一体，是在自然选择与人工选择的进化过程中，流域综合治理的生态目标和经济目标相统一的平衡状态。

(1) 基本特性

流域生态经济系统平衡是客观存在的，具体表现在流域生态经济系统的结构平衡、机制平衡和功能平衡3个方面。在生态经济系统运动、变化过程中，其结构不断发生变化，为实现流域综合治理的生态经济目标，需要选择优化的生态经济结构模式，并保持这种结构的平衡，这是经济、社会发展的客观需要。流域生态经济系统具有自组织能力，为保证系统的正常运行和进化，必须保持生态经济机制的平衡。流域生态经济系统只有维护其物质循环、能量流动、价值增殖、信息传递等各种平衡功能，才能促使生态经济系统的进化，实现生态经济的良性循环。流域生态经济系统平衡是相对的，是以经济、生态发展为目标的、有条件的且处于不断运动、变化和发展中的动态平衡。生态经济平衡系统的动态性表现为系统外部和内部都是动态的，流域生态经济系统始终处于由一种平衡状态向另一种平衡状态永不休止的变化之中。当流域生态经济系统处于平衡状态时，系统内部的能流、物流、信息流等也处于不停的运动变化之中。流域生态经济系统平衡的客观性和相对性，反映了流域生态经济系统运动、变化的客观规律，人们可以通过认识这一规律，调节和控制流域生态经济系统的演替、进化过程，使流域生态经济系统沿着人们所需要的目标运行和发展。

(2) 平衡模式

由于流域所处的地理位置、自然环境、社会经济等方面的差异，使不同类型的流域生态经济系统或同类系统在不同时序上呈现不同的流域生态经济系统平衡状态。根据生态目标和经济目标的不同组合，可归纳出3种典型的生态经济系统平衡模式。

①稳定的生态经济系统平衡模式。在这种平衡状态下，系统自我调节力因抵偿外部不当的干预力而减弱，但能够勉强维持系统原来的结构和功能，生态系统和经济系统都处于保持原有水平和规模的再生产运动，在运动中不出现异变。

②自控的生态经济系统平衡模式。在这种平衡状态下，由于各种内外因的激发使生态经济系统出现各种异变时，系统可凭借自身的自我调节机制，使生态经济系统迅速恢复稳定状态，从而保证生态经济系统的正常运行和生态经济功能的正常发挥。

③优化的生态经济系统平衡模式。在这种平衡状态下，系统中各要素以及结构与功能之间都处于融洽协调的关系中，生态经济系统在自控、稳定的同时不断完善和进化。生态系统与经济系统同步协调发展并进行良性循环。

流域综合治理的目的在于创立优化的、以林业生态工程为核心的生态经济系统，因此，寻求优化的生态经济系统平衡模式是流域综合治理的中心任务。

2.4 景观生态学原理

林业生态工程建设是人工构建森林生态系统，由于山区、丘陵区地形、小气候、土壤等环境条件的异质性，同一地区的林业生态工程在建设时必须要结合环境因素构建多样性的森林生态系统，因而景观生态学原理的应用至关重要。

景观是由不同土地单元镶嵌组成的具有明显视觉特征的地理实体。景观生态学是研究在一个相当大的区域内，由许多不同生态系统组成的整体(景观)空间结构、相互作用、协调功能及动态变化的生态学分支。景观生态学作为一门综合性交叉学科，其理论的直接来源是生态学与地理学，同时从现代科学的诸多相关理论中也汲取了丰富的营养。景观生态学的理论基础为开放系统的自然等级有序理论，以及综合性和组织性理论；它的自然生态系统与人类系统之间生物控制共生理论是以控制论为基础的。因果反馈耦合关系的建立不仅与系统论、控制论有关，还涉及信息论的有关问题。景观生态学的自组织理论及稳定性概念又与耗散结构理论相关。

景观包括基底、斑块和廊道三大要素。景观生态学的核心内容可总结为：景观系统的整体性、景观要素的异质性、景观研究的尺度性、景观结构的镶嵌性、生态流的空间聚集与扩散、景观的自然性与文化性、景观演化的不可逆性与人类主导性、景观价值的多重性。

(1) 景观系统整体性和景观要素异质性

景观是由景观要素有机组成的复杂系统，具有等级结构、独立的功能特性和明显的视觉特征，是具有明确边界可辨识的地理实体。景观具有地表可见景象的综合与某个限定性区域的双重含义。景观分类系统将景观分为开放景观（包括自然景观、半自然景观、半农业景观和农业景观）、建筑景观（包括乡村景观、城郊景观、城市工业景观）和文化景观。一个健康的景观生态系统具有功能上的整体性和连续性。从系统的整体性出发来研究景观的结构、功能与变化，将分析与综合、归纳与演绎互相补充，可深化研究内容，使结论更具逻辑性和精确性。通过结构分析、功能评价、过程监测与动态预测等方法采取形式化语言、图解模式和数学模式等表达方式，以得出景观系统综合模式的最好表达。

景观系统同其他非线性系统一样，是一个开放的远离平衡态的系统，也具有自组织性、自相似性、随机性和有序性等特征。自组织可通过对称分离的不稳定性来实现，景观斑块产生于自组织，特别体现在由人类生态信息反馈作用调控下的土地利用动态变化过程中。

异质性是指系统或系统属性的变异程度。在景观尺度上，空间异质性包括空间组成、空间构型和空间相关3个部分的内容。景观由异质要素组成，景观异质性一直是景观生态研究的基本问题之一。因为景观的异质性决定景观的抗干扰能力和恢复能力。

系统稳定性和生物多样性有密切联系，景观异质性程度高有利于物种共生而不利于内部稀有种的生存。景观格局是景观异质性的具体表现，可运用负熵和信息论方法进行测度。景观异质性可理解为景观要素分布的不确定性，其出现频率通常可用正态分布曲线来描述。景观总体结构的异质性也可以通过穿越景观的一条或多条剖面线的景观异质性特征（组合形式的平均信息量）来描述。此外，利用滑箱多尺度面状采样法也是一种很好的方法。通过对外界输入能量的调控，可改变景观的格局使之更适宜人类生存。

（2）景观研究的尺度性

尺度是研究客体或过程的空间维和时间维，可用分辨率与范围来描述，它标志着对所研究对象细节了解的水平。在生态学研究中，空间尺度是指所研究生态系统的面积或最小信息单元的空间分辨率水平，而时间尺度是其动态变化的时间间隔。景观生态学的研究基本上对应着中尺度范围，即从几平方千米到几百平方千米，从几年到几百年。大尺度主要反映大气候分异，中尺度主要反映地表结构分异，小尺度主要反映土壤、植物和小气候分异。

格局与过程的时空尺度化是当代景观生态学研究的热点之一。尺度分析和尺度效应对于景观生态学研究有着特别重要的意义。尺度分析一般是将小尺度上的斑块格局经过重新组合而在较大尺度上形成空间格局的过程。此过程伴随着斑块形状由不规则趋向规则以及景观类型的减少。尺度效应表现为：随尺度的增大，景观出现不同类型的最小斑块，最小斑块面积逐步增大，而景观多样性指数随尺度的增大而减小。通过建立景观模型和应用GIS技术，可以根据选择最佳尺度以及把细尺度的研究结果转换为粗尺度或相反。由于在景观尺度上进行控制性实验往往代价高昂，因此人们越来越重视尺度转换技术，然而尺度外推却是景观生态学研究中的一个难点，它涉及如何穿越不同尺度生态约束体系的限制。由于信息总是随着粒度或幅度的变化而丧失，而信息损失的速率与空间格局有关，映射则来自从尺度变化中获得的信息，所以不同时空尺度的聚合会产生不同的估计偏差。

对应性、协调性和规律性是时空尺度的重要特征，通常研究的地区越大，相关的时间尺度就越长。生态平衡即自然界在动荡中表现的与尺度有关的协调性生态系统仍可保持大尺度的生态稳定性。

尺度性与持续性有重要联系，细尺度生态过程可能会导致个别生态系统出现激烈波动，而粗尺度的自然调节过程可提供较大的稳定性。在较高尺度上，混沌可提高景观生态系统的持续性而避免异质种群的灭绝。大尺度空间过程包括土地利用和土地覆盖变化、生境破碎化、引入种的散布、区域性气候波动和流域水文变化等。在更大尺度的区域中，景观是互不重复、对比性强、粗粒格局的基本结构单元。景观和区域都是在人类可辨识的尺度上来分析景观结构，把生态功能置于人类可感受的范围内进行表述，这尤其有利于了解景观建设和管理对生态过程的影响。在时间尺度上，人类世代（即几十年的尺度）是景观生态学关注的焦点。

（3）景观结构的镶嵌性

自然界普遍存在着镶嵌性，即一个系统的组分在空间结构上互相拼接而构成整体。景观和区域的空间异质性有两种表现形式，即梯度与镶嵌。镶嵌的特征是对象被聚集形成清楚的边界，连续空间发生中断和突变。土地镶嵌性是景观和区域生态学的基本特征。斑块—廊道—基质模型即是对此的一种理论表述。

景观斑块是地理、气候、生物和人文因子构成的有机集合体，具有特定的结构形态，表现为物质、能量或信息的输入与输出单位。斑块的大小、形状不同，有规则和不规则之分；廊道曲直、宽窄不同，连接度也有高有低；而基质更显多样，从连续状到孔隙状，从聚集态到分散态构成了镶嵌变化、丰富多彩的景观格局。

景观结构即斑块—廊道—基质的组合或空间格局，是景观功能流的主要决定因素，而这些景观形态结构又是由之前的功能流所产生。结构与功能、格局与过程之间的联系和反馈是景观生态学的基本研究内容。

景观镶嵌的测定包括多样性、边缘、中心斑块和斑块总体格局测定等方面内容，有多样性、优势度、相对均匀度、边缘数、分维数、斑块隔离度、易达性、斑块分散度、蔓延度等指标。此外，网络理论、中心位置理论、渗透理论（随机空间模型）等也被用于景观空间结构的研究。

作为镶嵌体的景观，按其所含的斑块粒度（用斑块平均直径量度）可区分为粗粒景观和细粒景观。例如，森林景观的粒级结构主要取决于更新单元（林冠空隙）的大小与采伐方式的差异，农田景观的粒级结构则取决于土地利用方式（旱田、水田和菜地）的不同和管理的精细程度。单纯的粗粒景观或细粒景观都是单调的，只有含细粒部分的粗粒景观最有利于大型斑块生态效应的获得，为包括人类在内的多生境物种提供了丰富的环境资源。由于景观结构的镶嵌性，其中若干空间要素（街道、障碍和高异质性区域）的组合决定了物种、能量、物质和干扰在景观中的流动或运动，表现为景观的抗性作用。

（4）生态流的空间聚集与扩散

生物物种与营养物质和其他物质、能量在各个空间组分间的流动称为生态流。而它们是景观中生态过程的具体体现，受景观格局的影响，这些流可表现为聚集与扩散，属于生态系统间的流动，以水平流为主。它需要通过克服空间阻力来实现对景观的覆盖与控制。物质运动过程同时总是伴随着一系列能量转化过程，斑块间的物质流可视为在不同能级上的有序运动，斑块的能级特征由其空间位置、物质组成、生物因素以及其他环境参数所决定。例如，我国东部丘陵地区的农业景观中由于灌溉形成了渠、堤相连的多水塘系统，这种景观格局对于非点源污染起到了一种控制作用。在重力作用下，雨后的地表径流和农田排水经过不同斑块裹挟、沉积或释放物质而形成了非点源污染物的再分布。景观空间要素间物种的扩散与聚集、矿质养分的再分配速率通常与干扰强度成正比，如小流域的水土流失与不合理的土地利用方式成正比。穿越边缘的能量与生物流随异质性的增大而增强。无任何干扰时，景观水平结构趋于均质化，而垂直结构的分异更加明显，这在森林生态系统的演化中不乏例证。

景观中的能量、养分和物种，都可以从一种景观要素迁移至另一种景观要素，这些运动或流动取决于5种主要媒介物或传输机制：风、水、飞行动物、地面动物和人。在景观水平上有3种驱动力：首先是扩散力与景观异质性有密切联系；其次是传输（物质流），即物质沿能量梯度（在空间里镶嵌状分布）流动；最后是运动，即物质通过消耗自身能量从一处向另一处移动。扩散是一种低能耗过程，仅在小尺度上起作用，而物质流和运动是景观尺度上的主要作用力。水流的侵蚀、搬运与沉积是景观中最活跃的过程之一；而运动是飞行动物、地面动物和人传输多数物质的力，这种迁移最主要的生态特征是物体在所抵达的景观要素中呈高度聚集。总之，扩散作用形成最少的聚集格局，物质流居中，而运动可在景观中形成最明显的簇聚格局。

景观的边缘效应对生态流有重要影响，景观要素的边缘部分可起到半透膜的作用，对通过它的生态流进行过滤。此外，在相邻景观要素处于不同发育期（成熟度）时，可随时间转换而分别起到"源"和"汇"的作用。

（5）景观的自然性与文化性

景观不单纯是一种自然综合体，而往往被人类注入不同的文化色彩，因而在欧洲很早就有自然景观与文化景观之分。按照人类活动对景观的影响程度可划分出自然景观、管理景观和人工景观。当今地球上不受人类影响的纯粹自然景观日渐减少，而各种不同的人工自然景观或人工经营景观占据陆地表面的主体。对于这两大类景观而言，生物活动（生物多样性与生物生产力）是景观系统最重要的特征。比较理想的有生命力的景观是指具有很高的生物多样性和生产力，而只需要较低能量维持，并具有较强抗干扰性的生态系统组合。这两大类景观的稳定性取决于潜在能量或生物量、抗干扰水平与恢复能力。

人工景观也称人类文明景观，是一种自然界原先不存在的景观，如城市、工矿和大型水利工程等。大量的人工建筑物成为景观的基质从而完全改变了原有的景观外貌，人类成为景观中主要的生态组分。这类景观多表现为规则化的空间布局，以高度特化的功能与通过景观的高强度能流、物流为特征。在这里，景观的多样性体现为景观的文化性。人类对景观的感知、认识和判别直接作用于景观，同时也受景观的影响；文化习俗强烈地影响人工景观和管理景观的空间格局；景观外貌可反映不同民族、地区人民的文化价值观。例如，我国黑龙江北部的三江平原、黑龙江沿河平原及嫩江流域广大地区就是汉族移民在黑土漫岗上的开发活动所创造的粗粒农业景观，而朝鲜族移民在东部山区的宽谷盆地中所创造的则是以水田为主的细粒农业景观。由于景观具有自然性和文化性，因而景观生态学的研究也涉及自然科学与人文科学的交叉。关于景观的多样性及其生态意义已越来越受到研究者的重视。

（6）景观演化的不可逆性与人类主导性

景观系统如同其他自然系统一样，其宏观运动过程是不可逆的时间反演不对称，它通过开放从环境引入负熵而向有序发展。景观具有分形结构，其整体与部分常具有自相似嵌套结构特征，系统演化遵循从混沌到有序再到混沌的循环发展形式。

景观演化的动力机制有自然干扰与人为活动影响两个方面，由于人类活动影响的普遍性与深刻性对于作为人类生存环境的各类景观而言，人类活动对于景观演化无疑起着主导作用，通过对变化方向和速率的调控可实现景观的定向演变和可持续发展。

在人类活动对生物圈的持续作用中，景观破碎化与土地形态的改变是其重要表现。景观破碎化包括斑块数量、形状和内部生境的破碎化3个方面，它不仅常常导致生物多样性的降低，而且将影响景观的稳定性。通常将人为活动对于自然景观的影响称为干扰，对于管理景观的影响由于其定向性和深刻性则称为改造，而对人工景观的影响更是决定性的，可称为构建。在人与自然界的关系上有着建设和破坏两个侧面，共生互利才是方向。应用生物控制共生原理进行景观生态建设是景观演化中人类主导性的积极体现。景观生态建设是指一定地域、跨生态系统、适用于特定景观类型的生态工程，它以景观单元空间结构的调整和重新构建为基本手段改善受威胁或受损生态系统的功能，提高其基本生产力和稳定性，将人类活动对于景观演化的影响导入良性循环。我国各地的劳动人民在长期的生产实践中创造出许多成功的景观生态建设模式，如珠江三角洲湿地景观的基塘系统、黄土高原侵蚀景观的小流域综合治理模式、北方风沙干旱区农业景观中的林—草—田镶嵌格局与复合生态系统模式等。

景观稳定性取决于景观空间结构对于外部干扰的阻抗及恢复能力，其中景观系统所能承受人类活动作用的阈值称为景观生态系统承载力。其限制变量为环境状况对人类活动的反作用，如景观空间结构的拥挤程度、景观中主要生态系统的稳定性、可更新自然资源的利用强度、环境质量以及人类身心健康的适应与感受性等。

景观系统的演化方式有正反馈、负反馈两种。负反馈有利于系统的自适应和自组织保持系统的稳定，是自然景观演化的主要方式。而不稳定则与正反馈相关，从自然景观向人工景观的转化，其主要方式以正反馈居多，如围湖造田、胶林开荒与城市扩张等。耗散结构理论揭示非平衡不可逆性是组织之源、有序之源，通过涨落达到有序。景观系统的演化也符合这一规律，人类活动打破了自然景观中原有的生态平衡，放大了干扰改变了景观演化的方向并创造出新的生态平衡，重新实现景观的有序化。

（7）景观价值的多重性

景观作为一个由不同土地单元镶嵌组成，具有明显视觉特征的地理实体，兼具经济、生态和美学价值，这种多重性价值判断是景观规划和管理的基础。景观的经济价值主要体现在生物生产力和土地资源开发等方面，景观的生态价值则主要体现为生物多样性与环境功能等方面，这些已经研究得十分清楚。而景观美学价值却是一个范围广泛、内涵丰富，比较难以确定的问题。随着时代的发展，人们的审美观也在变化，人工景观的创造是工业社会强大生产力的体现，城市化与工业化相伴生；然而久居高楼如林、车声嘈杂的城市之后，人们又企盼亲近自然和回归自然。

关于景观美学质量的量度可从人类行为过程模式和信息处理理论等方面进行分析，不同民族和不同文化传统对此各有深刻的影响，如中国的园林景观同欧洲的园林景观相比就有着极为不同的鲜明特色，它注重野趣生机、自然韵味、情景交融、意境含蓄、以小见大、时空变换、增加景观容量与环境氛围。

价值优化是管理和发展的基础，景观规划和设计应以创建宜人景观为中心。景观的宜人性可理解为比较适于人类生存，走向生态文明的人居环境包含以下内容：景观通达性、建筑经济性、生态稳定性、环境清洁度、空间拥挤度和景色优美度等。景观设计特别重视景观要素的空间关系，如形状和大小、密度和容量、连接和隔断、区位和层序，如同它们所含的物质和自然资源质量一样重要。在城市景观规划中就应该特别注意合理安排城市空间结构，相对集中利用空间，建筑空间要做到疏密相间；在人工环境中努力显现自然；增加景观的视觉多样性；保护环境敏感区和推进绿色空间体系建设。

2.5 恢复生态学理论

20世纪80年代以后，现代生态学突破了传统生态学的界限，在研究层次和尺度上由单一生态系统向区域生态系统转变，在研究对象上在以自然生态系统为主向自然—社会—经济复合生态系统转变，涌现了一批新的研究方向和热点。恢复生态学应运而生并逐渐成为退化生态系统恢复与重建的指导性学科。

2.5.1 恢复生态学的定义

1985年，英国学者Aber和Jordan提出了恢复生态学的概念。当时，国内外有以下3种略有差别的学术观点：第一种观点强调受损的生态系统要恢复到理想的状态，使一个生态系统恢复到较接近其受干扰前的状态。第二种观点强调生态学过程，研究生态系统退化的原因、退化生态系统恢复与重建的技术与方法、过程与机制的科学。第三种观点强调生态整合性恢复，是研究生态整合性的恢复和管理过程的科学，生态整合性包括生物多样性、生态过程和结构、区域及历史情况、可持续的社会实践等广泛的范围。这也是国际恢复生态学会(International Society for Ecological Restoration)的定义。综合各种观点，恢复生态学应加强技术理论和应用技术两大领域的研究工作。

基础理论研究主要包括：生态系统结构、功能以及生态系统内在的生态学过程与相互作用机制；生态系统的稳定性、多样性、抗逆性、生产力、恢复力与可持续性；先锋与顶极生态系统发生、发展机理与演替规律；不同干扰条件下生态系统受损过程及其响应机制；生态系统退化的景观诊断及其评价指标体系；生态系统退化过程的动态监测、模拟、预警及预测等。

应用技术研究主要包括：退化生态系统恢复与重建的关键技术体系；生态系统结构与功能的优化配置及其调控技术；物种与生物多样性的恢复与维持技术；生态工程设计与实施技术；环境规划与景观生态规划技术；主要生态系统类型区退化生态系统恢复与重建的优化模式试验示范与推广。

归纳以上的研究内容，恢复生态学的研究内容可概括为：退化生态系统的类型与分布、退化的过程与原因，以及退化生态系统恢复的步骤与技术方法、结构与功能机制等方面。

2.5.2 退化生态系统

(1)土地退化与生态系统退化

土地退化指土壤理化性质的变化导致土壤生态系统功能的退化。其类型主要有侵蚀化退化、沙化退化、石质化退化、土壤贫瘠化退化、污染化退化、工矿等采掘退化。

生态系统退化是指生态系统的结构和功能在干扰的作用下发生位移,位移的结果打破了原有生态系统的平衡状态,使系统的结构和功能发生变化和障碍,形成破坏性波动或恶性循环。

陆地退化生态系统类型包括裸地、森林采伐迹地、弃耕地、沙漠、采矿废弃地、垃圾堆放场等。

(2)生态系统退化的驱动力

生态系统退化的驱动力是干扰。在干扰的压力下,系统的结构和功能发生改变,结构破坏到一定程度甚至将失去原有的功能。干扰有自然干扰和人为干扰之分,自然干扰是生态系统演化的重要因素,但自然干扰之后如伴随有人为干扰,可能产生不可逆的改变,会加速生态系统的退化。恢复生态学所关注的干扰主要是人为干扰,人为干扰是研究生态系统退化原因必须要考虑的关键因素。

2.5.3 退化生态系统恢复

(1)退化生态系统恢复的目标

通过退化生态系统恢复,建立合理的内容组成(种类丰富度及多度)、结构(植被和土壤的垂直结构)、格局(生态系统的空间分布)、异质性、功能。具体表现在:恢复诸如废弃矿地等极度退化的生境;提高退化土地上的生产力;在被保护的景观内去除干扰以加强保护;对现有生态系统进行合理利用和保护,维持其服务功能。

(2)退化生态系统恢复技术体系

首先,强调非生物或环境要素的恢复技术。实现生态系统的地表基底稳定性,为物种的生存和发展提供基础条件。其次,生物因素的恢复技术。注重增加生态系统种类组成和生物多样性,实现生物群落的恢复,提高生态系统的生产力和自我维持能力。最后,生态系统的总体规划、设计与组装技术。在前两方面主导思想形成的前提下,再考虑生态系统的设计。其设计应尊重自然法则、美学原则和社会经济原则。只有遵循自然规律的恢复重建才是真正意义上的恢复与重建;退化生态系统的恢复重建应给人以美的享受,增加视觉和美学享受;社会经济技术条件是生态恢复的后盾和支柱,制约着恢复重建的可能性、水平与深度。

针对生态系统退化或破坏程度的不同和功能的区别,有效进行生态恢复的途径主要包括:保护自然的生态系统;恢复现有退化生态系统;对现有生态系统进行合理管理,避免退化;保持区域文化的可持续发展;景观整合、保护生物多样性和生态环境。

本章小结

本章主要对林业生态工程的基本理论进行介绍,包括生态学原理、系统可持续发展理论、生态经济学理论、景观生态学原理、恢复生态学理论,重点对生态经济学理论中流域生态经济系统的组成、结构、功能和平衡、景观的结构和功能、退化生态系统及其恢复的目标和技术体系进行了阐述。

复习思考题

1. 如何理解生态位原理?
2. 生态经济系统有哪些基本组成要素?它们是如何形成统一整体的?
3. 系统演化有哪几种模式?
4. 简述流域生态经济系统的结构特征。
5. 简述恢复生态学和退化生态系统的定义。
6. 简述退化生态系统的类型及受损生态系统的特点。
7. 简述恢复生态学的研究内容。
8. 简述退化生态系统恢复的途径和技术体系。

中篇

森林培育基础理论

第 3 章

森林培育理论

林业生态工程建设的主体是以木本植物为主，以不同结构和方式构成的植物群落，还包含与林草共生共存、互相依赖，可构成食物链结构的动物和微生物。构建结构合理、生长稳定并繁衍后代的森林植被，是林业生态工程成功的关键。因此，森林培育理论与技术是林业生态工程应用理论与技术的核心。林木培育的理论与技术称为森林培育学或造林学，包括林木种子、苗木培育、森林营造、主伐更新及主要树种造林技术。森林营造则是狭义上的造林学。森林培育从分布区域上说，包括无林区人工林的培育、有林区人工林的培育及低价值林分的改造。

3.1 人工林概述

3.1.1 人工林的特点

人工林是人工栽培的植物群落，其营造和培育是在人类现有关于森林形成、发育、演化的知识基础上，用人工技术措施来实现人类的意愿和要求。与天然林比较，人工林具有以下特点：

①人工林的树种、种子、苗木、林分组成的选择和确定，甚至成林的全过程均是在人工技术干预下进行的，其主要目标在于较快、较好地达到预期的经济目的和防护效果。

②人工林一般具有速生的特点。合理的人工技术措施调节了林木与环境、林木与林木之间的相互关系，从而加速了林地内部的物质和能量的循环，促进其生长。

③人工林的生物产量高，其中包括林木的木材蓄积量和枝、叶、根量等。即使在立地条件差的地区，只要树种选择合理、经营管理跟上，生物产量也能达到一个较高的水平。

④在相同立地条件下，合理营造的人工林一般具有生物学稳定的特点。人工林的结构为人工设计，并通过人工技术措施消除和减小环境对林木和林木之间的不利影响，从而加强了林木生长的稳定性。在水土流失等土地退化地区，为了发挥森林的防护效果，往往首先要求林分具有稳定的生长，即使不能同时达到速生和丰产，即不能达到高的经济效益，也是可行的、合理的。

⑤水土流失地区和严重退化的劣地，由于历史的原因，自然条件比较苛刻，如干旱、盐渍化、土地贫瘠等。欲使林木生长稳定、生长率高，又有较好的生态防护功能，在造林技术措施上，要求较为严格。立地条件越恶劣，越需要采取精细的栽培管理技术，才有望

获得预期的效果。这与速生丰产林的培育有很大的不同。

3.1.2 人工林生长发育阶段

无论是天然林,还是人工林,均存在发生、发展以至衰亡的过程。在这个过程中,林木由个体到群体,一方面显示林木自身内部的变化;另一方面,也反映林木个体或群体与环境条件之间的关系变化。人工林在不同的生长发育阶段,有不同的生长发育特点,对环境的适应性不同,所采取的营林技术措施也不同。据此将人工林的生长发育划分为以下几个阶段:

(1) 成活与幼林郁闭时期

一般指无林的造林地从造林以后到林分郁闭以前的一段时期,苗木能否正常成活和生长,主要反映在林木个体与环境条件之间的矛盾。造林初期,苗木生长缓慢,而地下部分根系的恢复和生长较地上部分速度稍快;苗木个体小,抵抗力差,适应条件的能力差,死亡率高。这一时期,技术措施的关键在于供应苗木或种子以足够的土壤水分,可采用增加外界环境中水分来源、减少蒸发、提高苗木吸水能力、减少苗木过度蒸腾等措施,包括注重采取合理的栽植、播种技术,细致整地、松土除草,以及有条件时实行林地灌溉等。

该阶段又可分为两个阶段:成活阶段和郁闭阶段。造林后1~2年或3年为成活阶段,从成活到郁闭需要3~5年或10年。对于干旱地区来说,往往需要1~2年时间才能最终确定幼林的成活。苗木成活后,与根系恢复生长的同时或稍后,地上部分也加快生长,此时,林木个体与环境条件之间的矛盾主要反映在林地灌木、杂草与幼树争夺土壤水分和养分。为了解决这个矛盾,首先要进行林地的松土锄草和清除非目的树种,以保蓄土壤的水分和养分,必要时对阔叶树种进行平茬,以促进地上部分生长。随着幼树的生长,林地内首先达到行内郁闭,随即行间也将郁闭。当林地进入郁闭时期,即可认为林地进入形成森林环境的阶段。林木以群体的形式与环境因素之间进入一个新的时期。

(2) 中壮林龄时期

林分从全体郁闭后即进入中壮林龄期,树冠达到郁闭的同时,林木地下的根系也相接达到"郁闭"。林地上形成以林木群体能量交换为特点的森林环境,林木群体内部的矛盾上升成为主要矛盾,而林木与林地灌木、杂草间的矛盾退居次要地位。此时,如无人工技术措施的干涉,自然整枝、林分分化及自然稀疏等林分的自我调节现象将会出现,并反映在林木高生长、直径生长和材积生长过程。此时,如合理采取人工技术措施进行调节,有望加速林木生长,增大其总的生物产量,缩短成材期。具体措施如进行抚育间伐,以调节林分密度和林木个体的生长速率,满足林分均衡发育。

对于防护林,由于一般过分强调其防护方面的功能,而不能及时进行抚育间伐以促进整个林分的生长和保证林分的稳定,反而影响林分的生长和生物量的增加,进而影响防护林的防护效果。

(3) 成、过熟林时期

从林分自然发展阶段而言,达到成、过熟林时期即达到其发展末期。如培育用材林,林木达到工艺成熟后,材积年生长量达到最大并有下降趋势,此时蓄积量最高。到了过熟林时期,林木自然衰老,枯立木和腐朽木增加,林分的枯损量超过生长量。因此,当材积量达到最高时应进行采伐更新。所谓成、过熟林时期,多见于一些天然林,而人工林则根据育林的目的及时进行采伐更新，没有必要等到林分的自然死亡。对于以发挥防护功能为主的防护林，也有其衰老、消亡的时期。此时，林分结构破坏，生物产量降低，防护功能随之降低。因此，当防护林达到成、过熟林时期（指标不同于用材林），应及时进行更新伐、卫生伐、疏伐，以改善林分状况，更新林分组成，进而永久地发挥其防护作用。一般而言，防护林尤其是大面积的水土保持林和水源涵养林，不提倡主伐，尤其不提倡皆伐。但是，也应视其林种并根据防护目的或经济目的，采取一定强度的择伐（防护林并不是绝对一棵树都不能采伐）。

人工防护林营造的一切措施，在于保证林分的成活、郁闭和稳定生长，在此基础上，才能保证林分有较高的生物产量，从而保证达到预期的防护效能。各项技术措施的基本特点在于调节环境因子和林木生长发育要求之间的合理关系，因而在不同生长发育阶段要采取不同的措施。

3.1.3 林木培育基本理论与技术体系

林木培育工程本身也是一项系统工程，应由3个子系统组成。第一个子系统是生物与环境系统，该系统是林木与周围环境相互作用的开放系统，是在定向培育原则的基础上，充分考虑林木遗传特性（种子、苗木、林木个体与群落）与生态环境条件（立地条件）相适应的原理，做到适地适树，并选择合理的结构，使林草从苗木、种子到成活、生长，最终形成符合目标的理想结构与产量。第二个子系统是经营管理技术系统，包括种子或苗木、整地、播种或栽植、抚育等。第三个子系统是实施管理保障系统，包括政策法规保障、组织制度保障、技术监督保障。以上3个子系统缺一不可，是相互联系、相互作用、相互制约的，只有使3个子系统密切配合，才能保障林业工程在总体上达到预定目标和最佳功能（图3-1）。

图3-1 林木培育工程系统构成

林木培育的技术措施是建设林业生态工程的根本保证。根据我国多年的造林经验，20世纪70~80年代曾经提出适地适树、良性壮苗、细致整地、合理结构、精细种植、抚育保护六大技术措施。牧草栽培中也提出根据生境条件选择草种、加强草种繁育、精细播种、人播与飞播结合等技术措施。

林木培育一般为粗放经营，林木的生长很大程度上取决于林木本身的遗传特性和立地或生境条件。适地适树是林木培育成功的前提，特别是林木的生长周期长，树种选择的失误会对林木生长产生长期不利的影响。在此基础上，进一步考虑林木的遗传特性和品质，选育优良种源或品种，培育壮苗，使林木具备稳定生长和优质高产（生产量或其他指标）的潜力；细致整地和精心种植，以促进苗木成活或出苗整齐及生长旺盛。从林业生态工程角度考虑，人工林是乔灌草之间有机结合的植物群落，只有合理的群落结构，包括水平结构（林草的平面布设和镶嵌配置）、垂直结构（乔灌草结合）、时间结构（苗木年龄、种植时间的安排）才能充分利用光能、水分及营养空间，才能有效改良土壤，增强林木对不良环境的抵抗能力，才能达到林木培育的定向目标。为了充分发挥林木生长的潜力，必须有良好的外部环境条件，因此，整地、抚育、施肥、灌溉、排水显得十分重要。

总之，可把林木培育的技术措施归纳为：在适地适树的基础上，以良种壮苗、细致整地、精细种植来保证林草的成活（或出苗）和健壮生长，以抚育、施肥、灌溉、排水来保证良好的生长环境。其技术措施构成了林木培育的技术系统（图3-2）。

图 3-2 林木培育的技术系统

3.1.4 林木定向培育

林木的定向培育是指根据不同林业生态工程类型的生态和经济目标,在配置方式、树种选择、栽植密度、抚育管理等方面采取不同的技术措施。如生态防护型水源涵养林,其培育目标是具有最佳的水文效应,因此,应选择乔灌草相结合的复层异龄壮龄林,树种需寿命长,生物量和枯枝落叶量大的树种,并选择不同苗龄的树种和具有耐阴性的灌木和草本进行合理配置。对于生态经济型的林业生态工程,树种选择和配置就应考虑生态和经济的双重目标。在一个开发建设项目中,如矿山企业,其生活区和厂区绿化的目的是建立一个舒适的生活环境和工作环境,林木培育的目标就是具有最佳的环境改良和美化效果,选择的树种应既有较强的生态适应性,又必须符合美学要求。

每一项林业生态工程所追求的目标是多效益的,但各有侧重。森林法中规定的林种也就是林木培育目标的体现。随着全球经济的发展和人类生活水平的极大提高,人们对森林的环境保护功能越来越重视,更加强调森林的生态效益。

我国林业生态工程的布局是根据区域生态环境和社会经济环境及其植被覆盖和生长状况确定的,因此,每一片森林都应当在统一的规划布局下确定具体的培育目标,所采用的技术措施应最大程度利于实现这一目标。一项林业生态工程是由不同定向培育的森林有机组合形成的,多项林业生态工程的有机结合形成了区域林业生态工程体系。

3.2 立地分类

树种选择是森林培育中极为重要的一项工作,是森林培育成功的关键因素之一。树种选择的原则依据是定向培育和适地适树。定向培育是人们根据社会、经济和环境的需求确定的;适地适树则是客观存在,即林木的生物学和生态学特性与立地(环境)条件相适应。自然规律的认识是在不断地研究和实践基础上积累形成的,对树种选择来说,首先要了解林木生长的立地条件,掌握影响林木生长环境因子,特别是限制性因子;然后要了解林木的分布规律、生态适应性及生物学特性;还要分析造林地段的立地因子与林木适应性之间的关系,寻找其规律,才能选择出适应该地段生长的最佳树种。当然,也可以通过改良立地或改良树种,使立地与树种或树种与立地相适应,但通过选择立地或树种的途径是最经济的。

3.2.1 造林地、立地条件与立地类型

(1) 造林地

造林地也可称为宜林地,种草地习惯上称为宜牧地。事实上,自然界某一地段,可能既是宜林地又是宜牧地,宜林宜牧只是一个相对的概念。造林地是林木生长的外部环境,本身是一个复杂的生态系统,包括大气、土壤、生物等组成的复合系统。组成造林地的各种生物与环境因子是相互关联、相互影响、相互制约的。了解造林地的特性及其变化规律,对于选择适宜的树种、设计合理的结构及确定最佳的技术措施具有重要意义。造林地既具有区域气候、地理、植被的地带性特征,又具有其自身固有的特性。因此,必须全面

地、深刻地研究造林地的生态环境因子，综合分析构成造林地各生态环境因子之间的关系及其相互间的变化规律。从生态学的观点看，林木与其环境条件这一矛盾的统一体中，一般来说，环境是比较稳定的并起决定作用，也就是说环境是矛盾的主要方面。因为任何绿色植物（包括林木、草、农作物等）的生存、发育、生长、繁衍，除了其自身所具有遗传特性外，与其赖以生存的环境条件有着十分密切的依存关系。当其所处的环境条件能够满足植物的生活需要时，植物便可正常地进行同化作用、代谢作用等物质（养分、水分、空气）、能量的循环。环境条件直接决定着植物的种类分布及其存活、发育、生长及其生物产量。从适地适树的角度，通过对造林地环境条件（立地或生境）的分析，可间接地评价造林地对某些乔、灌、草种的适宜性，以及其潜在的生产能力。因此，分析归纳造林地的特性，从众多的环境因子中寻找林木生长的限制性因子，以及对林木生长发育起显著的长远影响和局部的临时影响的因子，从而有针对性地采取措施，才能取得良好的效果。

造林的地类很多，主要的类型有：荒坡（山），包括草坡、灌草坡（灌木盖度≤40%）；灌木坡（灌木盖度>40%）；荒地，包括弃耕地、河滩地、沼泽地、盐碱地、沙地及其他退化劣地；农耕地，含撂荒地；农村四旁地及城市和工矿区闲置地；采伐迹地、火烧迹地、局部更新迹地等。

（2）立地条件与立地类型

立地是一个日语词，英文为 site，与生境同义，指具有一定环境条件综合的空间位置。《中国林业百科全书·森林培育卷》将立地定义为"影响林木生长发育的环境条件的总体，包括森林地段上的气候、地质、地貌、土壤、水文等"。造林地上，凡是与林木生长发育有关的自然环境因子的综合称为立地条件。各种环境因子也可叫作立地因子。为了便于指导生产，必须对立地条件进行分析与评价，同时按一定的方法把具有相同立地条件的地段归并成类。同一类立地条件上所采取的森林培育措施及林木生长效果基本相近，将这种归并的类型称为立地条件类型，简称立地类型。根据各立地条件类型的特点和主要树种的生物学特性，即可适当地选定不同立地条件类型可用的树种及合理的培育技术措施。因此，对造林地立地条件进行分析评价，划分立地类型，是实行科学森林培育的重要工作。只有科学地划分立地条件类型和恰当地确定不同立地条件类型上的树种，并在实践中证明这些树种在该立地条件类型上可正常完成其生长发育过程，从而达到造林的预期目的时，才能说真正达到了适地适树。

3.2.2 立地类型划分及其评价

3.2.2.1 立地条件分析

采用正确的方法对立地条件进行分析评价，找出影响林木生长的因子，弄清诸因子之间的关系，确定限制性因子（即主导因子），是林木培育的前提，也是立地分类的基础。

（1）立地因子

在林木培育的生产实践中，尽管造林地的立地因子是多样而复杂的，影响林木生活的环境因素也是多种多样的，但概括起来植物的基本生活因素包括光、热、水、气、土壤、养分条件。水热状况决定树种的区域分布及适应范围。同时，通过区域性范围内某一造林地的其他因子（如地形条件的变化等）对水热因子的再分配作用的影响，而形成造林地的局部小气候，从而构成具有一定特征的造林地环境条件。立地因子中土壤的水分、养分和空气条件是造林地立地条件的主要方面，再加上该造林地上具有小气候条件，即综合反映该造林地所具有的宜林宜牧性质及林木潜在生产力。

立地条件是众多环境因子的综合反映。为了全面掌握造林地的立地性能从而找出影响立地条件的主导因素，就必须对与立地条件有关的各项因子进行调查。在一个森林植物地带范围内分析立地条件，必须掌握以下几点：

①海拔。海拔每升高 100 m，气温下降 0.5~0.6 ℃。随着海拔的升高，气温降低，空气相对湿度则逐渐增大，气候由低海拔的干燥温暖转变为高海拔的湿润寒冷。如刺槐的垂直分布范围上限达 2000 m，而适生范围却在 1500 m 以下，刺槐最适生的范围在 800 m 以下；油松的垂直分布范围为 800~2200 m，而适生范围为 1100~1800 m。由于土石山区高差变化大，海拔对立地条件的影响较大，而在一个特定的气候地貌区域（如黄土高原区），高差变化小，海拔对立地条件的影响就不会太显著。

②纬度。纬度是影响大区域气候的决定性因子，不同的纬度地带分布着其最适生的树种。纬度不仅影响立地条件，而且影响林木的分布。我国南方地区纬度低，分布着大量的热带和亚热带植物；北方地区纬度高，则分布温带和寒温带植物。在某一较窄的区域，即使较小的纬度变化也会引起树种分布和生长的变化。例如，在纬度低的山西太丘山地区广泛分布着生长良好的油松，而纬度稍高、气温较低的关帝山、管涔山则主要分布着华北落叶松；又如沙打旺在山西省灵丘、繁峙、宁武等十个县区的内长城以南可以开花结子，而在内长城以北则不能开花。

③地形。树种分布除受纬度和海拔的影响外，也受局部地形条件所引起的中、小区域气候变化的影响。地形对光、热、水等生态因子起着再分配的作用，引起温度和湿度的变化。在黄土丘陵区，川道、沟谷、塬面、梁峁的小气候差异很明显。例如，核桃、花椒、刺槐等在海拔 1200~1500 m 的川道及沟谷中往往因冻害而不易栽培，而在塬面或梁峁坡的背风向阳处却生长较好；又如同样海拔 1200 m 上下，梁峁上只能栽植耐旱、抗旱的山杏、山桃、侧柏之类，而在沟谷、沟川上则可栽植苹果、核桃、花椒、毛白杨、箭杆杨等。

④坡向与部位。地形起伏的山区和丘陵区，小气候特点主要由坡向和坡位决定，不同坡向、坡位的受光时间和强度、风力强弱、水分状况等都有明显差别。总的来说，阳坡光照充足、干燥温暖；阴坡光照较差、阴湿寒冷，一般阴坡的土壤含水量比阳坡高 2%~4%，按坡向从北坡—东北坡—西北坡—东坡—西坡—东南坡—西南坡—南坡，干旱程度逐渐加重。从山体坡位上来看，从上部到中部，从中部到下部，土层厚度逐渐增加，水分条件逐渐变好。但是，具体情况必须具体分析，要把各因子综合起来考虑。如油松是喜光树种，也比较耐旱，但低山地区水分缺乏，水分往往是影响其成活和生长的主要限制因子，而且它又比较耐寒抗风，所以，在阴坡、沟谷塌地、阳坡坡脚造林较为适宜。

⑤土壤条件。包括土壤水分、养分、土层厚度及理化性质。一般将土壤分为湿润土壤和干旱土壤（水分条件）；酸性土壤、盐碱土和碱性土壤（土壤的 pH 值）；肥沃土壤和瘠薄土壤（养分条件）；厚土、中土和薄土（土壤厚度）。不同的树种对土壤条件要求不同，有的树种对水分要求严格，如刺槐水淹稍久即死亡；有的树种对土壤 pH 值要求严格，如油

松、栎类、山杨等喜偏酸性土壤，也能在微碱性土壤上生长，而侧柏则喜生长在石灰性土壤上；至于养分，无论哪种树种在肥沃土壤上生长都能充分发挥其生物学和生态学潜力，只是耐瘠薄程度不同。

⑥水文。地下水位深度及其季节变化、地下水的矿化度及其成分组成、有无季节性积水及其持续性、地下水侧方浸润状况，以及被水淹没的可能性、持续期和季节等都会影响植物的生长。

⑦生物。造林地上植物群落结构、组成、盖度及其地上部分与地下部分生长状况，病、虫、兽害状况，有益动物(如蚯蚓等)及微生物(如根菌等)的存在状况等，也能够直接或间接地影响植物的生长。

⑧人为活动。土壤利用的历史沿革及现状，各项人为活动对上述各环境因子的作用及其影响程度，都在不同程度上间接影响植物的分布和生长。

上面列举的各种环境因素，远未将造林地的有关环境因素尽数列及，在分析具体条件时，有些情况即使是局部的也应给予注意。如土层中出现的铁锰结核(或磐)；黏土层及其深度、范围面积，由山脉走向变异引起的局部山地气候因素的变化等。

(2) 立地因子分析

分析立地条件的目的是从错综复杂的环境因子中找出影响林木生长的主导因子。根据李比希最小因子定律，应着重从植物的无机营养(N、P、K等)探讨限制因子；根据谢福尔德耐性定律，从植物对物理环境因子(光、温、水、气等)的适应性探讨限制因子。生态学家奥德姆(E. P. Odum)则将两个定律结合起来提出了限制因子理论，即一个生物或者一群生物的生存和繁荣，取决于综合的环境条件状况。任何接近或者超过耐性限制的状况，都可称为限制状况或限制因子。植物生长受处于最小量的物质数量和变异性，以及处于临界状态的理化因子和自身对这些因子的耐性限度和环境其他成分的耐性限度所控制，也就是说，植物生长受限制因子的主导，影响植物生长的限制因子，也就是主导因子。根据限制因子理论分析立地条件，有助于从错综复杂的生物与环境的整体关系中，找出限制生物生产力的主导因子。在研究某个特定的立地条件时，经常发现可能的薄弱环节。至少在开始时，应集中注意那些可能是"临界的"或者"限制的"立地因子。如果林木对某个因子的耐性限度很广，而这个因子在环境中比较稳定、数量适中，那么，这个因子就不可能成为限制因子。相反，如果已经知道生物对某个因子耐性限度是有限的，而这个因子在自然环境中又容易变化，那么，就要仔细研究该因子的真实情况，因为它可能是一个限制因子。一个地区一种因子是某树种的限制因子，而对另一树种却不一定是限制因子。因此，通过立地因子分析与评价，选择适当的林种，能够改变限制因子的约束，提高生产力。限制因子也是立地分类中主要考虑的因子，如北方干旱地区，水分是林木生长的主要限制因子，所以，一切影响水分的立地因子都应作为立地分类的重要依据。

分析探索主导因子时要注意两点：一是不能只凭主观分析，而要依靠客观调查。在同一地区，对于具有不同生态要求的树种，立地条件中的主导因子可能是不同的，应分别加以调查和探索。二是不能用固定的眼光看待主导因子，主导因子的地位离不开它所处的具体场合，场合变了，主导因子也会改变。

3.2.2.2 立地分类

立地分类是按一定原则对环境综合体(通常立地类型是立地分类的最小单位)的划分和归并。传统上,把有林地的立地分类称为林型划分,无林地(指宜林地、宜草地)则为立地(生境)分类,现在将二者统称为立地分类。这里必须注意立地分类与植物分类、土壤分类一样,属于分类学的范畴,是对立地属性的划分和归并,分类的结果是得出大大小小的分类单位,同一类型在空间上是允许重复出现的,在地域上不一定是相连的。与植物分类、土壤分类不同的是,全球并未形成统一的分类方法,有很多人将立地区划与立地分类混为一谈,区划中同一类型在地域上是相连的且不允许重复出现的。立地分类归纳起来有3种途径:①环境因子途径,即环境因子为立地分类的主要依据,如生活因子法(乌克兰学派)、地质地貌法、主导因子法;②植被途径,即以指示植物或林木生长效果作为划分的依据,如芬兰学派、苏卡乔夫学派的指示植物法,立地指数法等;③环境植被综合途径,即把环境因子与植被因子结合起来划分,如巴登—符腾堡法。

(1) 国外森林(立地)分类的代表学派

①法瑞学派。以布朗和布朗喀为代表,也称为植物群落学派。他们以阿尔卑斯山和地中海沿岸的丰富植被为研究对象,形成了以植物区系为基础,植物群丛为基本单位,并以植物的特有种或特征种区分植物群丛。在群丛以下,根据存在度、多度、盖度再分为亚群丛。该学派的观点在欧洲植物分类中应用广泛,但在林业生产实践中应用较少。

②英美学派。以克莱门茨(F. E. Clement)为代表。他以植物动态、发生的观点和演替系列的概念进行森林和植物群落分类,以天然植物演替顶极学说为中心思想,制定了一整套森林和植被分类系统。一个顶极区即为一个气候区,在一个气候区内植被最终发展为顶极单元,即区域性的植被单元——群系,群系以下为群丛,群丛在外貌、生态结构和种类成分等方面均为相似的植物群落。此法近年来被我国植物群落分类学家逐渐认识和采用。

③芬兰学派。是以卡扬德(A. K. Cajauder, 1879—1943)为代表,在斯堪的纳维亚半岛和西伯利亚植物种类、地形均较单调的情况下创立的,也称立地型理论。它是通过稳定的植物群落,特别是林木组成所反映的立地条件来确认林型。分类上分为3个级别,即立地型纲、立地型和林型。

④乌克兰学派。该学派最有影响的学者是波格来勃涅克。他将阿列克谢耶夫的思想进一步发展,提出把森林看作林分(林木)和生境(大气、土壤和心土等)的统一体,强调生境的主导作用和生境的稳定性对森林的形成与发展起着决定性作用。认为环境条件的量可引起林分组成和生产力的质变。环境因素中,光和热对森林的特征起着主要作用。在大尺度上,森林的差异主要受土壤因素的制约,而降水的影响则由土壤实际的水分环境容量来体现。立地类型是土壤养分和水分条件相似地段的总称,同一立地类型处在不同地理区域的气候条件之下,将会形成不同的林型。不论有林地还是无林地,只要土壤肥力相同,即属于同一立地类型。土壤养分和湿度等级是表示土壤肥力的等级,即生活因子分级组合法。波格来勃涅克根据这些等级编制了苏联欧洲部分原始森林和草地地区的24个立地类型(波氏林型)。在森林立地类型内又根据森林植物条件的差异,划分亚型、变异型及类型形态(形态型)等辅助单位。

⑤苏卡乔夫学派。即生物地理群落学派,他认为所有森林组成部分、森林的综合因

子，都处在相互影响之中，乔木和其他植物以及生长在该植物群落中的一切动物，它们彼此之间不仅有密切的联系，而且和整个环境条件之间也同样有着密切的联系，把它们综合起来便构成一个具有自己特殊生活方式和特殊发育规律的综合体，这种综合体就叫作生物地理群落。林型是根据森林的综合自然性状（林木和环境因子的特点）划分的森林分类单位，是树种组成和立地条件都相似的林分的集合。他认为林型等于森林生物地理群落类型。苏卡乔夫的这些定义和论述与欧美的"生态系统"相似。他运用各种地理植物学调查方法以及欧洲地理植物学的某些概念和做法，进行了林型的路线调查和临时标准地调查，其中特别重视林分测树因子的调查与分析，以作为确定林型的参考和鉴定林型生产力的标准。在林型分类系统中，林型的高级分类单位沿用植物群落学中的群系，即将优势树种相同的林型合并为群系。为了便于经营，在一个群系内将近似的林型并为林型经营组。当有人为或自然灾害引起林型改变时，还应将基本林型和派生林型区别开来。苏卡乔夫认为，林型只能在林地区划分，在无林地区应按该地区能生长某一森林的适宜程度来划分森林植物条件类型。

⑥巴登—符腾堡分类法。该方法是一种综合多因子的分类方法（图3-3），德国的巴登—符腾堡州森林研究站首先采用了此方法。巴登—符腾堡分类法根据地貌、气候、地史，将巴登—符腾堡州划为7个生长区域，在生长区域内又根据气候、母质、土壤和植被的小

图3-3 巴登—符腾堡分类法示意

差异再划分生长区。生长区主要由优势森林群落确定，定义为地区森林群落。在生长区内出现差异时，根据气候、母质、土壤、植被的细微差别划分生长小区，以此作为生长区补充划分单位。在生长区或生长小区内根据地形、土壤因子（质地、结构、pH 值、土层厚度、持水力等）、小气候、上层林木和下层植物等方面的差异，再细分立地单元，即立地类型。立地单元共分 4 级：大组，根据地貌（如陡坡、平坡）划分；组，根据地质和地层划分；生态系，根据母质、土壤质地、水分划分；立地单元，常根据局部森林类型和重要的土壤特性定名。生长量和生产力评价的营林效果评价，都是分类系统的组成部分。在制定各种林木经营决策时主要参考地位指数和蓄积量的生产力。但是，用立地指数或蓄积量评价，并不能解决营林中树种选择、整地、更新方法、施肥要求和调节林分密度等问题，所以，还需作营林效果评价。

必须注意，巴登—符腾堡方法的核心是分类，是以密度大的调查点为支撑的全面覆盖立地图，而不是先区划后分类。我国地域大，难以全面调查，有些学者不得不采用先区划后分类的方法。

（2）我国立地研究概况

随着我国林业工作的全面深入开展，我国的森林立地研究，从 1953 年起由林业部调查设计局、中国林业科学研究院等单位应用苏卡乔夫学派的林型学说，对我国东北、西南和西北地区的暗针叶林、针阔混交林及南方常绿阔叶林（包括常绿与落叶阔叶林），进行了大规模的林型划分与评价；1958 年林业部造林设计局、北京林学院等单位应用苏联波格来勃涅克林型学说，对我国无林区进行了造林立地条件类型的划分，在全国一些省份的造林地区编制了"立地条件类型表"，并做了造林类型典型设计。这些工作对于推动我国造林设计和实际工作都发挥了良好的作用。波氏林型和苏卡乔夫林型两大学说，对我国森林立地研究产生了较大影响。20 世纪 70 年代末，鉴于我国造林工作发展的需要，又吸收德国、美国、加拿大、日本等国的经验，结合主要造林树种，广泛开展立地分类、评价的研究。我国南方地区 14 个省份组织开展了较大规模的杉木产区区划、立地分类与评价的研究。20 世纪 70 年代至 80 年代初期，同时开展了华北石质山地、黄土高原、珠江三角洲、东北西部地区及华北平原地区等大量的森林立地研究工作，建立了局部的森林立地分类系统，编制了杉木、落叶松、马尾松等树种的地位指数、数量化地位指数表等。周政贤、杨世逸、沈国舫、石家琛、徐化成、高志义等学者，在立地研究方面做了大量的工作；詹昭宁、蒋有绪、张万儒分别提出了各自的立地分类系统方案。特别是 20 世纪 80 年代末，林业部区划办公室和林业部资源司总结了国内林业生产建设经验，借鉴国外的做法，针对我国实际情况组织编写了《中国森林立地分类》一书，在我国影响较大。该书提出的分类系统为六级分类系统，其中立地域、立地区、立地亚区属于区划单位；立地类型小区、立地类型组、立地类型为分类单位。该系统强调立地类型划分的主导因子能体现有林地或无林地的宜林性质和生产力，以便指导生产。它的特点是突破了国内多年的有林地划分林型、宜林地划分立地条件类型的分类方法，首次建立了与林业区划系统相衔接、相吻合的林业区划、规划、实施的分类系统，使之更具科学性与实用性。但该系统把区划与分类混在一起，从分类系统的角度是一个很大的缺陷，是引起争论的主要原因。该书的出版并不标志着我国森林立地分类的成熟，而是将我国的立地分类研究引向深入。应该指出，随着我国森林立地分类、评价理论与研究手段的进步,现已进入了在立地分类基础上的立地质量评价、立地类型树种间生产力代换评价、计算机绘制立地图、遥感图像应用于立地分类与制图、立地数据库管理系统的建立等的新阶段。

3.2.2.2.3 立地类型表的编制

立地类型表是立地分类的实用成果,能比较准确地反映不同立地类型的宜林性质和生产力。根据某一特定立地区、亚区或森林植物地带、地貌类型区范围内编制立地类型表的需要,在对其主要立地因子进行具体调查、分析的基础上,从其大量定性、定量分析研究资料中,抽出规律性的信息,据以建立和编制当地的立地类型表。应该说立地类型表的编制方法,来源于上述各个学派的认识系统。我国在编制立地类型表的实践中,由于受波氏林型和苏卡乔夫林型的影响,采用过的方法有:按生活因子的分级组合、按主导环境因子的分级组合、以地位指数(或地位级)代替立地类型等。

(1) 按生活因子的分级组合

按生活因子的分级组合法是以影响造林的主要因子、土壤干湿状况和土壤肥力状况的组合来反映。这种方法为20世纪50年代苏联波氏林型学说的苏联欧洲部分、平原地区划分立地条件类型所采用的。我国曾按这种方法提出过华北石质山地立地条件类型(表3-1)、陇东黄土高原沟壑区立地条件类型及晋西立地条件类型。

表 3-1 华北石质地立地条件类型

水分级	养分级		
	A 瘠薄的土壤	B 中等的土壤	C 肥沃的土壤
	<25 cm 粗骨土或严重流失土	25~60 cm 棕壤或褐色土或深厚的流失土	>60 cm 的棕壤和褐色土
极干旱(旱生植物、覆盖度<60%) 0	A_0		
干旱(旱生植物、覆盖度>60%) 1	A_1	B_1	C_1
适中(中生植物) 2		B_2	C_2
湿润(中生植物有苔藓且徒长) 3			C_3

按生活因子分级组合类型,先要对各重要立地环境因子进行综合分析,然后再参照指示植物及林木生长状况确定级别,组成类型。这种方法的缺点是,划分标准难以掌握,尤其难以反映山区造林地的小气候条件等。

(2) 按主导环境因子的分级组合

根据大量客观造林环境因子的调查分析,从中找出影响造林宜林性质的主导因子,并按主导环境因子的分级和组合来划分立地条件类型。通常首先确定主导因子的分级标准,然后进行组合。如山西太行山区立地类型划分,其主导因子和分级标准见表3-2,据此列出太行山土石山区立地类型(表3-3)。

表 3-2 山西省太行山区立地类型划分中主导因子和分级标准

主导因子	分级标准	说明
海拔	低山(1000 m 以下)、低中山(1000～1600 m)、中山(1600～2000 m)、高中山(2000 m 以上)	造林范围 2600 m 以下
坡向	共分 2 级：337.5°～157.5°为阴坡；157.5°～337.5°为阳坡(0°为正东；180°为正西)	也可根据实际需要细分为阴坡、阳坡、半阴半阳 3 级或阴坡、阳坡、半阴、半阳坡 4 级
坡度	分 6 级：平坡(<5°)、缓坡(6°～15°)、斜坡(15°～20°)、陡坡(26°～35°)、急坡(36°～45°)、险坡(45°以上)	也可以 35°为界分为 2 级，35°以上营造防护林
土层厚度	分 4 级：岩石裸露地(裸岩面积占 50%以上)、薄土层(30 cm 以下)、中土层(30～60 cm)、厚土层(60 cm 以上)	
坡位	山脊线两侧(或梁峁顶)、沟坡、坡麓、沟底、河漫滩、低阶地	非斜坡地形采用
植被	根据调查情况，列为重要参考指标	

表 3-3 山西太行山土石山区立地类型

编号	立地类型名称	海拔(m)	坡向	坡度(°)	土厚(cm)	植被	适生树种
1	高中山阴急中薄土类型	2000 以上	阴坡	36～45	≤60	金露梅、山柳、蒿类、薹草、鹅观草	华北落叶松、白杆、青杆
2	高中山阴缓斜中厚土类型	2000 以上	阴坡	≤35	>30	金露梅、山柳、蒿类、薹草、鹅观草	华北落叶松、白杆、青杆、红桦、白桦
3	高中山阳急中薄土类型	2000 以上	阳坡	36～45	≤60	鬼见愁、金露梅、高山绣线菊、棘豆、薹草、太羽茅	华北落叶松
4	高中山阳斜陡中厚土类型	2000 以上	阳坡	≤35	>30	鬼见愁、金露梅、高山绣线菊、棘豆、薹草、太羽茅	华北落叶松
5	高中山阳斜陡薄土类型	2000 以上	阳坡	≤35	<30	鬼见愁、金露梅、高山绣线菊、棘豆、薹草、太羽茅	华北落叶松
6	中山阴急中薄土类型	1600～2000	阴坡	36～45	<30	柔毛绣线菊、银露梅、榛子、沙棘、野青茅、小糠草	油松、华北落叶松、白杆、青杆
7	中山阴缓斜陡中厚土类型	1600～2000	阳坡	≤35	>30	柔毛绣线菊、银露梅、榛子、沙棘、野青茅、小糠草	华北落叶松、白杆、青杆、油松、辽东栎
8	中山阳急中薄土类型	1600～2000	阳坡	36～45	<30	沙棘、绣线菊、虎榛子、黄芪、针茅野青茅、蒿类	杜松、油松、山桃
9	中山阳缓斜陡中厚土类型	1600～2000	阳坡	≤35	>30	沙棘、绣线菊、虎榛子、黄芪、针茅野青茅、蒿类	油松、辽东栎、杜梨
10	中山阳缓斜陡中薄土类型	1600～2000	阳坡	≤35	<30	沙棘、绣线菊、虎榛子、黄芪、针茅野青茅、蒿类	杜松、山杏

(续)

编号	立地类型名称	海拔（m）	坡向	坡度（°）	土厚（cm）	植被	适生树种
11	低中山阴急中薄土类型	1000~1600	阴坡	36~45	≤60	三裂绣线菊、二色胡枝子、虎榛子、白草、蒿类	油松
12	低中山阴陡斜中厚土类型	1000~1600	阴坡	≤35	>30	三裂绣线菊、二色胡枝子、虎榛子、白草、蒿类	油松、华北落叶松
13	低中山阳急薄土类型	1000~1600	阳坡	36~45	≤30	黄刺玫、蚂蚱腿子、鼠李、三裂绣线菊、黄背草、蒿类	油松、杜松、山桃、山杏、侧柏、白皮松
14	低中山阳陡斜中厚土类型	1000~1600	阳坡	≤35	>30	黄刺玫、蚂蚱腿子、鼠李、三裂绣线菊、黄背草、蒿类	油松、杜松、侧柏、臭椿
15	低中山阳陡斜薄土类型	1000~1500	阳坡	≤35	<30	黄刺玫、蚂蚱腿子、鼠李、三裂绣线菊、黄背草、蒿类	油松、杜松、侧柏、臭椿
16	低山阴陡斜中厚土类型	1000~1600	阳坡	≤35	>30	酸枣、三裂绣线菊、狗尾草、黄背草、蒿类	青杨、油松、侧柏、山杏
17	低山阳陡中薄土类型	1000~1600	阳坡	≤35	≤60	酸枣、三裂绣线菊、狗尾草、黄背草、蒿类	侧柏、臭椿、花椒
18	沟滩（底）坡麓类型	≤1600		≤35	>30	酸枣、三裂绣线菊、狗尾草、黄背草、蒿类	青杨、小叶杨、北京杨

表3-4是杉木中带东区湘东区幕阜山地亚区立地条件类型划分（湖南省杉木协作组）。

主导环境因子：坡位、坡形和黑土层厚度。

环境因子分级：坡位分为3级、坡形分为3级、土层厚度分为3级。

环境因子组合：共27个立地类型（如上部—凸—薄层黑土为第一个类型）。

表3-4 杉木中带东区湘东区幕阜山地亚区立地条件类型表

坡位	坡形	立地类型序号/20年生杉木优势高（m）		
		薄层黑土	中层黑土	厚层黑土
上部	凸	1/7.71	2/9.70	3/10.59
	直	4/8.40	5/10.39	6/11.28
	凹	7/9.13	8/11.13	9/12.02
中部	凸	10/9.22	11/11.21	12/12.11
	直	13/9.92	14/11.91	15/12.80
	凹	16/10.65	17/12.64	18/13.54
下部	凸	19/8.50	20/10.49	21/11.38
	直	22/9.19	23/11.18	24/12.07
	凹	25/9.92	26/11.91	27/12.81

(3)用立地指数代替地位类型

20世纪80年代，福建林学院俞新妥教授用地位指数与立地条件相结合的方法划分杉木立地条件类型，在做法上较复杂。首先要编制出不同地区杉木地位指数表，作为评定各种立地条件好坏的标准，探讨杉木生长和立地因子的关系，确定影响杉木生长的主导因子，作为划分立地类型的参考，并用多元线性方程预估各立地条件类型的杉木生长。最后根据调查材料归纳和划分杉木各产区的立地类型，即分产区，将标准地按年龄级优势高查相应的地位指数表，确定其所属地位指数级。相同产区、同一地位指数级的杉木生长基本一致，划为一个立地类型。分析和综合同一类型中所有标准地的各立地因子，归纳其中主要的、有规律的因子编成表，即为各产区的立地类型表，见表3-5。

表3-5 福建杉木各产区立地类型表

产 区	立地类型		立地指数
	地形	土壤条件	
中心产区	山洼	厚腐殖质、疏松湿润型	2020
		中厚腐殖质、较疏松湿润型	2018
	山坡	中腐殖质、稍松润潮型	2016
		中腐殖质、稍紧潮型	2014
	山脊	中薄殖质、较紧较干型	2012
		薄腐殖质、紧实干型	2010
一般产区	山洼	一般厚腐殖质、疏松湿润型	2018
		一般厚腐殖质、较松润型	2016
	山坡	一般腐殖质、稍松润潮型	2014
		一般腐殖质、稍紧较干型	2012
	山脊	一般薄腐殖质、较紧较干型	2010
		薄腐殖质、紧实干型	2008
边缘产区	山洼	一般腐殖质、疏松湿润型	2016
		一般腐殖质、较松润型	2014
	山坡	一般腐殖质、稍松润型	2012
		一般薄腐殖质、较紧较干型	2010
	山脊	薄腐殖质、紧实较干型	2008
		少腐殖质、紧实较干型	2006

注：立地指数2020是指20年生优势木高20 m，依此类推。

俞新妥等研究认为，在杉木中心产区影响林木生长最显著的因子是土壤A+AB层的厚度，其次是坡形、坡位。而一般产区及边缘产区，其主导因子则为坡形、坡位，其次是坡向。

用某个树种的地位指数来说明林地的立地条件，只能用于有林地。这种方法的优点是地位指数可以通过调查编表后查定，可以通过多元回归与诸立地因子联系起来。但此法只能说明效果，不能说明原因。对于无林地区来说，由于现存成林林地很少，可供调查研究的树种和林地对象又难以确定，显然对于推行这种方法有很大的局限性，而且即使应用当地某一树种对立地条件类型进行评价，其评价成果只适用于这一树种，而不能适用于其他树种。这是由于各个树种生物学特性不同，对立地条件类型的适应性和适应幅度必然会有某些差异，这是这种方法的局限性。

山区地形复杂，岩性多样，引起地带性与非地带性因素交织在一起，互相影响，造成复杂的生态空间，生态因子的气候条件、土壤条件与地貌、岩性相互密切联系，因此根据岩性—地貌—土壤方法划分立地类型是很自然的。现以贵州锦屏为例，杉木立地类型见表3-6。

表3-6 贵州锦屏杉木立地类型表

类型组	类 型	$\dfrac{A}{B}$	母岩	母质	海拔(m)	坡 位	土类	土层(cm)	质地	生产力(m^3/亩)
低山板岩红黄壤	低山下部，厚土，厚腐殖质	$\dfrac{I}{22}$	板岩	坡积崩积	350~750	山中、山洼、坡麓	红黄壤、黄红壤	90~150以下	轻壤—黄壤	1.0
		$\dfrac{II}{20}$	板岩	坡积	400~850	下部、中下部、中部	红黄壤、黄红壤	70~150以下	轻壤—黄壤	0.8~0.9
	低山中部，厚层，中厚腐殖质土	$\dfrac{III}{18}$	板岩	坡积	350~880	中部、中下部、中部	红黄壤、黄红壤	60~150以下	轻壤—黄壤	0.7~0.8
		$\dfrac{IV}{16}$	板岩	坡积残积	430~840	中部、中上部	红黄壤、黄红壤	80~150以下	中壤—轻壤	0.6~0.7
	低山上部厚层，薄腐殖质土	$\dfrac{V}{12}$	板岩	残积坡积	330~750	中上部、山脊	红黄壤、黄红壤	70~150以下	中壤—轻壤	0.5~0.6

注：A代表地位级；B代表立地指数；1亩 = 1/15 hm^2。

此外，也有人应用指示植物作为划分立地条件类型的方法。他们认为，一定的植物种类经常出现在一定的立地条件下，而不出现在其他立地条件类型上。这种方法的缺点是当某些形成上层覆盖的植物发生变化时，指示植物也随之消失，而且这些指示植物一般只反映表层土壤的适应性，而很难反映通层土体的本质。以上方法中的主导因子分级组合方法，尽管还存在一些缺点，但是由于生产上易于掌握，因而得到广泛应用。但是由于这种方法只反映了立地类型的宜林性质，而缺乏林木生长指标的检验，因此，使分类方法的客观性和准确性受到影响。现代立地类型划分多应用于与立地评价相结合的方法，将影响林木成活生长的主导立地因子进行调查分析，同具有代表性的林木生长指标相结合，构成参与立地评价的自变量集合。通过这样的立地评价筛选出对林木生长具有显著影响的主要立地因子(主导因子)，并依此修正原定的主导因子，从而最终确定纳入立地类型表的主要立地因子，以较好地反映不同立地类型的宜林性质及其生产力。

由上述方法的简单介绍来看，怎样划分和表述立地条件类型的问题，至今还没有得到很好的解决。

3.2.2.4 立地质量评价及其方法

立地质量评价是对立地质量的分析和判断。评价的结果划分为由好到坏若干类型，然而质量的高低等级不属于分类的范畴,它与立地分类和立地类型划分不同,但它给立地分类因子的确定,提供了定量检验的反馈信息,同时立地质量的评价也是适地适树的主要依据。

立地质量评价的方法很多,归纳起来有3类:第一类是通过植被的调查和研究来评价立地质量,包括生长量指标法(如材积、生物量等)、地位指数法、指示植物法;第二类是通过调查和研究环境因子来评价立地质量,此类主要应用于无林区;第三类是用数量分析的方法评价立地质量,也就是将外业调查的各种资料用数量化方法、多元回归分析、聚类分析等多元统计的方法进行处理,从而分析环境因子与林木之间的关系,然后对立地质量作出评价。

把立地质量评价与立地类型划分结合起来,能够对不同的立地类型作出评价。如在宜林地区通过地位指数[在森林条件下,规定成林木在标准年龄时(如100年、25~50年等)各个立地条件类型下,林分优势木或次优势木的平均高]来反映所在立地条件的生产力,是对立地条件类型定量评价的一种方法。这种方法在美国和加拿大等国使用较为普遍。对比各个立地条件类型下的地位指数,即可对各个立地条件类型赋予定量的性质,反映其所具有的生产力的高低。我国在南方杉木林区已进行过这方面的工作。

3.3 树种选择

新中国成立以来,我国的造林成活率大约为30%。导致这种局面的原因多种多样,其中树种选择不当就是一个很大的原因。福建省1993年的调查结果表明,福建省造林失败的面积中,大约47.6%是由树种选择不当造成的。树种选择不当主要会出现以下结果:①造林不成活,造成大量人力、物力和财力的损失;②成活不成林,除造成上述的直接经济损失外,造成的间接损失更大;③成林不成材,损失是最严重的。

3.3.1 适地适树

3.3.1.1 适地适树的概念

适地适树就是使造林树种的特性(主要是生态学特性)与立地(生境)条件相适应,以充分发挥生态、经济或生产潜力,达到该立地(生境)条件在当前技术经济条件下可能达到的最佳水平,是造林工作的一项基本原则。随着林业生产的发展,适地适树概念中的"树"不仅仅指树种,也指品种、无性系、地理种源、生态类型。

适地适树原则体现了树种与环境条件之间对立统一的关系。不同树种的特性不同,对环境条件的要求也不同。树种的生长发育规律主要是由它内在矛盾(即遗传学的特殊性)决定的;而环境条件的影响则是促进和影响其生长发育的外在原因。强调适地适树的原则,就是要正确对待树木生长发育与环境条件之间的辩证关系。在实践中,应按具体的立地(生境)条件选择适宜的树种,使树木和立地达到和谐统一,从而达到预期的目标。例如,在干旱地区的阳坡造林时,应选用抗旱能力强的树种,如侧柏。

不同树种有不同的特性,同一树种在不同地区其特性表现也有差异。在同一地区,同一树种在不同的发育时期对环境的适应性也不同。适地适树不仅要体现在选择树种上,而且要落实到森林培育的全过程,在其生长发育过程中要不断地加以调整,如松土、扩穴、除草(杂草),以改善环境条件,修枝抚育或修剪,以调整种间和种内关系。只有这样才能达到预期目的。

3.3.1.2 实现适地适树的途径和方法

(1) 实现适地适树的途径

实现适地适树的途径可归纳为3种:第一种是选树适地和选地适树;第二种是改树适地;第三种是改地适树。

①选树适地和选地适树。要实现适地适树,选树适地和选地适树是基础。当造林地段已确定时,如计划在山西西部黄土区山地造林时,应通过选树适地途径;树种一定的前提下,如欲在山西发展油松林,可通过选地适树。通过此种途径实现适地适树,必须充分了解立地和树木的特性。对于选树适地时,应分析其立地(生境)条件,应特别注意小气候(降水、风)、地形(阴坡、阳坡)、土壤水分和肥力条件,与林木对这些因子的要求和反应,然后分析其个别因子(pH值、盐渍化等),有时这些因子很可能是林木生长的限制因子,最后选出能够适应该立地的造林树种。如大同盆地建设林业生态工程,首先要考虑该地区的降水量仅400 mm左右,干旱年份不足300 mm;其次土壤沙性强,保水性差,抗旱性是树种选择的首要问题;最后,就是该区气温低。那么,有些树种(如侧柏)虽然抗旱,但抗寒性差,冬季易枯梢;樟子松不仅抗旱,而且抗寒,比较适宜。选地适树时,应首先充分掌握该树种的生态学特性,然后在一定的区域范围内选择相应的造林地段。例如,要发展华北落叶松,首先要清楚华北落叶松天然分布的垂直范围主要在海拔1600~2800 m,属喜光树种,喜背风、土地湿润的条件,耐寒。因此,在海拔1600 m以上的山地应首选,如果向1600 m以下地区发展,则应慎重。再如泡桐,其木材质地优良、用途广、速生,可桐农间作,也是"四旁"绿化的优良树种。若在山西发展泡桐,只能选择太原以南的造林地进行造林,因为该树种在太原以北范围易受冻害。

②改树适地。改树适地是指当地和树之间某些方面不相适应时,通过选种、引种驯化、育种等技术方法改变树种的某些特性,进而改善树种与立地的适应特性。通过选育工作,增强树种的抗性(抗盐、抗烟、耐寒、耐旱等),使其有更宽适应范围的立地特性。在引种过程中要注意原产地与引种地区在气候条件和土壤条件等方面的差异,如光照差异、气温差异(积温、年平均气温、1月平均气温、7月平均气温)、土壤性质(pH值、通透性、水分)差异、土壤盐碱程度差异、空气湿度差异等,还要考虑引种造林区可能出现的间歇性灾害因子(极端干旱、极端气温等)对所引树种的影响。引进外来树种造林,必须先经过小面积造林试验、田间试验,取得成功后再逐步推广。刺槐、紫穗槐在我国引种已久,基本驯化,适应性不亚于一些乡土树种;湿地松、火炬树在我国东南部引种成功,正在大面积推广。山西北部在20世纪60年代末开始成功引种樟子松,表明其生长适应性比油松好。

③改地适树。改地适树就是通过改善立地来达到地和树木适应的目的。如常规造林里采用的整地措施;水土流失地区的集流蓄水措施;盐渍地的灌排措施等。在退化劣地还采用覆土措施和客土造林、种草。

上述3种途径中第一种是最经济实用的,第三种也是经常采用的,第二种投资高且需要一定的时间。3种途径可以结合起来使用,通常在选择好树种后,必须整地,以保证树种有一个良好的生存和生长条件。

(2) 解决适地适树的方法

除了改善立地条件外，解决适地适树的一般方法主要是从树种本身入手，包括一般的调查研究手段和引种驯化。一般林业生态工程的树种选择优先考虑本地的乡土树种。引种在这里就不再赘述。

在一定植物地带或区域范围内，结合林业生态工程的配置和结构设计，对不同立地适生树种的调查，是实现适地适树的基本手段。这种方法是以立地条件类型表(主导因子法)为基础，对不同立地条件下生长的现有乔、灌、草种(包括引种外来种)进行调查，对当地造林实践中证明成功的树种应更加重视。

①现有天然植被、人工林和人工草地的调查。天然植被是经过长期进化过程，被证明能够适应环境的植被。然而，天然植被中生长良好的树种能否成为人工可种植的树种，还受人们对这些树种生长发育规律和栽培要求认识的影响，如胡杨的育苗、栎类的育苗问题还没有得到很好的解决。因此，应更加注重天然植被中那些被证实能够进行人工种植的树种的调查和人工植被的调查；对于无林区来说对人工植被的调查显得更重要。

成片的人工林一般采用标准地调查法(标准地选定包括100株或多于100株立木，其中选定10~20株优势木或亚优势木进行每木调查，求出其平均高度，确定林分年龄)。对标准地进行地形、土壤、植被的常规调查与记载，确定所属的立地条件类型。关于树木生长状况建议采用直观的"生长势"指标并结合高、径生长量等。为了比较人工林在一定立地条件下的生长，改选为同一基准年龄树高(即地位指数)等指标。经济林木的调查，还应增加经济林木结实开始期和所结果实有无实际经济价值，而无须调查产量。

对灌木林进行调查时，因灌木林在林地上的生长(天然或人工分布)状况以及平茬与否等较为复杂，故一般采用4 m×4 m标准地面积内进行灌木的丛数、地径、平均高、冠幅等常规调查，必要时进行标准灌木植株(丛)的地上部分的生物量调查。灌木林地调查也可采用生长势的评价，但应与立地(生境)条件联系起来。

草地调查可采用1 m×1 m或更小一些的标准地，对其生物量、分株、分蘖性能、地面覆盖状况等调查。在人口相对稠密或过度放牧的地区，应注重对远离村庄人为干扰少的地方和田头地埂草被的调查；城市草坪的调查主要是对引进种生长适应性的调查；人工草地调查还应考虑草种生长及混播比例，采取的施肥、刈割等管理措施。

②散生的或单株的树种调查。对某些散生的和当地出现很少的树种，要给予足够的重视，包括四旁、寺庙、风景点、坟地等地方生长的单株、散生树种，甚至古稀树种，因为有可能由此扩大当地造林树种资源寻找的线索。调查项目应包括：树种立地条件、高(径)生长、引种来源等。单株、散生树种对有水土流失的无林区实现适地适树，具有重要的意义。

(3) 造林后评价——适地适树的标准

根据大量的树种调查，进行生态、经济(生产)潜力的排序，可以得出某一植物地带、区域、流域内主要树种的适生幅度(最优和最低适应的立地条件类型)，反过来评价改正当地的立地条件类型。由此可整理归纳出适应不同立地条件类型的可推广的树种，提出要重点搞生产性试验的树种以及有希望引进的树种。因此，对造林的后评价，应引起足够的重视。为了解决此重要问题，可以通过一些专题调查，如调查乔灌木树种的密度、混交树（草）种的配置，并对树（草）种的生态和经济潜力进行评价。

进行造林后的评价，就必须有一个适地适树的评价标准。衡量适地适树的标准是根据造林的目的、要求及立地条件本身来确定的。对于防护林来说，造林成活率高、林分稳定、生物产量高、及早达到防护目的是衡量适地适树的标准；而对于用材林来说，达到成活、成林、成材，具有高的木材生产力才能算是适地适树。当然，同一树种在不同的立地上生长，不能拿一个标准来衡量。适地适树的评价也可以用于树种生长预测。

一般来说，可以用地位指数、树高、胸径、地径（幼树）、生物量、株高、生长势等指标，来评价立地性能与树种生长之间的关系，以此作为适地适树比较分析的依据。现以湖北桂花林场主要立地因子与杉木、马尾松立地指数（基准年龄 20 年）关系的同步研究结果为例加以说明（表3-7）。

表 3-7　湖北桂花林场主要立地因子与杉木、马尾松立地指数的关系

土层厚度（cm）	坡位	黏土、砂土			中壤、轻壤		
		平、凸	凹	梯	平、凸	凹	梯
<40	上、全	8.89/9.86	9.25/10.08	10.15/10.61	10.07/10.56	10.47/10.78	11.33/11.31
	中、下	10.04/10.55	10.40/10.76	11.30/11.30	11.22/11.25	11.58/11.46	12.40/12.00
40~80	上、全	10.25/10.67	10.61/10.88	11.51/11.42	11.46/11.37	11.69/11.59	12.69/12.12
	中、下	11.46/11.36	11.76/11.57	12.66/12.10	12.58/12.06	12.94/12.27	13.84/12.81
>80	上、全	11.10/11.81	11.46/11.39	12.36/11.93	12.28/11.88	12.64/12.09	13.54/12.63
	中、下	12.25/11.86	12.61/12.07	13.51/12.61	13.43/12.56	13.79/12.78	14.69/13.31

注：短斜线左边为杉木，右边为马尾松。

表3-7中，杉木的立地指数级范围为 8~10，生长不如马尾松，不宜种植杉木，适宜种植马尾松；杉木立地指数级在 14 指数级的，适宜发展杉木速生丰产林；而杉木立地指数级属于 12 指数级的，可用于杉木一般造林，集约经营使之成为速生丰产林。

用立地指数判断适地适树的指标有时也存在缺陷，因为它还不能说明人工林的产量水平。不同的树种，由于其树高与胸径和形数的关系不同，单位面积上可容纳的株数不同，因此，其立地指数与产量之间的关系也是不同的。

3.3.2　树种选择的原则与方法

(1) 树种选择的原则

树种选择需要进行多方面的综合考虑，这里我们所述的是最基本的普遍原则，不同林业生态工程类型或林种对树种的要求不同。

树种选择必须依据两条基本原则：第一条原则是树种的各项性状（经济效益和生态效益性状）必须符合既定的培育目标，即定向原则；第二条原则是树种的生态学特性与立地条件相适应，即适地适树原则。这两条原则缺一不可，相辅相成。定向要求的是林木培育的效益，适地适树则是现实效益的手段。没有目的的适地适树是无意义的，没有适地适树则无法把效益变为现实。树种选择的正确与否，也要用定向目标来检验。

树种选择除上述两条基本原则外，还有两条非常重要的辅助原则。第一条是生物学稳定性原则。生物学稳定性系指人工林具有稳定的结构，生长发育良好，能获得高的生物产量，具有抵抗极端环境变化的能力，并且在一代及下一代表现一致。一个树种在幼林期表现好，并不能说明中壮林也表现好，如果经不住极端环境变化（如最低气温、病虫害等危害）的考验而毁灭，那就不能算正确树种选择。20世纪80年代初，山西省曾大面积种植河南白榆，初期表现很好，结果在1986年出现大面积死亡（原因不明）。第二条是可行性原则。有些树种虽然各项性状非常适宜，但其种子或苗木没有来源或来源有限，无法大面积应用。有些树种栽培技术复杂，投入大，成本高。

以上原则应综合考虑，灵活运用，总体上做到生物、经济兼顾。在实际生产中，要具体研究造林目的对树种的要求，具体分析树种的生物学特性，贯彻"适地适树"的原则，切忌过分强调"集中连片"，其结果只能是"有什么苗栽什么树"，难以形成稳定、速生、丰产的林分，出现幼林成活率低、保存率低、生长不良、成林不成材的"小老头林"，难以实现期望造林目的和预期效果。树种选择不当不仅影响造林成果，而且造成劳力、种苗、资金的浪费，影响群众造林的积极性，贻误造林时机。如20世纪50年代初期，我国黄土高原地区在干旱山地不同程度地营造了各类杨树林，这样的人工林很难产生防护效益和经济效益。生物、经济兼顾，是造林目的和达到这一目的所有手段的有机结合，辩证地处理好需要与可能之间的关系，方可使造林树种的选择建立在科学的基础之上。此外，应考虑选择优良乡土树种，它们是区内分布最普遍、生长最正常的树种，是长期适应该地区条件而发展起来的树种，具有适应性强、生长相对稳定、抗性强、繁殖容易的特点。

（2）树种选择的方法

树种选择没有一个固定的程序和方法，但为了避免不科学的主观臆断，应尽可能使其科学化和程序化，可大体按图3-4来进行。

图3-4 树种选择的理想决策程序

树种选择的程序可概括为：

①按培育目标定向选择树种，依照培育目标对树种的要求，分析可能应选树种的目的性状，经过对比鉴别，提出树种选择方案。

②弄清具体林业生态工程建设区或造林地段的立地性能，分析可能应选树种的生态学特性。

③进行树种选择对比试验，即在一定地区典型立地上，栽植可能作为入选对象的树种，经过整个培育周期的对比试验，筛选一些有前途的造林树种，剔除一些易遭失败的树种。由于对比试验需要时间较长，需要投入的人力、物力较多，困难较大，因而在生产上不可能对各树种都通过试验后再造林，有时就需凭借树种的天然分布及生长状况、生态学特性与林木培育经验决定树种的选择。通过对现有人工林的调查研究，掌握不同树种在各种立地条件下的生长状况，也是树种选择常用的方法。调查现有人工林，一方面可掌握某一树种在不同立地的生长状况，得出该树种的适生立地范围；另一方面对同一立地类型进行多树种调查及立地评价，可为同一立地上选用树种提供依据。

④在确定树种方案时，应依照林业生态工程的布局和树种选择原则，充分分析、对比造林地的立地性能和各可选树种的生态学特性，并依据现有林分的生长状况，把造林目的与适地适树的要求结合起来统筹安排。一方面要考虑同一个具体地区或地块上可能有几个适用树种，同一树种也可能适用于几种立地条件，经过分析比较，将最适生、最高产、经济价值最大的树种列为该区或该地块的主要造林树种；而将其他树种，如经济价值高，但对立地条件要求苛刻，或适应性很强，但经济价值低的树种列为次要树种。同时，要注意树种不要单一化，要把针阔树种、珍贵树种也考虑在内，使所确定的方案既能充分利用和发挥多种立地的生产潜力，又能满足多方面的需要。另一方面还要考虑选定树种在一定立地条件上的落实问题。把立地条件较好的造林地优先留给经济价值高、对立地要求严的树种；把立地条件较差的造林地，留给适应性较强而经济价值较低的树种。同一树种若有不同的培育目的，应分配在不同的地段。如培育大径材，分配较好的造林地；若是培育能源林、小径材，可落实在较差的立地上。

3.3.3 各林种对造林树种的要求

(1) 防护林

应根据防护对象选择适宜树种，一般应选择具有生长快、防护性能好、抗逆性强、生长稳定等优良性状的树种。营造农田、经济林园、苗圃和草（牧）场防护林的主要树种应具有树体高大、树冠适宜、深根性等特点。经济林园防护林还应具有隔离防护作用且没有与林园树种有共同病虫害或是其中间寄主。风沙地、盐碱地和水湿地区的造林树种应分别具有相应的抗性。在干旱、半干旱地区可以分别优先选用耐干旱的灌木树种、亚乔木树种。在严重风蚀、干旱地区，要注意选择根系发达、耐风蚀、干旱的树种。

(2) 用材林

用材林树种应具有生长快、产量高、抗病虫害以及符合用材目的、适应特定工艺要求等特性。以木材利用为主的树种还应具有树干通直、材质好的特性。

(3) 经济林

经济林树种应具有优质、丰产等性状;应根据市场需求,重点选择当地生产潜力大和市场前景好的名、特、优、新树(品)种。

(4) 能源林

能源林树种应具有生长快、生物量高、萌芽力强、热值高、燃烧性能好的特性;适应性强,在较差的立地条件下能正常生长。

(5) 特种用途林

树种应具备特种用途所要求的性状。

3.4 林分的结构与配置

树种选择确定后,林业生态工程的结构设计和培育是首要任务。生物有机体是不断变化发展的,林业生态工程的结构设计并不像机械设计那样死板,它需要在理论的指导下通过实践加以解决,而且必须做到灵活适应。严格来讲,林业生态工程涉及林、草、水、农、渔等多个方面,从林木培育角度思考,就是如何使林分具有合理的结构,能够尽可能产生良好的效益,以满足定向培育的目标。林业生态工程(具体地讲就是广义的林业)的结构应从时间和空间两个方面考察,从水平结构、垂直结构和年龄结构(时间)三方面分析,通过树种组成、密度配置的设计及异龄性与树种本身的生物学特性等要素综合作用所确定的,结构设计好了,能否最终形成,还需要采取一系列的培育措施。

3.4.1 林分结构

确定树种组成是人工林结构设计的第一步。

3.4.1.1 树种组成

人工林的树种组成是指构成该人工林分的树种成分及其所占比例。按树种组成不同,可分为单纯林(纯林)和混交林。单纯林是由一个树种构成的森林,混交林是由两个及以上树种构成的森林。按照习惯,造林时的树种组成以各个树种株数(或穴数)占全林株数(或穴数)的百分比来表示;成林以株数、断面积或材积计。混交林中主要树种以外的其他树种应不少于20%(《中国林业百科全书·森林培育卷》)。因此,纯林的概念是相对的,当一个林分中有一个树种或几个树种占全林的比例不超过20%(有人认为应是10%),即优势树种(或主要树种)在80%以上,该林分仍看作纯林。如油松与栎类生长在一起,如果油松占80%以上,尽管有栎类,我们仍把其看作油松纯林;如果油松占比小于80%,则将其称为油松—栎类混交林。混交林一般用各组成树种所占的成数来表示,如6油3栎1胡枝子。

(1) 纯林与混交林的比较

纯林由单一树种组成,结构简单,只有种内个体间的竞争,没有种间竞争,容易调节,施工、管理和采伐方便,有些树种纯林结构也十分稳定,且产量很高。因此,纯林在用材林和经济林中得到广泛的应用。水土保持林、水源涵养林一般应由多个树种组成,并形成结构比较紧密的复层混交林,但由于混交林实际施工和管理中的难度大,也往往采用纯林。我国过去在山区、丘陵区主要营造油松、马尾松、水杉、桉树、落叶松、刺槐等纯林，平原区多营造杨、泡桐、水杉等纯林，结果导致不能充分利用环境条件，林地生产力衰退，病虫害蔓延。南方杉木林地的土地退化，北方杨树林的天牛危害，针叶树种纯林的火灾等不能不使我们引以为戒。世界上很多国家都注意到连续多代营造纯林导致的土地生产力下降的问题，并积极开展混交林研究，营造混交林已经成为生产上广为重视的新趋势。

混交林相较纯林有很多优点：

①充分利用造林地立地条件或营养空间。纯林由一个树种组成，对光照、热量、水分、养分条件及消耗利用比较单一，混交林则不同。在林内如果有耐阴树种同喜光树种相搭配就能充分利用林内的光照条件；深根性树种同浅根性树种混交，可以充分利用土壤中的水分、养分，有利于对立地条件的充分利用。例如，山杨从土壤中吸收氮素很多，云杉、松树则吸收较少，白蜡吸收的磷素较橡树多，橡树吸收的氮素较白蜡多，将不同树种种植在一起可以充分利用土壤中的各种营养元素。

②混交林能有效改善和提高土地生产力。混交林的结构导致特殊小气候的形成，混交林内光照强度减弱，散射光比例增加，分布比较合理，温度变化较小，湿度大，而且 CO_2 的浓度高，从而促进林木正常生长。树木从土壤中吸收各类元素，每年还要将相当一部分归还到表层土壤中，混交林可以较纯林积累更多的枯枝落叶，这些含有多种营养成分的物质的循环，还促进了土壤腐殖质的形成，有利于形成柔软的细腐殖质，从而改良土壤的结构和理化性质。刺槐、紫穗槐、柠条等豆科树种以及沙棘、沙枣等树种，根部有根瘤菌可以改良土壤，增加土壤中的氮素，改善树木的氮素供应状况。因此，混交林的土壤肥力明显高于纯林（表3-8）。当然，纯林恶化土壤条件也不是绝对的，如果采取合理的措施，也可以避免或控制土地的退化，如我国南方各地杉林纯林通过采取炼山施肥、林粮间作，以及初期混植油桐经济林树种等措施，就可使其一直保持较高的生产水平。混交林如果其树种搭配得不合理（包括种间关系及混交的形式），往往发生某一树种压制另一树种，生存竞争很激烈，例如，都是喜光性很强的树种，隔行或隔株混植。如果有的树种被淘汰，将使混交失败，达不到改善土地生产力的目的。

表3-8　不同林分土壤的养分含量

样地地点	林分类型	林龄（年）	采样深度（cm）	NH_4—N（g/kg）	全氮（g/kg）	代换性钙[cmol（1/2Ca）/kg]	代换性镁[cmol（1/2Mg）/kg]	腐殖质（g/kg）
湖南三合水	杉木—火力楠混交林(5:5)	15	0~20	42.00	2.20	3.10	1.50	75.50
			20~40	33.60	2.30	2.74	0.75	70.40
			40~60	42.00	2.50	2.14	0.69	67.60
			平均	39.20	2.30	2.66	0.98	71.20
	杉木纯林	15	0~20	20.20	1.80	3.23	0.99	70.70
			20~40	21.80	1.30	2.64	0.60	46.20
			40~60	21.80	1.00	3.28	0.36	36.30
			平均	21.50	1.40	2.72	0.65	51.10

（续）

样地地点	林分类型	林龄（年）	采样深度（cm）	NH_4-N（g/kg）	全氮（g/kg）	代换性钙[cmol（1/2Ca）/kg]	代换性镁[cmol（1/2Mg）/kg]	腐殖质（g/kg）
湖南白坟岭	马尾松—火力楠混交林（5:5）	56	0~20	48.30	2.30	3.36	1.44	119.80
			20~40	42.00	1.20	2.64	1.20	59.70
			40~60	32.50	0.70	2.88	0.96	50.70
			平均	40.60	1.40	2.96	1.20	76.70
	马尾松纯林	56	0~20	39.90	1.50	1.71	0.99	73.50
			20~40	31.50	0.60	1.59	0.72	46.50
			40~60	20.00	0.30	1.51	0.24	37.20
			平均	30.50	0.80	1.60	0.65	52.40

注：引自廖利平等，1997。

从表 3-8 可以看出，马尾松与火力楠的混交林土壤养分含量都比相应的马尾松和杉木纯林高，尤其以土壤表层 0~20 cm 更为明显。NH_4-N、全氮、代换性钙、代换性镁和腐殖质的含量，两种立地类型的林分都是针叶纯林的含量低。就以上 5 种养分平均含量来说，杉木—火力楠混交林代换性钙例外，其余的杉木—火力楠混交林比杉木纯林分别增加 82.3%、64.3%、50.8% 和 39.3%；白坟岭马尾松—火力楠混交林比马尾松纯林分别增加了 33.1%、75.0%、85.0%、84.6% 和 46.4%。

③混交林具有更高的生物学稳定性，可以合理利用和不断改善环境，较好地发挥树种间的相互促进作用，从而大大地提高森林的木材蓄积量和生物量，能够获得更高的经济效益（表 3-9）。

表 3-9 枫香树—马尾松混交林与马尾松纯林生长情况

林分类型	树种	林龄（年）	保存密度（株/hm²）	平均胸径（cm）	平均树高（m）	平均冠幅（cm）	单位面积蓄积量（m³/hm²）	树种组成（%）	比较（%）
枫香树—马尾松混交林	枫香树	39	175	22.6	19.3	4.61	62.48	20.3	—
	马尾松	36	450	26.9	16.7	3.97	199.52	65.0	—
	麻栎等	39	150	21.7	15.6	3.51	45.09	14.7	—
	合计	—	775				307.09	100.0	111
马尾松纯林	马尾松	36	575	24.3	16.2	4.2	245.96	88.9	
	麻栎等	39	175	17.1	155.5	3.50	30.69	11.1	
	合计		750	—	—	—	276.65	100.0	100

注：引自许绍远，1997。

从表 3-9 可以看出，枫香树与马尾松混交林，两个树种互补形成比较稳定的同层林，枫香树略高，树冠较大。整个林分的光能利用充分，未出现被压木、枯死木，生长快，单位蓄积量大。

表 3-10　混交林材积和生物量与纯林比较

项目	纯林			A∶B			2A∶B			A∶C			2A∶C		
	A	B	C	A	B	平均	A	B	平均	A	C	平均	A	C	平均
材积（m³/hm²）	38.24	38.84	39.11	22.18	26.51	48.69	29.21	35.74	64.95	20.59	20.27	40.86	25.79	27.72	53.51
生物量（t/hm²）干	29.34	41.86	36.67	16.42	29.05	45.47	24.89	20.54	45.43	15.91	20.83	36.74	14.12	14.12	33.99
生物量（t/hm²）枝	2.41	9.97	5.62	1.22	5.73	6.95	1.43	4.25	5.68	1.10	3.67	4.77	2.06	2.06	3.65
生物量（t/hm²）叶	3.32	5.41	6.40	1.62	3.59	5.21	2.17	2.44	4.61	1.68	3.04	4.72	2.20	2.20	4.47
生物量（t/hm²）Σ	35.07	57.24	48.69	19.26	38.37	57.63	28.49	27.23	55.72	18.69	27.54	46.23	18.38	18.38	42.11

注：A 为刚果 12 号桉，B 为大叶相思，C 为马占相思；引自郑海水等，1997。

从表 3-10 可以看出，混交林的蓄积量比 A 高 6.9%～67.2%，比 C 高 4.5%～66.1%，而各部分生物量（纯干重）则有所不同，树干生物量为 A∶B 大于 A 和 B，枝叶生物量为 A∶B 大于 A 而小于 B，2A∶B 大于 A 而比 B 略小；A∶C 和 2A∶C 生物量均大于 A 但小于 C。因为相思纯林枝叶茂盛而使混交林生长受抑制，产量较低，因而混交林总生物量除 A∶B 大于 A 和 B 纯林外，其余处理均比相应的 B、C 纯林低。

混交林由多个树种组成，结构层次分明，具有较好的景观、美学和旅游价值，混交林净化空气、吸毒滞尘、杀菌隔音等环境保护功能均优于纯林。

④混交林具有抵御病虫害及火灾的作用。混交林能构成复杂的生态系统，有利于生物多样性的发展。众多的生物种类相互影响、相互制约，改变了林内环境条件，使病原菌、害虫丧失了自下而上生存的适宜条件，同时招来各种天敌和益鸟，从而减轻和控制了病虫的危害。小气候的改变减少了发生森林火灾的危险性，即使发生森林火灾，混交林中阔叶树占有一定比重可以起机械的隔阻作用，使火灾不致蔓延。

由此看出，混交林比纯林有更大的生态和经济效益，应该尽量因地制宜地营造混交林。但是，提倡混交林，并不是否定纯林，由于纯林营造技术简单，便于操作，仍将是我国目前或今后一段时间造林的主要形式。混交林由于造林和经营管理不便、技术复杂，加之造林试验研究和实践经验不足，如果树种搭配不合理、混交方式和比例不当，很容易导致失败。所以，具体造林时，必须认真分析各种条件，在有足够把握的情况下营造混交林。

（2）混交林种间关系分析

纯林的主要矛盾是种内竞争，而混交林的主要矛盾是种间竞争。深入研究其种间关系，掌握种间关系的发生发展规律，是成功培育混交林的基础。

种间关系的实质是生态关系，即生物有机体与环境相互作用的关系。在混交林中树种一方面与环境之间存在着能量与物质的交换；同时，树种间又互为环境条件，并借助环境条件产生相互影响。种间关系的相互作用是通过机械作用（如枝叶间的摩擦、挤压、攀缘、缠绕等）、生物作用（如杂交授粉、根系连生、寄生等）、生物物理作用（如生物场）、生物化学作用（如树叶和根系分泌物的化感作用）、生理生态作用（如改变水气候、肥水条件等)5个方面来实现的。

种间关系的表现可分为有利(互助、促进)和有害(竞争、抑制)两种情况,也可分为单方利害和双方利害。单方利害是指某一树种对其他树种的生长发育的有利和有害,而其自己既不受害也不获益;双方利害是指多个树种间互相有利或有害。在一定的环境条件下,种间关系取决于混交树种生态习性的差异,差异大则表现为有利,反之则表现为有害。如喜光树种落叶松与阴性树种云杉混交表现为有利,而一些喜光树种与喜光树种混交则表现为有害。

种间关系的分析不能离开环境而独立进行,应在调查研究的基础上,分析各树种与环境的关系,从而抓住主要矛盾,得出种间竞争和互利的关系。种间关系的有利与有害是相对而言的,没有绝对的有利,也没有绝对的有害。种间的利害关系随着时间、地点、混交技术的变化而变化。

①种间关系随时间的推移(不同生长发育阶段)而变化。造林后随着时间的推移,林龄不断增加,对环境的要求不断发生变化,而且环境也在变化,因而种间关系也在不断变化。如油松与沙棘混交,初期由于沙棘生长迅速,不仅有助于改良土壤,而且为油松幼林提供了侧方遮阴,有利于油松的成活与生长。但随着时间的推移,如不及时对沙棘部分割除或平茬,沙棘就会压制油松的生长。当油松生长高度超过沙棘并郁闭后,沙棘因受光不足,导致生长受到压制甚至死亡。

②种间关系随立地条件的变化而变化。每一个树种有其适宜的生态幅度,要求一定的立地条件,立地条件的改变,树种的生长情况也在发生着变化。某一立地条件适宜某一树种生长,该树种就有可能成为优势树种,反之,可能受到其他树种的抑制。在海拔高的地区,油松—栎类混交林常分布在半阴半阳坡上,而海拔低的地区则分布在阳坡上。海拔 1500 m 左右,油松—侧柏混交林中,油松生长比侧柏快,而在 1000 m 以下的干旱阳坡,则侧柏生长比油松快。

③种间关系随混交技术的不同而变化。混交林中树种的种间关系随着树种的搭配、混交方法、混交效果、营造技术的变化而变化。如油松和栓皮栎造林时,如果采用带状或块状混交,两个树种都能生长,如果采用行间或株间混交则种间矛盾大,油松易受压,甚至死亡。

(3) 混交树种分类与混交类型

①混交树种分类。混交树种可根据其所处的地位和所起的作用分为主要树种(大乔木)、次要树种(中小乔木)和灌木树种。主要树种也称目的树种,是经营对象,防护效能好,经济价值高,在林分中数量最多(≥50%),盖度最大,生长后期居林分的第一层,一般为高大的乔木。次要树种也称伴生树种,在一定时期内与主要树种伴生,通常是中小乔木,成林后居林分的第二层,次要树种有辅佐、护土、改良土壤的作用。辅佐作用是给主要树种造成侧方遮阴,促进树干生长通直,促进自然整枝;护土作用是利用自身的树冠和根系,保护土壤,减少水分蒸发,防止杂草滋生;改良土壤是用树种的枯落物和某些树种的生物固氮能力,提高土壤肥力,改善土壤的理化性质。一般每种次要树种兼有上述 3 种作用,但侧重点不同。次要树种最好是耐阴蔓生树种,能在主要树种林冠下生长。灌木树种处于林冠层之下,主要是护土和改良土

壤，但大灌木也有一定的辅佐作用。灌木最好选择豆科类或带根瘤菌（如胡颓子科）的树种。

②混交类型。营造混交林时，把不同生物学特性的树种搭配在一起构成不同的混交类型。依据乔木（主要树种）、中小乔木（伴生树种）、灌木的相互组合可划分以下混交类型。

a. 乔木混交。指两个或两个以上主要树种混交，根据树种的耐阴和喜光又可分为以下3种情况。

耐阴树种与喜光树种混交：这种混交类型容易形成复层林，喜光树种在上层，耐阴树种在下层。种间矛盾出现晚且较缓和，树种间的有利作用持续时间较长。只是到了生长发育后期，矛盾才有所激化，但林分比较稳定，种间关系较易调节。由于北方耐阴树种较少，此种类型不多，常见的如华北落叶松与云杉混交、白桦与云杉混交。

喜光树种和喜光树种混交：此类型种间矛盾尖锐，竞争进程发展迅速，林分的种间矛盾较难调节。北方大部分树种为喜光树种，因此，此类型最多，如油松与栎类混交、杨树与刺槐混交、油松与侧柏混交等。

耐阴树种与耐阴树种混交：种间矛盾出现晚且缓和，树种间的有利关系持续时间长，林分十分稳定，种间关系较易调节。如四川的云杉与冷杉混交，但此类型天然林基本上是顶极群落，分布在原始林区，生产上很少采用。

b. 乔木与中小乔木混交。主要树种为乔木，居林分的上层，较耐阴的伴生树种（中小乔木，如椴、槭、鹅耳枥等）居下层，形成复层林。此种类型种间矛盾小，稳定性强，中小乔木生长慢，不会对主要树种构成威胁。如落叶松与椴树、油松与槭树混交。

c. 乔灌混交。乔木树种与灌木树种混交，种间矛盾比较缓和，林分稳定性强，保持水土作用大。混交初期，灌木可以为乔木树种创造侧方遮阴、护土和改良土壤；林分郁闭以后，树种间出现尖锐矛盾，可将灌木部分割除，使之重新萌发。常见的如油松与沙棘、柳树与紫穗槐、杨树与柠条混交。

d. 综合混交。由主要树种、次要树种和灌木混交，并兼具上述几种混交类型的特点，如河谷阶梯地的沙兰杨—旱柳—紫穗槐混交林和丘陵山地的油松—元宝枫—紫穗槐混交林。

混交类型的划分也可采用其他方法，如针阔混交、针针混交、阔阔混交等。

(4) 混交树种选择

营造混交林，首先要确定主要树种，再根据其特点选择伴生树种和灌木树种。因此，一般所谓的混交树种是指对伴生树种和灌木树种的选择，选择适宜的混交树种是调节种间关系的重要手段。混交树种：①应在生物学特性上与主要树种有一定的差异，能够互补，尤其应具有耐阴性或一定的耐阴性；②具有较强的抵抗自然灾害的能力，特别是耐火性和抗虫性，且不应与主要树种有共同的病虫害或存在转主寄生关系；③有一定的经济和美学价值；④在不良立地条件上，应考虑有固氮改土的作用；⑤有较强的萌蘖能力或繁殖能力，以利于调节种间关系后的自我恢复；⑥如果是培育用材林，最好是与主要树种大体在预定的轮伐期内成熟，以便组织主伐，降低成本。

选择一个理想的混交树种并不容易，需要对现有人工林和天然林进行调查研究、总结经验，才能确定。表3-11可作为对树种组成与选择的参考。

表 3-11　我国南方地区混交用材林营造实例

混交类型	树种组合	栽培地区	立地条件	混交方式	混交比例	造林密度（株/hm²）
针阔混交类型	杉木、檫木	南方、西南山地	黄壤Ⅰ、Ⅱ	星状	(9~8):(1~2)	2400~3000
	杉木、红锥	南方山地	红黄壤Ⅰ、Ⅱ	株、行	5:5	3600~4500
	杉木、火力楠	南方各地	红黄壤Ⅰ、Ⅱ	行间	(4~6):(4~6)	2400~3600
	杉木、楠木	南方山地	黄壤Ⅰ、Ⅱ	株、行	5:5	3000~4500
	杉木、香椿	南方山地	红黄壤Ⅰ、Ⅱ	行间	(4~6):(4~6)	2400~3600
	杉木、南酸枣	南方山地	红黄壤Ⅰ、Ⅱ	行间	6:4	2400~3600
	杉木、观光木	南方山地	红黄壤Ⅰ、Ⅱ	行间	(4~6):(4~6)	3600~4500
	杉木、厚朴	南方山地	红黄壤Ⅰ、Ⅱ	行间	6:4	2400~3600
	杉木、相思树	南方丘陵	红黄壤Ⅱ、Ⅲ	行间	5:5	2400~3600
	杉木、樟树	南方、西南山地	红黄壤Ⅱ	行、窄带	(7~9):(1~3)	2400~4500
	杉木、桤木	西南浅丘	黄壤Ⅰ、Ⅱ	行间	5:5	3600~4500
	杉木、旱冬瓜	西南低山	红黄壤Ⅱ、Ⅲ	窄带	5:5	2400~3600
	杉木、桦木	西南边山	红黄壤Ⅱ、Ⅲ	行间	5:5	3600~4500
	杉木、马蹄荷	西南低山	Ⅰ、Ⅱ	块状	不定	1800~2400
	杉木、漆树	西南浅丘	Ⅱ、Ⅲ	行间	(5~6):(4~5)	3600~4500
	马尾松、红锥	南方山地	红黄壤Ⅰ、Ⅱ	行间	(3~5):(5~7)	3600~4500
	马尾松、黧蒴锥	南方丘陵	红壤Ⅰ、Ⅱ	行间	5:5	3600~4500
	马尾松、木荷	南方低山	红黄壤Ⅱ、Ⅲ	行间	(4~6):(4~6)	3600~6000
	马尾松、相思树	南方丘陵	红壤Ⅲ	行间	(4~6):(4~6)	3600~6000
	马尾松、木莲	南方丘陵	红壤Ⅱ、Ⅲ	行间	4~6	3600~4500
	马尾松、火力楠	南方山地	红黄壤Ⅱ、Ⅲ	行间、星状	3:7	2400~3000
	湿地松、麻栎	南方丘陵	红黄壤Ⅱ、Ⅲ	行、窄带	(5~7):(3~5)	1500~1800
	湿地松、泡桐	南方丘陵	红黄壤Ⅱ、Ⅲ	星状	9:1	1500~1800
	黑松、相思树	南方沿海丘陵	红黄壤Ⅱ	行、块	(4~6):(4~6)	4500~6000
	华山松、光皮桦	南方、西南山地	Ⅰ、Ⅱ	行、带	(3~5):(5~7)	4500左右
	华山松、旱冬瓜	西南中山	Ⅰ、Ⅱ	带、块	(4~6):(4~6)	4500左右
	华山松、栎类	西南中山	Ⅰ、Ⅱ	带、块	(4~6):(4~6)	3600~6000
	油松、麻栎	西南中山	Ⅰ、Ⅱ	块状	不定	3600~4500
	秃杉、滇楸	西南中山	Ⅰ、Ⅱ	块状	不定	2400~3600
	福建柏、樟树	南方山地	红黄壤Ⅰ、Ⅱ	行、星状	5:5	2400~3000
	柏木、桤木	西南浅丘	Ⅱ、Ⅲ	行间	(6~7):(3~4)	4950~6600
	柳杉、桤木	西南山地	山谷、山脚Ⅱ、Ⅲ	行、带	5:5	2400~3000

(续)

混交类型	树种组合	栽培地区	立地条件	混交方式	混交比例	造林密度（株/hm²）
针叶混交类型	杉木、马尾松	南方山地丘陵	红黄壤Ⅰ、Ⅱ	株、行	(6~7):(3~4)	3600~4500
	杉木、柳杉	南方丘陵	红黄壤Ⅰ、Ⅱ	株、行	(5~7):(3~5)	3600~4500
	马尾松、杉木	南方山地丘陵	红壤Ⅲ、Ⅳ	行	(6~7):(3~4)	3600~4500
	火炬松、杉木	南方低山	红黄壤Ⅱ、Ⅲ	行	5:5	1650~2400
	华山松、云南松	西南山地	Ⅱ、Ⅲ	行	5:5	4500~6000
阔叶混交类型	青冈、檫木	南方山地	红黄壤Ⅱ、Ⅲ	行、星状	(8~9):(1~2)	3600~4500
	樟树、檫木	南方山地	红黄壤Ⅱ、Ⅲ	窄带	5:5	1650~2400
	樟树、枫香树	南方山地	红黄壤Ⅱ、Ⅲ	窄带	5:5	1650~2400
	窿缘桉、相思树	南方丘陵	红黄壤Ⅱ	行	(4~5):(5~6)	3600~4500
	楠木、桤木	西南山地	山谷Ⅰ、Ⅱ	行	5:5	2400~3600
乔灌混交类型	泡桐、茶	南方山地丘陵	红黄壤Ⅰ、Ⅱ	行间	1:25	10 300

3.4.1.2 混交林的应用条件

混交林的造林、经营和采伐利用，技术复杂，施工难度大，造林经验少。而相比之下，纯林营造技术简单，容易施工。所以，尽管混交林具有很多优越性，但在决定是否采用混交林时，除要遵循生物学规律外，还要考虑经济规律，结合市场经济、生产经营的实际情况而定。

从造林的定向培育目的看，一般培育速生丰产林、短轮伐期工业用材林及经济林，为了早成材或增加结实面积，便于经营管理，则多选择营造纯林。如以防护目的为主或强调观赏价值，则应营造混交林。如果计划生产中小径级木材，培育周期短，可造纯林；如计划生产中大径级木材，生产多种市场需求的木材和其他产品，则应营造混交林。

从造林地的立地条件看，在盐碱、高寒、水湿、干旱、贫瘠等极端条件下，适生树种少，可选择营造混交林的树种极其有限，营造混交林困难大，可营造纯林，甚至灌木纯林。立地条件特别好的，水土流失轻微，能够营造速生丰产林或经济林的，采用纯林。除此之外，应尽可能地营造混交林。

从树种特点看，有些树种侧枝粗壮，自然整枝性能差、凋落物改良土壤效果差或营造纯林时易感染病虫害，应营造混交林，以促进主要树种自然整枝，使其主干通直圆满，通过混交增加易分解腐烂的枯落量，以利土壤性能的改良。

从经营水平和市场经济看，在劳力充裕、可机械化集约经营、需要大量快速地向市场提供木材商品的条件下，为了集中采伐、集中销售，加速资金回转，可营造纯林。但有条件的情况下，应营造混交林，因为混交林可以生产多种木材和其他林产品，能满足经济市场变化产生的多种需求。

当营造混交林的技术经验缺乏时，大面积营造混交林可能产生不良后果，则应加强试验研究，待取得成功经验有了一定的把握后，再大面积营造混交林。

3.4.1.3 林分结构设计

(1) 混交方法

混交方法是指参与混交的树种在造林地上的排列方式或配置方式，配置方法不同，种间关系和林木生长也会因之而发生变化。常用的混交方法有：

①株间混交。又称隔株混交，是两个以上树种在行内彼此隔株或隔数株混交（图3-5）。此法因不同树种种植点相近，种间发生相互作用较早，如果树种搭配适当，种间关系表现有利；否则，种间关系矛盾尖锐。施工较复杂，多应用于乔灌混交造林。

②行间混交。又称隔行混交，是两个以上树种彼此隔行进行混交（图3-6）。此法种间利害关系一般多在林分郁闭后才明显出现。种间矛盾比株间混交容易调节，施工也较简便，是常用的一种方法，适用于耐阴喜光树种混交或乔灌混交。

图 3-5　株间混交示意

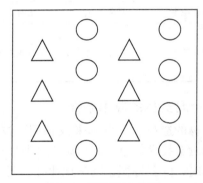
图 3-6　行间混交示意

③带状混交。是一个树种连续种植两行以上构成一条带与另一个树种构成的带依次配置的方法（图3-7）。带状混交可以缓冲种间竞争压力，即使在两个树种相邻处有矛盾产生，也可通过抚育采伐来调节。此法多用于种间矛盾尖锐，初期生长速率差异悬殊的乔木混交类型，管理比较简单。乔木、亚乔木与生长较慢的耐阴树种混交时，可将伴生树种改栽单行。这种介于带状和行间混交之间的过渡类型，称为行带混交。行带混交的优点是保证主要树种的优势，削弱伴生树种过强的竞争能力。

④块状混交。又称为团状混交，是把一个树种栽植成规则的或不规则的块状，与另一个树种的块状地依次配置进行混交。规则的块状混交是将斜坡面整齐的造林地（或平地）划为正方形或长方形的块状地，然后在每一块状地上按一定的株行距栽植同一树种，相邻的块状地栽植另一种树（图3-8），块状地的面积原则上不小于成熟林边每块林占的平均面积，块状一般为20~25 m^2。地块不宜过大，过大就成了片林，混交意义就不大了。不规则混交时按小地形的变化分别成块栽种不同的树种，这样既可达到混交的目的，又能因地制宜造林。块状混交能有效利用种内和种间的有利关系，可满足喜丛生的一些针叶树种幼龄时期的要求，林木长大后，各种树又产生良好的种间关系。块状混交造林施工比较方便，适用于喜光树种与喜光树种混交，也可用于幼龄纯林改造或低价值人工林的改造。

图 3-7　带状混交示意　　　　　　图 3-8　块状混交示意

⑤植生组混交。是种植点配置成群状的混交形式，是在一小块地上密集种植同一树种，与相邻小块密集种植的另一树种混交（图 3-9）。由于块状混交间距较大，种间相互作用发生迟缓。块状地内为同一树种，具有群状配置的优点，植生组混交种间关系容易调节，但造林施工比较麻烦，主要适用于林区人工更新和次生林改造，也可用于风沙区小流域的治沙造林。

⑥星状混交。又称插花混交，是一个树种的单株散生于另一个树种的行列之边（图 3-10）。这种混交方法，能满足一些强烈喜光、树冠开阔、有单株散生性的树种的要求，又能为其他树种的生长创造条件（如适度遮阴），种间关系比较融洽。例如，杨树散生于刺槐林中，檫树生长在杉木林中。此种混交方法常用于园林树木的配置中。

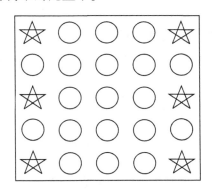

图 3-9　植生组混交示意　　　　　　图 3-10　星状混交示意

各国防护林采用的混交方式不完全一致，较为常用的有带状、行状、块状混交等，株间混交（包括一些不适当的行间混交）容易造成压制现象，一般采用较少。德国、瑞士采用块状混交，每块的面积由几十平方米到几百公顷不等。奥地利、瑞士一些人认为，团块直径以 10~15 m 为宜。苏联防护林采用行状混交的较多，在丘陵、沟壑、水土流失地区多采用块状混交，每块面积 0.05~0.50 hm^2，地形不太破碎的缓坡地带及平地采用带状混交。苏联西部森林草原区，以针叶树为主的人工林采用带状混交，行间混植 25% 的灌木，阔叶人工林采用主要树种与伴生树种或灌木进行行间混交。

（2）混交图式

混交图式是营造混交林时为一定立地条件设计的各项技术措施的图面表达形式。混交图式的内容包括株行距、混交类型、树种组成、混交比例和混交方法等。

3.4.1.4 混交林种间关系的调节

混交林中树种种间关系总是在不断变化，一定发育阶段有利与有害总是相互转化的，在整个育林过程中，要采取一定措施兴利避害，使种间关系向符合经营要求的方向发展。

造林前，可以通过采取控制种植时间、种植方法、苗木年龄、株行距等措施，调节树种种间关系，缓和种间矛盾。如果采用两个在生长速率上差别较大的树种混交，可以错开种植年限，把速生树种晚栽3~5年，或采用不同年龄的苗木，或选用播种、植苗等不同的种植方法，以缩小不同树种生长速率上的差异。如果两个树种种间矛盾过于尖锐而又需要混交时，可引入第三个树种——缓冲树种以缓解两个树种的"敌对"势态，推迟种间有害作用的出现时间。缓冲树种一般多为灌木树种。

在林分生长过程中，树种种间关系不断发生变化，对地下和地上营养空间的争夺日渐激烈，所以，要密切注意种间关系的发展趋势。当种间可能发生或已经发生尖锐的矛盾时，应及时采取措施人为调控种间关系的发展。

当次要树种地上部分生长过旺，对主要树种的生长构成威胁时，可以采取平茬、修枝、抚育间伐等措施进行调节，也可以采用环剥、去顶、断根、化学药剂抑杀等措施抑制次要树种的旺盛生长。

当次要树种与主要树种对土壤养分、水分竞争激烈时，可以采取施肥、灌溉、松土以及间作绿肥等措施，从不同程度满足树种的生态要求，推迟种间矛盾的发生时间，缓和矛盾的激烈程度。

3.4.1.5 人工林的轮作

人工林的轮作是指不同时间在同一地块上栽培两个或两个以上树种的纯林，各树种的相互关系带有间接性质，这与混交林有区别，树种混交是同时在同一地块上栽培两种或两种以上树种，各树种的相互影响具有较直接的性质。

在同一林地上长久地或多代地培育一个树种的纯林，会造成土壤恶化、地力衰退、森林生产力降低等不良后果。如德国为了提高木材产量，从19世纪中叶开始在阔叶林区反复营造大面积的以云杉、冷杉为主的针叶纯林，引起土壤的人工灰化、地力衰退、林分生产力逐代降低。为了保持林地生产力，应采用人工林轮作的方法加以解决。

天然林的树种更替是一种不体现人类意志但却符合树种生物本性的轮作，其树种更替的方向和效果不一定符合人为的造林目的要求。所以，研究人工林的轮作很有必要，可通过轮作使林地土壤不断得到改良，以实现林业的可持续发展。

3.4.2 造林密度

3.4.2.1 造林密度的概念

造林密度也称初植密度，是指单位面积造林地上栽植点或播种穴的数量，通常以"株（穴）/hm^2"为单位。在研究造林密度时，要将造林密度与林分生长过程中的诸多的密度概念相区别。如林分密度是指单位面积的林木株数，它随着林木的生长发育不断变化，是林木生长发育达到某一成材或成熟指标时单位面积上林木的数量界限，也可表述为某一生长期的密度，如幼龄密度、成林密度等。最大密度是指单位面积上在林分发育的不同阶段林分株数达到的最大值，如果再增加则发生自然稀疏现象，最大密度又称饱和密度。相对密度是指单位面积上一个树种的密度占所有树种的总密度的百分比。经营密度是指抚育间伐中保留株数占最大密度株数的百分比，或现实林分株数占最大密度的百分比。林分生长量达到最大时的密度即适宜的经营密度。

3.4.2.2 造林密度的意义

造林密度是形成一定的林分群体结构的数量基础，密度是否适宜将对林分的生长发育、生物产量和质量有很大的影响。因为林木不仅要从土壤中吸收水分和养分，还要有适当的生长空间。种植过密，幼树个体间枝叶交错重叠，各自占有的空间太小，导致幼树受光不足，营养不良，致使林木生长细弱。种植过稀，往往侧枝粗壮，下粗上细，形数低，尖削度大，干形不良且林地杂草丛生，单位面积目的产量不高。造林密度不同或密度相同而立木在林地上分布形式不同关系今后形成什么样的群体结构。研究造林密度的意义在于充分了解由各种密度所形成的群体以及组成群体之间的相互作用规律，从而在整个林分生长生育过程中能够通过人为措施使之形成一个合理的群体结构。这种群体结构既能使各个体有充分发育的条件，又能最大限度利用空间，使整个林分具有高度的稳定性和良好的生态效益，并且获得单位面积上的最高产量，从而达到速生、丰产、优质的目的，使其最大限度地发挥效益。

造林密度与人工林培育的种子和苗木用量、用工量及造林成本密切相关。造林密度大，种苗需求量、用工量和抚育费用高，如若抚育间伐等管理措施采取不及时，会使林木生长减退，经济效益降低。

过去，由于对密度不同所引起的群体与个体之间的复杂关系认识不足，造林密度一般都偏大，而且间伐往往不及时，致使林木生长减退，特别是胸径生长迅速减退，导致成材期推迟，出材率下降。如在山西北部大叶杨造林中，在相同的风积沙梁地，初植密度为 6600 株/hm² 的 24 年生人工林，其林分的平均胸径 5.8 cm，平均树高只有 3.7 m，每公顷蓄积量 9.984 m³，成材率 20.75%，林木处于小老树状态；初植密度为 1230 株/hm² 的，林分的平均胸径 10.5 cm，平均树高 6.2 m，每公顷蓄积量 18.471 m³，成材率 71.8%。20 世纪五六十年代山西营造的油松林也普遍存在密度大的问题。当然，也有些地方由于造林成活率不高或间伐过度，导致现有林分过稀，防护作用大大减弱，造成单位面积木材产量不高，木材品质下降的现象。因此，各造林树种造林密度的研究仍是当前提高林分单位面积木材产量和质量亟待解决的问题之一。

3.4.2.3 造林密度的作用

(1) 密度对幼林成活与郁闭的影响

在成活至郁闭前阶段，造林密度对水土保持幼林的成活和保存一般没有直接影响，但对单位面积保存的林木数量有影响。因此，在立地条件差、造林成活率偏低的地方，适当增大造林密度可以保存足够的成活株数。

郁闭是林木群体形成的开始，造林密度对于水土保持林进入郁闭阶段的时间起决定作用。在树种、立地条件和经营管理水平大体相同的情况下，密度越大，郁闭越早。一般情况下，幼林及时郁闭可以提高其与杂草的竞争能力，增强对不良气象因子的抵抗能力，减少土壤水分蒸发以及缩短土壤管理年限和次数,降低造林成本,促进林木的自然整枝。但过早郁闭,树冠发育受到限制,往往造成林木后期生长不良,速生的喜光树种在这方面的表现更为突出。因此,通过控制造林密度,调节开始郁闭的时间,不仅有生物学意义,而且有经济上的意义。

(2)密度对林木生长的影响

①密度对树高生长的影响。密度与树高生长的关系比较复杂,结论也不一致。英国学者汉密尔顿(1974)通过对6个树种、134个系列的密度试验,认为有"越密越高的趋势",即在一定的密度范围内,较大的造林密度有促进树高生长的作用。苏联林学家对欧洲松造林密度的试验结果指出,在一定的较稀密度范围内,由稀到密对树高生长有促进作用。也有人认为,密度对树高生长的促进作用在干旱的立地条件比在湿润的立地条件要明显。然而,随着林分年龄的增长,却出现了另一种情况:较密林分,由于立木对光照和其他主要生长因子的竞争,林木的生长受阻,致使立木不能达到应有的高度,较密林分的平均高反而较小;而株行距较大的林分却给立木比较均一的充分的光照条件以及其他生活条件,因而林分的树高生长较大,这时不同密度的林分平均高就出现了随着密度的增加而递减的现象。如我国的杨树、杉木和澳大利亚的辐射松的试验,就得出了这样的结论。

总的说来,由造林密度不同引起林分平均高的差异不太明显,特别是在一定范围之内。例如,杉木造林密度为1500~4500株/hm^2,不同密度的林分间立木平均高都比较接近,用方差分析方法检验,其误差未达显著程度。还应该指出,过密则影响树高生长。

总之,从上述错综复杂的结论中,我们可得到几点认识:不同树种因生物学特性的差异对密度的反应不同,喜光树种反应灵敏,而耐阴树种影响较小,反应不灵敏。一般耐阴树种侧枝发育、顶端生长不旺的树种,适当密植有助于促进树高生长,如油松、刺槐等;反之,则不利于树高生长或对树高生长影响不明显,如杨、杉、落叶松等。不同的立地条件,密度对树高生长影响不同,阴坡光照差,密度对树高生长影响大,阳坡则小。水分充分,影响小,水分不足则影响大。无论什么情况,密度对林分平均树高的影响不显著。因此,有些国家利用林分中的优势木和亚优势木的平均树高作为评定立地质量。

②密度对树冠与胸径生长的影响。在林分郁闭前,立木个体处于孤立状态,密度对冠幅的影响很小,随着林分年龄的增长,密度大的林分树冠间相互关系发生较早,树冠生长受到明显抑制。密度小的林分树冠间相互关系发生较迟,树冠伸展的余地大。因此,密度越大冠幅越小,即密度与冠幅成负相关关系。

密度对胸径生长的影响是通过密度对树冠生长的影响而发生的。研究证明,树冠大小与立木直径生长成正相关关系,而且,这种相关关系在林冠展开之前普遍存在于各树种的各生长阶段。其主要原因是树冠影响立木进行光合作用的叶面积。因此,林分的平均胸径随林分密度的增大而递减,国内外大量的密度试验充分证明了这个事实。平均胸径随密度的增大而减小的幅度在林分发育的各个阶段是变化的,它随着林分年龄的增长差异日趋悬殊,但是到一定年龄后,随着不同密度林分树冠生长的稳定,不同密度林分间的平均胸径的差异也稳定在一定的水平上,呈平行的曲线增长(表3-12)。

表 3-12 落叶松人工林不同密度不同发育阶段的胸径生长变化

林龄（年）	密度（株/hm²）	平均胸径（cm）	蓄积量		胸径变动系数（%）
			单株蓄积量（m³/株）	每公顷蓄积量（m³/hm²）	
7	8160	1.78	0.000 89	7.26	1.93
	6148	1.79	0.000 89	5.47	
	4013	1.87	0.000 93	3.73	
13	4444	7.64	0.0220	97.77	24.73
	6667	7.96	0.0173	115.34	
	10 000	5.18	0.0080	80.00	
	15 000	3.92	0.0037	55.50	
15	3140	8.64	0.0300	94.20	14.35
	3520	8.60	0.0290	102.08	
	3880	8.40	0.0280	108.64	
	4900	8.17	0.0260	127.40	
	8400	5.65	0.0100	84.00	
22	2984	12.00	0.0789	235.44	6.74
	2820	12.72	0.0825	232.65	
	2558	13.02	0.0883	225.87	
	2415	13.67	0.0975	235.46	
	2024	14.67	0.1130	228.71	

当然，在不同立地条件下，相同密度的立木，即使具有相同大小的冠幅，立木的胸径生长也并不一致。这是由于某些林分立地条件差，土壤的水肥供应不足而使单位面积叶量产生的干物质不同的缘故。此外，树种的遗传因素也起作用。同一立地条件下，即使立地条件很差，树冠与胸径生长的相关规律也十分明显。因此，研究人工林不同生长阶段密度与冠幅、冠幅（主要是树冠营养面积）与胸径生长的规律可以为各阶段调节密度提供依据。实践证明，在较密的林分中适时进行间伐，调节其营养空间，其结果必然是树冠首先增长，而后胸径生长也相应地增加。

对于人工林来说，应注意到由于密度的不同而对林木生长的影响涉及大多数林木，如果发现林分密度过大，一定要及时间伐调整密度，促进保留的林木快速生长。切不可为贪图获得一些小径级用材而贻误了间伐时间，以致影响全林的胸径生长。

③密度对材积与蓄积生长及生物量的影响。林木的平均单株材积决定于立木的平均树高、平均胸径（或胸高断面积）以及树干的形数（形数=树干的材积/胸高断面积×树高，它

是由树干形状所决定的系数)。造林密度的大小直接影响这3个指标,尤以胸径生长的影响最大。因此,密度对林分平均单株材积的影响与对胸径的影响是一致的,即在相同立地影响下,同树种同龄的人工林,其单株材积随密度的增大而递减。

单株材积随密度的增加而递减的规律在整个林分生长发育过程中的各个阶段也是有变化的。在幼林阶段,树高、胸径以及形数在各个不同密度林分之间虽然有些差别,但差别不显著,所以单株材积基本上是相似的。然而,随着林分年龄的增长,林分密度对胸径生长的影响逐渐增大,各种密度林分平均单株材积间的差距日趋悬殊。

单位面积蓄积量受单株材积和单位面积株数两个因子所制约,这两个因子之间的关系是互为消长的。一般来说,在幼林时期,单位面积株数对单位面积蓄积量将起主导作用,单位面积蓄积量随着林分密度的增大而增加。但并不是说,无限地增加密度产量会无限地增加,而是在达到一定密度之后,蓄积量就稳定在一定的水平,如果密度继续增加,则蓄积量反而下降。在林分发育的后期,密度对林分平均单株材积将逐渐起主导作用,较稀林分的总蓄积量反而逐渐赶上或超过较密林分。

对于不同的树种,株数与单株材积的消长关系并不一致。对于一些喜光树种,如杨树、落叶松等,单位面积株数起主导作用的时间比较长。在人工林的培育中,必须不断调整密度和单株材积的制约关系,才能获得最大的收获量。

关于林分生物量与密度的关系,一般认为最终生物产量恒定,不受密度影响。在幼林阶段,林木生物产量随密度的增大而增加。然而,到达一定密度后,林木生物量保持在一定的水平上,即在一定的密度范围内,不同密度的林分,其最终生物产量是基本相似的,这也就是所谓的收获密度效果理论。如陈传国等研究了红松人工林不同密度与生物产量的关系,结果表明,21年生造林密度为 $3495\sim7200$ 株$/hm^2$ 的红松人工林,其生物产量为 $92.6\sim97.3$ t/hm^2;24年生 $2350\sim2400$ 株$/hm^2$,其生物产量为 $164.1\sim159.3$ t/hm^2。由于树干的生物量在整个生物产量中占有较稳定的比例,如华北落叶松 $14\sim20$ 年生人工林,其树干生物量占林木总生物量的 $40\%\sim50\%$,因此,密度对生物产量的效应与其对材积产量的效应有相似之处。

④密度与木材质量的影响。密度对木材质量的影响主要反映在干形通直圆满、结疤少和木材力学强度大等方面。在干形上,密度越大树干形数(高径比)也较大,也就是树干饱满、尖削度小。

在通直度上,林分越密,林木生长越通直,这是由于密度较大的情况下可以促进树高生长和自然整枝。但在林分过密时,树干生长细弱,在有些地区容易引起雪压,使树干弯曲或造成风倒,影响林木的生长。

密度对于木材材性的影响,一般也是随密度加大,促进高生长,加快自然整枝,减少结疤,有利于培育通直圆满的良材。稀植的人工林虽可以通过人工修枝来达到此目的,但如果侧枝太粗,修枝后伤口过大,不易愈合,使木材产生缺陷,因此,人工修枝应在合理密植的基础上进行。一般木材年轮宽度是木材材性的评价指标,针叶树种年轮过宽对材性有不良影响,而阔叶树种的年轮加宽,夏材比例增大反而能够增加材性。因此,为了提高木材的材性,针叶树的林分不宜栽植过稀,而阔叶树种则可适当稀植。

⑤密度对根系生长的影响。根系与林木地上部分的生长有密切关系。据 H. 莱尔和 G. 霍

夫曼的研究认为，强大的根系是地上部分生长良好所必需的，若根系生长受到干扰则会损害地上部分的生长。同样，地上部分的生长也会影响根系的生长。在不同密度的林分中，林木的根系生长有很大差异。湖南省林业科学院对杉木造林密度的研究发现，总根量随林分密度的增大而递减，各级根系的数量也是如此。至于根系在土壤中的分布，则密度较大的林分，根系的水平分布范围较小，垂直分布也较浅。中国林业科学研究院林业研究所对毛白杨造林密度试验表明，在较密林分中，根系发育细弱，立木间根系交叉较密，这已显示密度对林分根系发育产生了明显的作用。同时，也发现林木根系与地上部分生长趋势基本一致。另外，可以看到土壤中的根系在随着营养面积的扩大而逐渐增长的规律。由此可见，林分密度过大，营养面积减少，这是土壤中根系减弱的原因，因而也影响地上部分的生长。

综合上述，人工林的密度对于人工林的郁闭性和速生、丰产、优质各方面都起着不小的作用，在确定的条件下，客观上存在着一个适宜的密度界限。这一适宜密度界限原则上应在林木个体的生长发育不受或少受抑制的前提下，群体得到最大的发展。林分适宜密度的范围，随林龄和立地条件及栽培水平而不同。因此，要培育好人工林，不仅要确定合理的造林密度，而且应通过间苗、修枝、间伐等措施调节林木个体和林分群体的矛盾，保证其生长发育的各个时期有合理的群体结构，使其发挥最大的效益。

3.4.2.4 确定造林密度的原则与方法

(1) 确定造林密度的原则

合理的密度，就是在该密度条件下光热和土地生产力能被树木充分利用，在短时间内生产出数量多、质量好的木材。造林密度的确定要以密度作用规律为依据，要根据定向培育目标、立地条件、树种特性及当地的社会经济和林业生产水平统筹兼顾、综合论证，在保证个体充分发育的前提下争取单位面积上有尽量多的株数。

①根据定向培育目标确定造林密度。培育目标反映在林种上，不同林种在林分培育过程中要求形成的群体结构不同。如水土保持林的主要任务是保持水土，在考虑造林密度时应该首先满足其形成较强的防护作用，要求迅速遮盖林地，林下能形成较厚的枯枝落叶层，但在水土流失地区对木材生产方面的要求也很迫切。因此，在考虑造林密度时，还应与用材林造林密度确定的原则结合起来。根据树种特性，造林密度应适当加大，为了发挥沟底造林、护岸护滩林等水土保持林的水土保持作用，如促进挂淤、缓冲、加固水土保持工程措施等，有时采用密植的方式，即株距 0.5 m，行距 1.0 m。在此情况下，往往把发挥它的水土保持作用放在第一位，而对它本身提供林副产品等要求则放在较为次要的地位。

用材林以生产木材为主，要求速生、丰产、优质，因此，这种林分的群体结构应该既可保证林分个体有充分的生长发育条件，又有充分利用营养的空间。根据我国目前的经济条件，应该考虑第一次间伐的充分利用。为此，初植密度应该适当大些，并在生长发育的过程中适时适量间伐，调节其密度，促进林木快速生长，并取得部分小径材。培育大径材用材林应适当稀植或先密后稀。培育中、小径材密度更大些，要培育能源材则更应密植。

特用经济林栽培的主要目的是获得果实、种子或树液等，一般要求保证充足的光照条件，加之特用经济林经营强度较大，栽培过程中通常不考虑间伐问题，造林密度都较小。

②根据树种特性确定造林密度。不同树种具有不同的生长发育规律，因而造林密度也不一致。要很好分析研究树种的生态学特性（如冠幅、对光照的需求程度、生长状况以及根系分布深度与广度等）才能确定。一般阔冠树种要稀植，窄冠树种可密植；速生树种要稀植，慢生树种可密植；喜光树种要稀植，耐阴树种可密植。但也要具体情况具体分析，不能一概而论，如某些喜光乔木树种（刺槐、榆树），在稀植情况下影响干形，宜适当加大密度，以利形成良好的干形，只是要在生长发育过程中注意适时间伐。

混交林的树种合理搭配与造林密度有着密切的关系，应更加慎重。水土保持林和水源涵养林经常采用乔灌混交林，一些灌木树种可采用较大的造林密度，以期能够尽快郁闭、覆盖地表，及早发挥防护作用。工程中采用的一些灌木树种，虽多是喜光性强的树种，但通过及时平茬抚育可以调节其对光照、水分等方面的矛盾，促进其旺盛生长。采取灌木密植时，如果未采取必要的抚育措施，灌木林往往迅速分化，出现生长衰退的现象。总之，对具体树种的造林密度，应根据它们的特性做出选择，不能千篇一律。

③根据立地条件确定造林密度。立地条件是林木生长发育的基础，优良的立地条件下，林木生长较迅速，树冠发育较大，生长旺盛，造林密度应小些。反之，立地条件差，土壤干旱瘠薄，则林木生长缓慢，长势不旺，应适当加大造林密度，以缩短进入郁闭的过程，提高林木群体抵抗外界不利因素的能力。但 R. 克纳普（1967）认为，恶劣的立地条件下，每株林木生产一定量的木材所需的空间比肥沃土地上大，为了获得较高的产量，在贫瘠的土壤上，必须相应地扩大林木的距离。因此，在特别困难的造林条件下，即使采用必要的造林技术措施，尚不能达到幼树成活生长对水肥方面的最低需求，在此情况下，为了提高林木群体对不良外界环境条件的抵御能力，保证每一幼林植株顺利成活与生长，往往采用稀植。在我国稀植的方法是行内密植（株距小），增大行距（行距大），此种方法称为"疏中有密"，也可收到较好的效果。

在一般立地条件下营造水土保持林和水源涵养林，应通过采取适当密植的方法，以促进幼林适时郁闭（造林后 3~4 年），抑制杂草滋生，缩短抚育年限，减少抚育次数，节约抚育费用。郁闭是林木群体形成的开始，幼林郁闭后，便可发挥其水土保持和涵养水源的作用，增强林木群体对不良环境条件的抵抗能力，有利于幼林的稳定生长。

④根据经济因素和栽培技术确定造林密度。造林密度的确定应当考虑当地的经济条件和林业经营水平。在交通不便、劳力短缺、无条件进行间伐利用的地区宜稀植；反之，密度可大些。林草复合、林农复合经营时造林密度一般宜稀些，计划进行中间抚育采伐利用的可密些。林木栽培技术细致、集约，林木生长快、成活率高，可稀植。

总之，水土保持林、水源涵养林、防风固沙林、能源林、中小径材用材林、矮化密植经济林及采用中间间伐利用的用材林可密一些；严重水土流失和风沙危害的干旱、半干旱地区造林、培育大径材且不间伐的用材林、经济林、农林复合或机械作业的造林可稀些；迹地造林、无目的幼树可密些，有目的幼树可稀些。我国南方地区主要造林树种造林密度可参考表 3-13。

表 3-13 我国南方地区主要造林树种造林适宜初植密度　　　　　　　　　　　　　　株/hm²

树种	中南华东区		东南沿海及热带区		长江中上游区	
	生态公益林	商品林	生态公益林	商品林	生态公益林	商品林
落叶松	1500~2000	2400~5000	—	—	1500~2000	2400~5000
云杉、冷杉	2000~2500	1800~2250	—	—	—	—
侧柏、柏木	2500~5000	2500~5000	2500~5000	2500~5000	1667~4350	1111~3500
油松、黑松、白皮松	2250~3500	2000~2500	—	—	2000~2500	1050~1350
白桦	1500~2000	1600~2000	1500~2000	1600~2000	1500~2200	1600~2000
胡桃楸、水曲柳、黄波罗	750~2250	625~2000	—	—	625~2000	500~2000
白蜡树	1200~2000	1150~2200	1000~2000	1000~2000	—	—
椴木、蒙古椴木	2250~3000	1800~2700	—	—	100~2850	1500~2500
榆树	833~2500	800~2000	800~1600	800~2000	833~2000	800~2000
椴树	1200~1800	1250~2000	—	—	1200~2000	1250~2000
杨树	400~1000	300~600	—	—	400~1000	200~800
刺槐	1050~1500	750~900	2000~2500	1650~6000	—	—
泡桐	630~900	195~750	—	—	500~900	400~800
栲、红锥、米槠、甜锥、青檀	1200~1800	900~1200	1667~3333	1667~3333	1050~1650	900~1050
华山松、黄山松	3000~6000	1200~3600	—	—	1500~4500	1200~3000
云南松、思茅松、高山松	—	—	1667~3333	1667~3333	1500~3000	1200~2500
马尾松、火炬松、湿地松	1050~2500	900~1800	1667~3333	1667~3333	1050~2250	900~1500
杉木	1650~4500	1050~3000	1667~3333	1667~3333	1650~4500	1500~3600
水杉、池杉、落羽杉、水松	1500~2500	1250~2500	1500~2500	1667~2500	1200~2500	1200~2500
秃杉、油杉	1500~3000	1300~2500	1500~3000	1200~2000	1600~2500	1200~2000
柳杉	2400~4500	1500~3500	1500~3500	2500~4500	1500~3000	1200~3000
香樟	1350~4500	1200~3600	630~860	1350~3000	1500~3000	1050~3000
楠木、红豆树	1800~3600	1050~1800	1667~3000	2500~3000	1500~2500	900~1500
木荷、火力楠、观光木、含笑	2400~3600	1200~2250	1250~2500	1000~2500	1200~3000	1050~1800
栓皮栎、麻栎、槲栎、黄山栎、白栎、锐齿栎、锥栎	1667~2500	1500~2500	1500~2200	1200~2200	900~2000	1100~2000
青冈、椆木	1650~3600	1500~3000	1650~3000	1667~3750	1500~3300	1350~3000
喜树	1100~2250	1050~1800	1100~2250	1100~1667	1050~1800	900~1500
相思类	1200~3300	1200~3300	1200~3300	1667~3300	—	—
木麻黄	1500~2500	2000~3000	1667~3300	2500~5000	—	—
苦楝、川楝、麻楝	630~900	450~750	625~800	400~700	600~900	450~600
香椿、臭椿	2000~3000	900~1500	2500~3000	2000~3600	900~1500	600~1350

(续)

树　种	中南华东区		东南沿海及热带区		长江中上游区	
	生态公益林	商品林	生态公益林	商品林	生态公益林	商品林
桉树	2500~5000	1200~2500	1200~2500	1667~5000	2250~4500	1050~2250
黑荆树	1800~3600	1667~2500	1000~1500	800~1600	1800~3600	1667~2500
沙棘、紫穗槐、山皂角、枸杞	—	—	1650~3300	1650~3300	—	—
山桃、山杏	500~1000	500~800	—	—	—	—
毛竹	450~600	300~600	450~600	500~920	450~600	285~450
大型丛生竹(麻竹等)	500~825	278~500	500~825	500~625	500~825	278~500
秋茄、白骨壤、木榄	4000~20 000	—	5000~20 000	—	—	—
无瓣海桑、海桑、红海榄等	4400~6670	—	4000~6000	—	—	—

注：引自《造林技术规程》(GB/T 15776—2016)。

(2) 确定造林密度的方法

一定树种，在确定的培育目标、一定的立地条件和栽培条件下，测算的造林密度，在由生物学规律所控制的最适密度范围之内能取得最大的经济、生态和社会效益，该密度即为合理密度。根据现有生产经验和科学资料，造林密度的确定主要有如下方法。

①经验与试验方法。从过去不同造林密度的人工林，在满足其培育目的方面所取得的成效，分析判断其合理性及需要调整的方向和范围，从而确定在新的条件下应采用的造林密度。一是通过科学试验和利用生产经验编制造林密度表，在表格上查出不同树种的造林密度，这是当前造林工作中应用最普遍的方法。二是通过对现有不同密度状况下的人工林分调查、研究分析，找出能满足造林经营目标、具有较好造林成效的种植密度范围，并以此作为新造林时确定种植密度的参考。应用经验方法时，要注意密度的确定应当建立在足够的理论知识和生产经验的基础上，避免主观臆断。三是通过不同密度的造林试验结果确定适宜的造林密度，是最可靠的方法，但这种试验需要等待很长时间才能得出结论，而且要花很大的精力和财力。一般只能对几个主要造林树种，在典型的立地条件下进行密度试验，得出密度作用规律及其主要参数，以指导生产中造林密度的确定。

②利用林分密度管理图(表)确定造林密度。对于某些主要造林树种，如落叶松、杉木等，已进行了大量的密度作用规律的研究，并制作了各种地区性的分树种林分密度管理图(表)。造林时可以查阅相应图表以确定造林密度，如可按第一次疏伐时要求达到径级的大小，由林分密度管理图(表)上查出长到这种大小而疏密度又较高(0.8以上)时对应的密度，以此密度再加一定数量，以补偿生长期间可能产生的死亡株数，即可作为造林密度。

③按人工林生长发育状况推算林分密度。调查现有人工林生长发育状况，然后采用数理统计方法确定造林密度。如林木营养面积一般与林木冠幅相关，适宜的冠幅面积(垂直投影面积)代表林木生长发育所占的养分空间。掌握某一树种平均冠幅随年龄变化的规律，然后根据要求幼林郁闭的年限和该年限的平均冠幅，以及所希望达到的郁闭度，按下列公式进行计算，即可得到该树种的造林密度。

$$N=\frac{S}{D}P \qquad (3\text{-}1)$$

式中　N——造林密度，株/hm^2；

　　　S——单位面积，hm^2；

　　　D——某树种要求郁闭年限的平均冠幅或树冠投影面积，m^2；

　　　P——要求达到的郁闭度。

根据不同地区不同树种的胸径或树高和密度的调查数据，找出两者间的关系，可通过建立数学模型并依据模型来编制适合某一地区某一树种的合理密度表。王斌瑞(1987)在山西吉县黄土残塬沟壑区，对刺槐林密度进行了研究，据冠径与胸径的相关性，找出郁闭度为1.0时的胸径 D 与密度 N 的关系模型：

$$N=-331.28+\frac{15\,646.79}{D} \quad 相关系数=0.9946，剩余标准差 S=\pm 89 \qquad (3\text{-}2)$$

根据式(3-2)可得出刺槐人工林的理论密度表。又根据山东、河北、陕西及该地区对刺槐人工林的多年经验认为，郁闭度保持在0.6~0.8有利于林木生长发育。根据这一指标，可得出不同生长发育阶段刺槐林的合理密度表，为林分生长发育各阶段的密度管理提供了依据。如人工刺槐林第一次间伐径阶为4 cm，第二次为8 cm。

理论密度为：

$$N=-331.28+\frac{15\,646.79}{4}=3580$$

合理密度为：

$$N=3580\times 0.8=2864\pm 89$$

第一次间伐：

$$N=2864-\left(-331.28+\frac{15\,646.79}{8}\right)\times 0.8=1564\pm 89$$

即初植密度约3000株，第一次间伐约1440株，约余1560株。

3.4.3　种植点的配置

种植点的配置是指一定的植株在造林地上分布的形式，是构成水土保持林群体的数量基础。分布形式决定林分立木之间的相互关系。在密度已确定的情况下，通过配置的方式可进一步合理分配和利用太阳能及地力，因此，人工林种植点的配置与林木的生长、树冠的发育、幼林的抚育和施工等都有密切的关系。在城市绿化与园林设计中，种植点的配置也是实现景观效果的一种手段。对于防护林来说，通过配置能使林木更好地发挥防护效能。

种植点的配置方式，一般分为行列状配置和群状配置两类。

(1) 行列状配置

在目前的造林工作中，播种或栽植点主要采用行列状配置方式。行列状配置由于分布均匀，能充分利用营养空间，因而有利于树冠发育和树干的通直圆满，也便于抚育管理。山丘地造林时，种植行的方向要与径流方向垂直，水土保持效果好。行列状配置有长方形、正方形和三角形3种。

①长方形配置。长方形配置是造林中最常用的一种配置方式。株行距不等，一般行距大于株距，行内株间郁闭早，能提前实现株间郁闭的效果，增强幼林的稳定性，减少行内除草的次数，便于进行机械化作业、幼林抚育以及行间间作。山区行向视地势走向而定，一般应沿等高线布设；平原区行向以南北向为好。长方形配置适于平坦的造林地和坡度平缓、地块相连的坡地。

②正方形配置。正方形配置时，行距和株距相等，相邻株连线呈正方形。这种方式分布比较均匀，具有行列状配置的典型特点，是营造用材林、经济林较为常用的配置方法。

③三角形配置。三角形配置一般要求相邻行的种植点错开呈"品"字形排列，也称"品"字形配置。这种配置形式有利于使树冠均匀发育及保持水土，在丘陵和山地造林时经常采用。正三角形配置是三角形配置中最均匀的一种方式，这种配置方式能更有效地利用空间，使树冠发育均匀，提高木材质量，防护作用最大，是山区水土保持林营造中最常用的配置形式。

采取行列状配置时，单位面积(A)上种植点的数量(N)可以根据株距(a)、行距(b)和配置形式来计算：

长方形：

$$N = \frac{A}{ab} \tag{3-3}$$

正方形：

$$N = \frac{A}{a^2} \tag{3-4}$$

正三角形：

$$N = 1.155 \frac{A}{a^2} \tag{3-5}$$

若采用双行为一带栽植，往往是带间距(d)大于行距，单位面积种植点的数量为：

$$N = \frac{A}{a \times \frac{1}{2}(d+b)} \tag{3-6}$$

注意：在计算需苗量时，若为丛植，单位面积总苗数还应再乘以每个种植点的株数。

(2) 群状配置

群状配置也称簇式配置或植生组配置。这种配置方式的特点是种植点成群(簇)分布，群与群间的距离较大，一般相当于水土保持林成熟阶段的平均株距，块状地内苗木比较密，往往几株(3~5株)集聚在一起形成一个生物群体(或称植生组)。

群状配置的优点是，在造林初期，群内苗木很快郁闭，形成了许多对苗木生长较有利的集团。因而对不良环境因子(干旱、日灼、杂草等)有较强的抵抗能力，初期生长较稳定。然而这种配置形式由于群内苗木较多，随着年龄的增长，群内幼树间的矛盾逐渐突出，林间竞争加剧，分化明显，应该及时采取人为措施去弱留强，选择定株。但它对光能的利用和树干的发育都不如行状配置，产量也较低，一般造林较少采用。由于它具备抗性强、稳定、易于管理等特点，因此，在迹地更新及低价值林分的改造上具有一定的实用价值。

群状配置需苗量的计算方式：

$$单位面积总苗数 = 单位面积簇式块群 \times 每块的种植数量 \qquad (3-7)$$

无论采用上述何种配置方式，造林密度计算中采用的造林面积是指垂直投影所占的面积，而不是指地形倾斜所造成的斜面积。因此，一般的株行距也是指水平距离，为此，在坡地造林定点时，应按地面坡度加以调整，将山坡的斜面面积折算成水平面面积。

本章小结

本章主要介绍了人工林培育的一些基础理论。人工林和天然林相比，有着自身的生长发育规律。本章内容主要包括人工林概述、立地分类、树种选择、林分的结构与配置。其中立地分类是做好树种选择和适地适树非常重要和基础的一步，这部分内容主要介绍了立地分类的概念、各个学派的观点和立地质量评价方法。接着，介绍了树种选择的方法及适地适树的评价标准。在林分的结构这一部分，详细介绍了林分密度的概念、作用、确定林分密度的方法，也同时列出了我国南方地区主要造林树种的密度要求；在了解人工纯林和混交林差异的基础上，介绍了根据不同林种和要求设计林分结构，尤其是混交林的混交树种、混交方法及混交比例，列举了南方地区主要用材林树种的混交类型。最后介绍了种植点的配置方法和特点。

复习思考题

1. 人工林有哪些特点？
2. 人工林生长发育分为哪些阶段？
3. 我国林种有哪些类型？
4. 造林的六大技术措施有哪些？
5. 什么是立地条件和立地条件类型？
6. 造林地的种类有哪些？
7. 立地因子有哪些？
8. 立地分类途径有哪些？
9. 我国立地类型表编制方法有哪些？
10. 什么是地位指数？
11. 什么是适地适树？
12. 适地适树的途径有哪些？为什么说第一条途径是最根本的？
13. 什么是乡土树种？为什么选用乡土树种进行造林是最可靠的？
14. 树种选择的原则有哪些？
15. 什么是人工纯林和混交林？
16. 混交林的优点有哪些？
17. 混交林和人工纯林的应用条件有哪些？

18. 混交林种间关系的表现形式有哪些？
19. 混交树种有哪些类型？
20. 混交类型有哪些？
21. 混交树种的选择要注意哪些方面？
22. 混交方法有哪些？
23. 什么是造林密度？
24. 造林密度的作用有哪些？
25. 确定造林密度的原则和方法有哪些？
26. 什么是种植点的配置？
27. 简述种植点的配置方式、各自的特点及适用条件。

第 4 章

人工造林技术

4.1 造林整地

造林整地指在造林之前，清除林地上的植被、采伐剩余物或火烧剩余物，并以翻垦土壤为主要内容的一项生产技术措施。造林整地是造林的一项非常重要工序，是保证造林成活、树木发芽及出苗整齐的一项最重要的技术措施。我国南方造林地的种类繁多，分布范围内的自然条件差异很大，造林目的不尽相同，加之造林树种繁多、树体高大、根系深广、林木培育周期长，决定了整地任务的多样性、复杂性和艰巨性，以及对整地效果长期性的要求。

4.1.1 造林整地的作用

造林整地主要有改善立地条件、保持水土、提高造林质量等作用，其中主要作用是改善立地条件。

（1）改善立地条件

造林整地可以改善造林地的立地条件，主要表现在以下方面：

①改善小气候。造林地的采伐剩余物和植被经过全部或部分清理后，使光照可以直接到达地面，地面得到的直射光增加，散射光减少，空气对流增加，因而近地表层和地面的温度发生变化，白天升温和夜间降温明显，日夜温差加大，空气相对湿度下降。通过不同形式的清理和整地，创造不同的微域地形和气候，以适应不同生物学、生态学特性树种的需求。例如，全面清理更适合于喜光树种的更新造林，而局部清理适合于耐阴树种；将坡面整成朝向、相对高度不同的微地形，改变太阳光投射到地面的角度和时间，使地面和土壤的温度、水分条件发生变化。

②改善土壤的物理性质。植被清理后，降水直接到达地面，翻垦后的土壤孔隙度增大，渗透性增强，地表径流减少，降水易于渗入深层并加以有效保存，土壤固、液、气三相的比例趋于协调。在土壤水分方面，因不同的基础条件和采用的整地方法不同而表现不同的整地效果。干旱、半干旱地区或有季节性干旱的湿润、半湿润地区，通过整地将坡

改为水平地，增加土壤的疏松性和表面的粗糙度，切断毛细管，减少深层土壤的水分向上补给，减少地面蒸发，因而增加了土壤的蓄水保墒能力；在水分过剩及有季节性积水的地区，通过整地可以排除多余的水分。除了局部地区有土壤水分过多的情况外，整地对于我国大部分地区土壤水分的改善一般更注重其蓄水保墒功能。

③改善土壤的化学性质。植被清理后，减少了植被对于养分的直接消耗。整地后形成的微域环境和特殊的小气候，加快了残留在造林地上枯枝落叶的腐烂分解，从而增加了土壤的有机质；整地后土壤物理性质的改变，有利于土壤微生物的活动，加速了元素的循环，增加了速效养分的供应。

④减少杂草和病虫害。通过整地可以减轻杂草、灌木与幼树的竞争压力，减少土壤水分和养分的消耗；整地破坏了病虫赖以滋生的环境，从而减轻了病虫的危害。

(2) 保持水土

在水土流失严重地区发展起来的水平沟、鱼鳞坑、反坡梯田、撩壕等整地方式都是以保持水土为目的的。在这些地区，整地不但要为幼林成活、生长创造较好的条件，而且要保证坡面不受径流冲刷，能够保持土壤。另外，整地是一种坡面上的简易水土保持工程，它可以形成一定的积水容积，把坡面径流蓄存起来。所以说，整地不仅能够保持水土，而且能够蓄水保墒，提高土壤的含水量。其水土保持作用主要表现在：

①整地能够增加地表糙度，疏松土壤，改善土壤结构，增加总孔隙度，从而促使水分下渗，提高了土壤的贮水能力。

②整地改变小地形，把坡面局部变为平地、反坡、下洼地和梯地，截短了坡长，切断了径流线，减少流量，减缓流速，改变了地表径流的形成条件。

③整地后在坡面上形成了均匀分布的有效微积水区，即使水分来不及下渗，径流也可蓄存在积水区内。

④整地清除灌木、杂草等植被后，减少降水的植被截留，相对增加了降水。同时，灌木、杂草等植被的减少，有助于降低水分的蒸腾消耗。

应当指出，整地毕竟要破坏土壤和植被，降低土壤的抗蚀性，如果整地方法不当，质量不佳，不但起不了良好的水土保持作用，而且会加剧水土流失；非但不能起蓄水保墒的作用，甚至会造成水分的大量蒸发散失，使土壤变得更干燥。因此，整地必须根据当地的气候、地形、土壤、植被等因素，确定合理的整地方法和整地季节。

(3) 提高造林质量

造林整地改善立地条件对于播种造林或植苗造林都是有利的。近地表面气温、地温的升高，草根和石砾减少，有利于种子萌发、苗木的根系生长和顺利成活。这种有利的作用表现为春季树液流动、发芽、展叶等物候期提前，秋季落叶物候期推后，使苗木生长期延长。这种有利的作用可能延续数年，从而促进幼树的生长。但是，不同整地方式对于幼树生长的促进效果不同。

土壤理化性质的改变以及整地对幼树生长的影响程度与整地技术紧密相关，只有正确的整地技术才能取得良好的整地效果。如果整地中把深层的石砾、心土大量翻到土壤表面或者过度清理天然植被，以及形成的坡度不当等，对于改善土壤的理化性质不但是无益的，还可能造成水土流失或土壤条件恶化。

4.1.2 造林地的清理

造林地的清理是指翻耕土壤前，清除造林地上的灌木、杂草、杂木、竹类等植被或采伐迹地上的枝杈、伐根、梢头、站杆、倒木等剩余物的工序。如果造林地植被不是很茂密或迹地上采伐剩余物数量不多，则无须进行清理。清理的主要目的是改善造林地的立地条件，破坏森林病虫害的栖息环境和利用采伐剩余物，并为随后进行的整地、造林和幼林抚育消除障碍。造林地的清理方式有全面清理、带状清理和块状清理3种，清理的方法主要有割除法、火烧法及化学药剂处理等。

（1）割除法

割除法是指对造林地上幼龄杂木、灌木、杂草等植被，采用人工或机械（如割灌机）进行全面、带状或块状方式割除，然后堆积起来任其腐烂或进行火烧的清理方法。

①全面清理。清除整个造林地上的灌木、杂草、杂木、竹类等植被的方法。适用于杂草茂密、灌木丛生或准备进行全面翻垦的造林地。这种清理方式工作量大，造林成本高，但便于小株行距栽植、机械化造林和今后的抚育。

②带状清理。适用于疏林地、低阶林地、沙草地、陡坡地，以及不进行土壤全面翻垦的造林地。带宽一般1~2 m，较省工，但带窄时不便于机械使用。石质荒山常采用人工带状割除，将割除物置于未割除带上任其腐烂。

③块状清理。适用于地形破碎不进行全面土壤翻垦的造林地，较灵活，省工。由于块状清理的作用较小，在生产上应用不多。

（2）火烧法

火烧法是指将灌木、杂草砍倒晒干后于无风阴天、清晨或晚间点火烧除的清理方法，多为全面清理。适用于杂草、灌木比较茂密的造林地。如我国南方山地杂草、灌木较多，常采用劈山和炼山的清理方法，即把造林地上的杂草、灌木和残留木等全部砍下（劈山），除运出能用的小材小料外，余下的晒干点火燃烧（炼山）。炼山会大量损失有机物质，杀死有益微生物，也可能造成水土流失和流失养分，使造林地的地力衰退，如南方杉木林地的地力衰退就被认为与炼山有关。

（3）化学药剂清理

采用化学药剂杀除杂草、灌木的清理方法，这是一种高效、快速的清理方法。化学药剂清理灭草效果好，有时可达100%，而且投资少、不易造成水土流失，但在干旱地区药液配制用水困难，有的药剂可能会造成环境污染，对生物有毒害作用，目前我国应用不多。

4.1.3 造林整地

4.1.3.1 造林整地的方式

造林整地的方式有全面整地（全垦）和局部整地两类，局部整地又包括带状整地和块状整地。

（1）全面整地

全面整地是翻垦造林地全部土壤的方法。全面整地的优点主要在于其改善立地条件的作用较强，能给造林苗木的成活和生长创造一个良好的空间。但是，全面整地破土面积较大，在坡度大、降水比较集中以及容易风蚀的地区可能会导致水土流失，因此其主要应用于不易发生水土流失的地区。南方山地即使全面整地也应每隔一定距离设置水土保持带不整地，带宽1.5~2.0 m，坡面过长时，应适当保留山顶、山腰、山脚部位的植被。

（2）带状整地

带状整地是呈长条状翻垦造林地土壤，并在翻垦部分之间保留一定宽度的原有植被或原状地面。带状整地改善立地条件的作用明显，防止土壤侵蚀的能力较强，便于机械化作业。带状整地是山区、丘陵和北方草原地区重要的整地方法。在山地带状整地时，带的方向应与等高线保持水平，带宽根据当地的降水量、水土流失强度及植被条件等因素确定。在平原区进行带状整地时，带的方向多为南北向，如害风严重，带的方向则应与主风向垂直。

山地带状整地中比较常用的有水平带状、水平阶、水平沟、反坡梯田、撩壕整地等方式。平原应用的带状整地有带状、犁沟、高垄等方式。

①水平带状整地。沿等高线在坡地上开垦成连续带状（图4-1）。带面与坡面基本持平，带宽一般0.4~3.0 m，保留带可宽于或等于翻垦部分的宽度。翻垦深度25~35 cm。这种方法适用于植被茂密、土壤深厚、肥沃、湿润的荒山或迹地及坡度比较平缓的地段。南方地区也可用于坡度比较大的山地。

②水平阶整地。一般沿等高线将坡面修筑成狭窄的阶面（图4-2）。阶面水平或稍向内倾斜成反坡（约5°）；阶宽随地面而异，石质山地一般为0.5~0.6 m，黄土地区约1.5 m；阶长视地形而异，一般为1~6 m，翻垦深度30 cm以上，阶外缘培修土埂或无埂。适用于干旱的石质山、土层薄或较薄的中缓坡草坡，以及植被茂密、土层较厚的灌木陡坡或黄土山地的缓中陡坡。整地时从坡下开始，先修下边的台阶，向上修第二个台阶时，将表土下翻到第一个台阶上，修第三台阶时，再把表土翻到第二台阶上，依此类推修筑各级台阶，即所谓"逐台下翻法"或"蛇蜕皮法"。

图4-1　水平带状整地　　　　　　　图4-2　水平阶整地

③水平沟整地。沿等高线断续或连续带状挖沟（图4-3）。沟面低于坡面且保持水平，构成断面为梯形或矩形的沟壑。梯形水平沟上口宽0.5~1.0 m，沟底宽0.3 m，沟深0.4 m以上，按需拦截径流量确定，外侧有埂，顶宽0.2 m，沟内每隔一定距离留土埂。沟间距

2~3 m且以小沟相连。水平沟整地的沟宽且深，容积大，能够拦蓄大量降水，防止水土流失，其沟壁可以遮阴挡风，减少沟内水分蒸发，但是这种整地方法的挖土量大，费工费力，成本较高。其主要用于黄土高原水土流失严重的中陡坡，也可用于亟须控制水土流失的一般山地。挖沟时用底土培埂，表土用于内侧植树斜面的填盖，以保证植苗部位有较好的肥力条件。

④反坡梯田整地。又称三角形水平沟（图4-4）。田面向内倾斜成3°~15°反坡；面宽1~3 m，埂内外侧坡均约60°，长度不限，每隔一定距离修筑土埂，以预防水流汇集，深度40 cm以上。保留带可略窄于梯田宽度。其特点是蓄水保肥，抗旱保墒能力强，因此具有良好的改善立地条件的作用，但整地投入劳力较多，成本高。适用于黄土高原地区地形破碎程度小、坡面平整的造林地。将表土置于破土面的下方植树穴周围，生土往外侧填放。

图4-3　水平沟整地　　　　　　　图4-4　反坡梯田整地

⑤撩壕整地。又称倒壕、抽槽整地，为连续或断续带状整地（图4-5）。分大、小撩壕。大撩壕规格一般是宽、深各80~100 cm；小撩壕规格一般是宽、深各50~70 cm，壕面呈内低外高的5°~10°的反坡或修筑土埂，长度不限。由于该方法松土深度大，不但改善了土壤理化性质，提高了土壤肥力，而且增强了蓄水保墒能力，有利于保持水土，对林木生长十分有利，但这种方法投工多、投资大、施工速度慢。该方法主要用于南方造林，特别是土层薄、黏重、贫瘠的低山丘陵的造林，以及交通方便、人口稠密、经济活跃又亟须发展类似集约经营的用材林的地区。按栽植行距，沿山的等高线开挖水平沟，从山下往山上施工，在开沟时要把心土放于壕沟的下侧做埂，壕沟挖到规定深度后，再将从坡上部相邻壕沟起出的肥沃表土和杂草填入下边的壕沟中。

⑥等高反坡阶整地。沿等高线将坡面修筑成反坡台面（图4-6）。台面向内倾斜成3°~15°反坡，面宽0.5~1 m，沿等高线布设。其特点是反坡台面汇集的地表径流沿等高反坡阶内侧流动，具有增加土壤水分含量和防止土壤养分流失的作用，同时可以起到排水沟的作用。该方法整地投入劳力较少，成本较低，是南方降水量丰富地区最实用的一种整地方式。

⑦平原带状整地。为连续长条状，带面与地表平齐（图4-7）。带宽0.5~1.0 m或3~5 m，深度约25 cm或根据需要增加至40~50 cm，长度不限，带间距离等于或大于带面宽度。带状整地是平原整地常用的方法，一般用于无风蚀或风蚀不严重的沙地、荒地和撂荒地、平坦的采伐迹地、林中空地和林冠下的造林地以及平整的缓坡。

图 4-5 撩壕整地　　　　图 4-6 等高反坡阶整地

图 4-7 平原带状整地　　　　图 4-8 平原高垄整地

⑧平原高垄整地。为连续长条状,垄高于地面为栽植带,两侧为排水沟(图 4-8)。垄宽 0.3~0.7 m,垄面高于地面 0.2~0.3 m,垄长不限,垄向最好能使其旁犁沟起到排水沟的作用。高垄整地是某些特殊立地条件的整地方法,用于水分过剩的各种迹地、荒地及水湿地,盐碱地整地有类似于高垄整地的台田、条田等方法。

(3)块状整地

块状整地是呈块状翻垦造林地的整地方法。块状整地比较省工,成本较低,但改善立地条件的作用相对较差。块状整地可应用于山地、平原的各种造林地,包括地形破碎的山地、水土流失严重的黄土地区坡地、伐根较多且有局部天然更新的迹地、风蚀严重的草原荒地和沙地、沼泽地等。山地应用的块状整地方法有穴状、块状、鱼鳞坑等,平原应用的块状整体方法有块状、高台等。

①穴状整地。为圆形坑穴,穴面与原坡面持平或稍向内倾斜,穴径 0.4~0.5 m,深度 25 cm 以上(图 4-9)。穴状整地可根据小地形的变化灵活选定整地位置,有利于充分利用裸岩山地土层较厚和采伐迹地伐根间土壤肥沃的地方造林。整地投工数量少,成本比较低。石质山地可用于裸岩较多、植被稀疏或较稀疏、中薄层土壤的缓坡和中陡坡或灌木茂密、土层较厚的中陡坡;黄土地区可用于植被较茂密、土层较厚的中陡坡;高寒山区和林

区可用于植被茂密、水分充足、易发生冻拔害的山地和采伐迹地。

②块状整地。为正方形或矩形坑穴块，穴面与坡面(或地面)持平或稍向内倾斜，边长0.4~0.5 m，有时可达1~2 m，深30 cm，外侧有埂(图4-10)。破土面较小，有一定的水土保持效能，并且定点灵活，冻拔害较轻，比较省工。一般山地可用于植被较好、土层较厚的各种坡度，尤其是中缓坡。地形较破碎的地方，可采用较小的规格；坡面完整的地方，可采用较大的规格，供培育经济林或改造低价值林分。平原地区可用于沙地造林，规格可大。

图 4-9　穴状整地　　　　图 4-10　块状整地(山地)

③鱼鳞坑整地。为近似于半月形的坑穴，坑面低于原坡面，保持水平或向内倾斜凹入(图4-11)。长径和短径随坑的规格而不同，一般长径0.7~1.5 m，短径0.6~1.0 m，深30~50 cm，外侧有土埂，半环状，埂高20~25 cm，有时坑内侧有小蓄水沟与坑两角的引水沟相通。鱼鳞坑整地有一定的防止水土流失的效能，并可随坡面径流量调节单位面积上坑的数量和规格。施工比较灵活，可以根据小地形的变化定位挖坑，动土量小、省工、成本较低，但其改善立地条件及控制水土流失的作用有限。一般用于容易发生水土流失的黄土地区和石质山地，其中规格较小的鱼鳞坑可用于地形破碎、土层薄的陡坡，而规格较大的鱼鳞坑用于植被茂密、土层深厚的中缓坡。挖坑时一般先将表土堆于坑的上方，然后把心土刨向下方，围成弧形土埂，埂应踏实，再将表土放入坑内，坑与坑多呈"品"字形排列。

④高台整地。为正方形、矩形或圆形台面，台面高于原地面25~30 cm，边长或直径0.3~0.5 m，甚至1~2 m，台面外侧有排水沟(图4-12)。高台整地排水良好，但投工多、成本高、劳动强度也大。一般用于水分过多的迹地、草甸地、沼泽地，以及某些地区的盐碱地等，还可用于不适于进行高垄整地的地方。

4.1.3.2　造林整地技术规格的确定

造林整地技术规格主要是指整地深度、破土面的大小(长和宽)、破土断面形式等。在不同的立地条件、经营水平、苗木根系特点和经济条件状况下，整地的技术规格有很大的差异。

图 4-11 鱼鳞坑整地　　　　图 4-12 高台整地

(1) 整地深度

整地深度是所有整地技术规格中最为重要的指标。整地深度影响下列 4 个方面：①林木根系生长发育空间的大小（根系的伸张阻力、营养空间的改善）；②土壤蓄水保墒能力；③造林时栽植质量（窝根、覆土厚度）；④整地费、冻拔害的轻重。一般而言，适当加深整地深度，能使上述前三点向有利方向发展，但达到一定深度后，整地的有益作用不仅不会无限制增大，而且会导致整地费用的增加。

(2) 破土面

破土面的大小（局部整地的宽度和长度）应该根据下述 4 个方面来确定：①植被竞争空间，植被竞争强可适当扩大破土面积，反之，缩小破土面积；②水土流失严重，破土面不宜过大，以防水土流失；③在冻拔害较严重的地方，最好采用小块状整地或不整地；④破土面的大小还要考虑整地费用。

(3) 破土断面形式

破土断面形式指破土面与原地面间构成的纵切面形状。断面的形式主要与拦蓄水土和排除水分有关。如在干旱、半干旱地区，整地的主要目的是更多地蓄持大气降水，增加土壤水分，防止水土流失，破土面可低于原地面（或坡面）、与原地面（坡面）构成一定的角度（反坡）或修筑拦水埂，以形成一定的集水环境；在水分过剩或地下水位过高的地区，为了排除多余土壤水分，提高地温，改善通气条件，促进有机质分解，破土面可高于原地面，如高垄、高台整地；既不缺乏土壤水又不过湿的造林地，破土面可与原地面持平。

4.1.3.3　整地时间

选择适宜的整地时间是充分利用外界有利条件，回避不良因素的措施。在分析各地区自然条件和经济条件的基础上，选定适宜的整地时间，可以较好地改善立地条件，提高造林成活率，节省整地用工，降低造林成本。如果整地季节选择不合理，不仅不能蓄水保墒，而且可能导致水分大量蒸发。

就全国范围来说，一年四季均可整地，但具体到某一地区，由于受其特殊的自然条件和经济条件的制约,并非一年四季都适于整地。根据各地整地时间的不同,一般将整地季节分为随整随造和提前整地两种。

(1) 随整随造

整地后立即造林,称为随整随造。这种做法主要应用于新采伐迹地及风沙地区。立地条件优越的新采伐迹地和地势平坦之地,提前整地往往可导致整地部位大量贮水,土壤水分过多,冬春之交易发生冻拔害,而沙地则易引起风蚀,应用随整随造可消除这种弊端,但随整随造不能充分发挥整地的有利作用,且与栽植争抢劳力。

(2) 提前整地

整地比造林时间提前1~2个季节称为提前整地。提前整地有如下优点:①雨季前整地可以拦蓄降水,增加土壤水分;②利于杂灌草根的腐烂,增加土壤有机质,调节土壤水气状况;③在雨季前期整地,土壤松软,容易施工,降低了劳动强度;④整地与造林不争抢劳力,造林时无须整地。

提前整地可应用于干旱、半干旱地区,以及高垄整地的低湿地区、南方山地、盐碱地等。干旱、半干旱地区提前到雨季前期整地,不仅土壤疏松易于施工,而且能使土壤保蓄后期降水。高垄整地的低湿地区提前整地,便于植物残体腐烂分解,土壤适当下沉利于上下层恢复毛细管作用。提前整地的时间不宜过短或过长,一般为1~2个季节。过短,提前整地的目的难以达到;过长,会引起杂草大量侵入滋生,土壤结构变差,甚至恢复到整地前的水平。在干旱、半干旱地区,整地和造林之间不能有春季相隔,否则整地只会促进土壤水分的丧失。在某些情况下,提前整地的时间可以长一些,例如,为使盐碱地充分淋洗有害盐分,沼泽地盘结致密的根系及时分解,应该提前1年以上的时间整地。

4.2 造林方法

造林方法是指造林施工时的具体方法。造林时使用的材料有种子、苗木或部分营养器官。根据所使用的造林材料不同,可分为播种造林、植苗造林和分殖造林3种。确定造林方法的主要依据是树种的繁殖特性,以及造林地的立地条件、经营条件和经济条件。

4.2.1 播种造林

播种造林又称直播造林,是把种子直接播种到造林地培育森林的造林方法,可分为人工播种和飞机播种造林两种方法。播种造林是一种古老的造林方法,在现代应用此法虽然不如植苗造林普遍,但是在某些特定的条件下,还具有其鲜明的特点和优势。

4.2.1.1 播种造林的特点和应用条件

(1) 播种造林的特点

播种造林优点主要表现在以下几个方面:①播种造林与天然下种一样,根系的发育较自然,可以避免起苗造成根系损伤;②幼树从出苗就适应造林地的气候条件和土壤环境,林分较稳定,林木生长较好;③播后造林地上可供选择的苗木较多,因此保留优质苗木的机会多。

播种造林也存在以下几个方面的缺点：①需要种子多；②杂草、灌木十分茂密的造林地，若不进行除草、割灌等抚育工作，幼苗易受胁迫而难以成林；③易受干旱、日灼、冷风等气象灾害，以及鸟、兽、鼠害。

（2）播种造林的应用条件

播种造林适用于造林地条件好或较好，特别是土壤湿润疏松，灌木、杂草不太繁茂的造林地；鸟兽害及其他灾害性因素不严重或较轻微的地方；具有大粒种子的树种，以及有条件地用于某些发芽迅速、生长较快、适应性强的中小粒种子的树种；种子来源丰富、价格低廉的树种；人烟稀少、地处边远地区的造林地，可进行飞机播种造林。

4.2.1.2 种子的物理性状与发芽能力

（1）种子的物理性状

种子物理性状主要指净度、千粒重。

①净度。净度是纯净种子质量占测定样品各成分的总质量的百分比。测定种子净度的目的是确定纯净种子在该批种子中所占比例，并由此推算该种批的纯净程度，为评定种子等级和计算播种量提供依据。净度也是种子贮藏时需要考虑的重要因素，如果夹杂物多、吸湿性强、含水量高，就会为病原物的活动创造条件，从而不利于种子的保存。

②千粒重。种子的质量通常用千粒重表示。千粒重是指1000粒风干纯净种子的质量，以克为单位。同一树种的种子，千粒重大说明种子饱满充实，贮藏的营养物质多，播种以后出苗整齐健壮。测定千粒重的方法是从净度测定所得的纯净种子中随机数取1000粒种子并称重。测定千粒重的目的是比较同一树种、不同种批间的种子质量，是确定播种量依据之一。

（2）种子的发芽能力

种子的发芽能力是种子品质中最重要的指标，包括发芽率、发芽势、平均发芽时间。它比其他检验方法精确可靠，但需要的时间稍长，适用于休眠期短的种子。

①发芽率。是指在规定条件和时期（规定的发芽终止日期）内，正常发芽的粒数占供测定种子总数的百分比。例如，规定马尾松种子的发芽测定温度为25 ℃，发芽测定终止日期为20 d，若有100粒种子，在此期间有60粒种子发芽，则发芽率为60%。

②发芽势。是指以日平均发芽数达到最高的那一天时，所有正常发芽的种子数占供检种子总数的百分比。例如，100粒油松种子，第8天种子发芽数达到最高，在8 d内有85粒种子发芽，则发芽势为85%。同一树种的种子，当种子发芽率相同时，发芽势越高，说明种子发芽快且出苗整齐，种子品质越好。

根据《林木种子检验规程》（GB/T 2772—1999）测定发芽率和发芽势的天数。种子发芽率高，说明播种后出苗率高。因此，种子发芽率是决定播种量和种子价格的主要依据，是种子品质的重要指标之一。

③平均发芽时间。平均发芽时间是指供测种子发芽所需的平均时间（以天表示，偶有用小时），是衡量种子发芽快慢的重要指标。同一树种的种子，平均发芽时间越短，发芽越快，则发芽能力强，种子品质越好。

4.2.1.3 种子播前处理

种子播前处理是指播种前对种子进行的消毒、浸种、催芽、拌种（积极采用鸟兽驱避剂、植物生长调节剂等），以及包衣、黏胶化等技术措施。播前处理的目的在于缩短种子在土壤中停留的时间，保证幼苗出土整齐，预防鸟兽和病虫危害。春季播种的种子，尤其是深休眠的种子只有经过催芽才可以及时出土和延伸根系。种子播前处理还可以提高其对高温、干旱的抵抗能力，提高木质化程度，为越冬做好准备。

播前处理根据树种、立地条件和播种季节等因素决定。易感病虫和易遭鸟兽危害的树种（如大多数针叶树种、栎类等大粒种子），或者在病虫害严重的造林地播种，应进行消毒浸种和拌种处理。造林地土壤水分条件稳定良好的条件下，浸种催芽的效果好；干旱的立地条件则不宜浸种。雨季造林一般播干种子，只有在准确掌握降水过程的前提下才能浸种后播种；秋季造林，尤其是北方地区，一般希望种子当年萌发生根而幼苗不出土，以免造成冻害，所以往往采取播种未经催芽的种子。

4.2.1.4 人工播种造林方法与技术

(1) 播种方法

播种造林有块播、穴播、缝播、条播和撒播等方法。

①块状播种（块播）。在块状整地（一般在 1 m² 以上）上采取密集或簇播的方法。其特点是形成植生组，对外界抵抗力和种间竞争力强，故常用于已有阔叶树种天然更新迹地上引进针叶树种及对分布不均匀的次生林进行补播改造。

②穴播。是在局部整地的造林地上，按一定的行距挖穴播种的方法。由于其整地工作量小、技术要求低、施工方便、选点灵活性大，因而适用于各种立地条件，是我国当前播种造林应用最广泛的方法。

③条播。是在全面整地或带状整地上按照一定的行距进行开沟播种的方法，沟深视树种而异。该方法适用于中小粒种子。

④撒播。是把种子均匀地撒布于造林地上的方法。该法主要用于地广人稀，交通不便的大面积的荒山荒地、采伐迹地和火烧迹地造林。此法工效高、造林成本低，但作业粗放，特别是一般造林前不整地，播种后不覆盖，种子在播种后容易受多种不利自然条件的影响。

(2) 播种技术

①细致整地。整地过程参见造林整地一节。

②种子处理。为促进种子提早发芽，缩短种子在土壤中的发芽时间，保证幼苗出土整齐，增强幼苗抗性，减少鸟兽危害，播前要对种子进行处理，一般包括净种、消毒、浸种、催芽、拌种等环节。

③覆土厚度。覆土厚度对种子发芽有重要影响。从土壤湿度来看，覆土越厚则湿度条件越好，然而通气条件则变差，妨碍发芽和发芽后的发育，过厚也阻碍了幼苗出土。因此，直播造林的覆土厚度需要根据各种环境因子综合考虑。一般以种子直径的 2 倍左右作为覆土厚度。

(3) 播种量

播种量主要取决于树种的特性、种子发芽率和单位面积上计划保留的苗木数量。一般来说，种子发芽率高、幼苗期抗性强的树种播种量可小些，反之应大些。由于发芽率、保存率除了种子本身的特性外，还与造林地的立地条件有关，凡是造林地水热条件好、整地细致的,播种量可小些,反之应大些。

根据各地长期的生产经验,在保证种子质量的前提下,可以按照种粒的大小粗略确定穴播的播种量:核桃、核桃楸、板栗、三年桐等特大粒种子,每穴2~3粒;栎类、油茶、山桃、山杏、文冠果等大粒种子,每穴3~4粒;红松、华山松等中粒种子,每穴4~6粒;油松、马尾松、樟子松等小粒种子,每穴10~20粒;更小粒的种子,每穴20~30粒。

(4)播种时间

早春适于播种造林,此时由于气温上升,土壤开始解冻,水分条件好,应抓住有利时机播种,幼苗可免遭日灼或干旱害,但有晚霜危害的地区,不宜过早播种;在春旱较严重的地区,可在雨季播种。如华北、西北及云贵高原地区,大部分降水集中于夏季(7~8月)或夏秋两季,此时土壤温度适宜,湿润,利于种子萌发。雨季播种造林应考虑幼苗在早霜到来之前能充分木质化,在华北地区需要保证幼苗有60 d以上的生长期,否则不易越冬;秋季播种造林适用于一些休眠期较长的大粒种子,如核桃、栎类等,种子不用储藏和催芽,而翌年出苗早,苗木抗干旱能力较强,但要防止鸟、鼠等危害。秋播不宜过早,以免当年发芽发生冻害。

4.2.1.5 飞机播种造林

飞机播种造林简称飞播造林,是利用飞机把林木种子或种子丸直接撒播于造林地的造林方法。飞播造林具有速度快、节省劳力、不受地形条件限制等特点,适用于大面积造林,特别是在人力难及的高山、远山和广袤的沙漠地区。

4.2.2 植苗造林

植苗造林是以苗木为造林材料进行栽植的造林方法,又称植树造林、栽植造林。植苗造林是使用最为普遍而且比较可靠的一种造林方法。

4.2.2.1 植苗造林的特点和应用条件

(1)植苗造林的特点

植苗造林优点表现在:①所用苗木一般具有较为完整的根系和发育良好的地上部分,栽植后抵抗力和适应性强;②初期生长迅速,郁闭早;③用种量小,特别适于种源少、价格昂贵的珍稀树种造林。

植苗造林的缺点有以下几个方面:①裸根苗造林时有缓苗期,而且根系易受损;②育苗工序庞杂,花费劳力多,技术要求高,造林成本相对提高;③起苗到造林期间对苗木保护要求严格,栽植费工,在地形复杂条件下不易于机械化。

(2)植苗造林的应用条件

植苗造林对于造林地的立地条件要求不苛刻,适用于绝大多数树种和各种立地条件,尤其适用于干旱半干旱地区、盐碱地区、水土流失严重地区,以及植被繁茂、易滋生杂草的造林地和动物危害严重的地区。植苗造林在国内外应用最为广泛。

4.2.2.2 苗木种类与规格

对于不同种类与规格的苗木,采用的植苗方法和具体栽植过程都会有所区别。

(1) 苗木种类

植苗造林应用的苗木种类主要有播种苗、营养繁殖苗和容器苗等。如仅从对造林技术的影响分析，这些苗木可按根系是否带土分为裸根苗和容器苗两大类。裸根苗是以根系裸露状态起出的苗木，包括以实生或无性繁殖方法培育的移植苗和留床苗。这一类苗木起苗容易，重量小，贮藏、包装、运输方便，栽植省工，是目前生产上应用最广的一类苗木。但起苗伤根多，栽植后遇不良环境条件常影响成活。容器苗是根系带有宿土而不裸露或基本上不裸露的苗木，包括各种容器苗和一般带土苗。这类苗木根系比较完整，栽植易活，但重量大，搬运费工、费力。

(2) 苗木规格

苗木规格是指适宜造林用的苗木的年龄、高度、地径和根系发育状况的标准。在进行造林时，应选择优质苗木进行造林。

①苗龄。指苗木的年龄，不同林种、树种的造林使用不同年龄的苗木。年龄小的苗木，起苗伤根少，栽植后缓苗期短，在适宜的条件下造林成活率高，运苗栽植方便，投资较少，但是在恶劣条件下苗木成活受威胁较大；年龄大的苗木，对杂草、干旱、冻拔、日灼等不利因素的抵抗力强，适宜的条件下成活率高，幼林郁闭早，但苗木培育与栽植的费用高，遇不良条件更容易死亡。

②苗高。是最直观、最容易测定的形态指标。测定时从苗木地径处或地面量到苗木顶芽，如苗木还没有形成顶芽，则以苗木最高点为准。苗木高度并非越高越好，虽然高的苗木有可能在遗传上具有一定优势，然而同一批造林苗木的大小以求整齐为好，以防将来林分强烈分化。

③地径。又称地际直径，是指苗木土痕处的粗度。测量苗木地径用特制的或钢制游标卡尺。地径与苗木根系大小和抗逆性关系紧密，地径与根体积、苗木鲜重、干重等呈紧密相关关系。另外，地径粗壮具有更强的支撑、抗弯曲能力，在虫害、动物破坏以及高温损害等方面，粗壮苗木的耐力要大于细弱苗木。

④根系。是植物的重要器官，造林后苗木能否迅速生根是决定其能否成活的关键。目前生产上采用的根系指标主要有根系长度、根幅、侧根数等。

4.2.2.3 苗木保护与处理

(1) 苗木保护

从起苗到移植一般要经过一段时间，少则几天，多则2~3个月，为使苗木在这段时间体内水分不受损失，提高造林成活率，需要对苗木进行保护。苗木根系最易丧失水分，因此苗木保护的重点是根系，具体保护措施如下：①起苗前浇水，既增加苗木体内水分，又便于起苗时保证根系完整；②起苗后不能即时运走或运抵造林地的苗木需假植，假植后要浇水；③苗木长距离运输时需包装浇水，同时要勤于检查，避免苗木发热发霉；④造林时，盛苗桶中要有水，以保持苗木根系的湿润；⑤有条件的地方植苗后要立即浇定根水。

(2) 苗木处理

苗木处理的目的也是维持苗木体内水分平衡，提高造林成活率，主要对其地上和地下部分进行处理。

①地上部分处理。主要有截干、修枝、剪叶、喷洒蒸腾抑制剂等方法。如干旱地区萌芽力强的树种(如刺槐、元宝枫、黄栌等)造林时可将苗干截掉,使主干保留5~15 cm,以减少造林后地上部分的水分散失。而对常绿阔叶树必要时进行修枝剪叶。

②地下部分处理。主要有修根、水浸、蘸泥浆、蘸吸水剂等方法。修根是将苗木受损伤的根、过长的主根和须根剪去,以利于包装和运输,并保证栽植时不窝根,提高造林成活率。水浸、蘸泥浆、蘸吸水剂则可保证苗木根系湿润,减少失水。另外,容器苗宜采用可降解容器,栽植时应对生长出容器的根系进行修剪,不易降解的容器应进行脱袋处理。

4.2.2.4 植苗造林方法与技术

(1) 栽植方法

植苗造林方法按照栽植穴的形态可以分为穴植、缝植和沟植。栽植方法还可以按照每穴栽植一株或多株而分为单植和丛植;按照苗木根系是否带土而分为带土栽植和裸根栽植;按照使用的工具可分为手工栽植和机械栽植。

①穴植。是在经过整地的造林地上挖穴栽苗,适用于各种苗木。穴的深度和宽度根据苗根长度和根幅确定,穴的大小要比苗根大,一般穴深应大于苗木主根长度,穴宽应大于苗木根幅,以使苗根舒展。使用手工工具或挖坑机开穴,挖穴时尽量将表土与心土分别堆放穴旁,栽苗时先填表土,分层踏实,每穴栽植单株或多株。

②缝植。是在经过整地的造林地或土壤深厚湿润的未整地造林地上,用锄、锹等工具开成窄缝,植入苗木后从侧方挤压,使苗根与土壤紧密结合的栽植方法。此法的造林速度快,工效高,造林成活率高;其缺点是根系被挤在一个平面上,生长发育受到一定影响。适用于土壤比较疏松、湿润的地方栽植针叶树小苗及其他直根性树种的苗木。

③沟植。是在经过整地的造林地上,以植树机或畜力拉犁开沟,将苗木按照一定距离摆放在沟底,再覆土、扶正和压实。此法效率高,但要求地势比较平坦。

(2) 栽植技术

栽植技术指的是栽植深度、栽植位置和施工要求等。植苗时,要将苗木扶正,苗根舒展,分层填土、踏实,使苗根与土壤紧密地结合,严防窝根栽植。

①栽植深度。根据立地条件、土壤墒情和树种而定。一般应超过苗木根颈处原土印以上3~5 cm。干旱地区、沙质土壤和能产生不定根的树种可适当深栽。栽植过浅,根系外露或处于干土层中,苗木易缺水;栽植过深,影响根系呼吸,也不利于苗木生长。

②栽植位置。一般多在穴中央,以保证苗根向四周伸展,不致造成窝根。但靠壁栽植时,苗根紧贴未破坏结构的土壤,有利用毛细管作用供给根系水分。

③栽植施工。栽植施工时先把苗木放入植穴,埋好根系,使根系均匀舒展、不窝根。然后分层填土,先把肥沃湿土填于根际四周,填土至坑深1/2时,把苗木向上略提一下,使根系舒展后踏实,再填余土,分层踏实,使土壤与根系接触紧密。穴面可依地区不同,整修成小丘状(排水)或下凹状(蓄水)。干旱条件下,穴面踏实后再覆一层虚土、撒一层枯枝落叶或盖地膜、压石块等,以减少土壤水分蒸发。带土坨大苗造林和容器苗造林时,要注意防止散坨。容器苗栽植时,凡苗根不易穿透的容器(如塑料容器)在栽植时应将容器取掉,根系能穿过的容器如泥炭容器、纸容器等,可连容器一起栽植,栽植时应注意踩实容器与土壤间的空隙。

4.2.2.5 植苗造林时间

为了保证造林苗木的顺利成活，需要根据造林地的气候条件、土壤条件、造林树种的生长发育规律，以及社会经济状况综合考虑，选择合适的造林时间。适宜的造林时间应该温度适宜、土壤水分含量较高、空气湿度较大，符合树种的生物学特性，遭受自然灾害的可能性较小。适宜的植苗造林时机，从理论上讲应该是苗木的地上部分生理活动较弱(落叶阔叶树种处于落叶期)而根系的生理活动较强，根系的愈合能力较强的时段。

(1) 春季造林

在土壤化冻后苗木发芽前的早春栽植符合大多数树种的生物学特性，因为一般根系生长要求的温度较低，如能创造早生根后发芽的条件，将对成活有利。对于比较干旱的北方地区来说，初春土壤墒情相对较好，所以，春季是适合大多数树种栽植造林的季节。但是，对于根系分生要求较高温度的个别树种(如香椿、枣树等)，可以稍晚一点栽植，以避免苗木地上部分在发芽前蒸腾耗水过多。对于春季高温、少雨、低湿的地区，如川滇地区，不宜在春季栽植造林，应在冬季或雨季。

(2) 雨季造林

在春旱严重、雨季明显的地区(如华北地区及云南)，利用雨季造林切实可行，效果良好。雨季造林主要适用于若干针叶树种(特别是侧柏、柏木等)和常绿阔叶树种(如蓝桉等)。雨季高温高湿，树木生长旺盛，利于根系恢复。但是雨季苗木蒸发强度也大，加之天气变化无常，晴雨不定，也会增大移植苗木根系恢复的难度，影响成活。因此，栽植造林成功的关键在于掌握雨情，一般以在下过一两场透雨之后或出现连阴天时为好。

(3) 秋季造林

进入秋季的树木生长减缓并逐步进入休眠状态，但是根系活动一般比地上部分滞后，而且秋季的土壤湿润，所以，苗木的部分根系在栽植后的当年可以得到恢复，翌春发芽早，造林成活率高。秋季栽植的时机应在落叶阔叶树种落叶后，有些树种(如泡桐)在秋季树叶尚未全部凋落时造林，也能取得良好效果。秋季栽植一定要注意苗木在冬季不受损伤，冬季风大、风多、风蚀严重的地区和冻拔害严重的黏重土壤不宜秋植。

(4) 冬季造林

我国北方地区冬季严寒，土壤冻结，不能进行造林。中部和南部地区温度虽低，但土壤一般并不冻结，树木经过短暂的休眠即开始活动，所以这些地区的冬季造林实质上可以视为秋季造林的延续或春季造林的提前。

4.2.3 分殖造林

分殖造林又称分生造林，是利用树木的部分营养器官(茎干、枝、根、地下茎等)直接栽植于造林地的造林方法。

4.2.3.1 分殖造林的特点及应用条件

(1) 分殖造林的特点

分殖造林的优点：可保持母本的优良性状；免去了育苗过程；施工技术简单，造林省工、省时、节约经费。

分殖造林的缺点：某些树种有时因多代连续无性繁殖，往往造成林木早衰、寿命短；受分殖材料数量、来源限制。

（2）分殖造林的应用条件

分殖造林主要用于能够迅速产生大量不定根的树种，而且要求较好的立地条件尤其是水分条件。

4.2.3.2 分殖造林方法与技术

分殖造林因所用的营养器官和栽植方法不同而分为插条（干）造林、埋条（干）造林、分根造林、分蘖造林及地下茎造林等多种方法。

（1）插木造林

插条造林和插干造林统称插木造林，是用树木的枝条和细干作插穗直接插于造林地的造林方法。成活的关键在于插穗能否生根。因此，该方法对造林地条件要求比较严格。插穗生根时，要求土壤水分、氧气和温度适宜，故要求造林地的土壤湿润疏松。在北方地区可选择地下水水位较高、土层深厚的河滩地、潮湿沙地、渠旁岸边造林，在南方地区多选择在阴坡、山谷或山麓地带造林。

①插条造林。是利用枝条的一段作插穗，直接插于造林地的造林方法。插穗是插条造林的物质基础，插穗的年龄、规格、健壮程度和采集时间对造林成败的影响很大。插穗的年龄因树种而异，一般用1~2年生枝条，应采自中壮年优良母树，插穗的规格一般要求在30~70 cm或更长，针叶树种的插穗一般长度为40~50 cm，采集时间选在秋季落叶后至春季放叶前；在干旱地区，应在造林前对插穗进行浸水处理，以提高插穗的含水量，增强抗旱能力，可大大提高成活率；插前要整地，深度因树种、立地条件而异，一般深一些对蓄水有利，插条外露1/3~1/2，在土壤水分较好的造林地上落叶树种可留5~10 cm；在较干旱地区全部插入土中；而在盐碱土壤上插条时，应适当多露，以防盐碱水浸泡插穗的上切口；在风沙危害严重的地方，地上可不露，一旦发生风蚀，插条就自然外露；秋季扦插时，为了保持插穗顶端不致在早春发生风干，扦插后要及时用土把插穗上切口埋住，以防水分蒸发。

②插干造林。又称栽干造林，是切取幼树树干或树木的枝直接插于造林地的造林方法，适用树种主要有柳树和杨树。为了提早成材或早日达到造林目的，常用此法进行块（片）状造林或"四旁"植树。插穗的规格一般采用2~4年生的苗干或粗枝，直径2~8 cm，长度视造林目的和立地条件而异，一般为0.5~3.0 m。高干造林的干长一般用2~3 m以上，栽植深度因造林地的土壤质地和土壤水分状况而异，原则上要使干的下切口处能满足其生根所要求的土壤湿度和良好的通气状况。一般为0.4~0.8 m，每坑栽插穗一根，填土踩实，过深则不利于生根，过浅则易遭干旱和风倒，栽植后为了防止损失水分过多，可在顶端切口处涂以沥青等。低干造林的干长一般为0.5~1.0 m以上，在河滩地造林时，如果单株栽植成活困难，每穴可栽2~4株，用方穴每角1株，以保证栽植点的成活率。

（2）埋条（干）造林和压条造林

切取树木的枝条或苗干，横埋于造林地的造林方法称为埋条（干）造林。有些树种如桑树和杞柳等，还可用压条造林，即将生长在母树上的枝条用土埋压一小段，促进生根的造林方法。生产上多用沟压法，即在母株附近挖沟，把生长在母株上的枝条弯曲埋在沟里，并用木叉等钉住，再用土把沟中的一段埋压住，使枝上部大部分露在外面，当枝条的被压部分生根后再截断使其与母树分离。压条造林成活率比插条造林高，但受材料来源所限，不便于大面积造林应用。

(3) 分根造林

分根造林是取一段树根直接插于造林地的一种造林方法。用于某些萌芽生根力强的树种，如泡桐、漆树、花楸树、刺槐、香椿、桑、相思树、樱桃等，其中尤以泡桐、漆树、花楸树、香椿等常用。根插穗可由秋季落叶后到春季造林前从健壮的母树根部采集，一般选取直径 1~2 cm 生长力旺盛的根系，截成长 15~20 cm 的根插穗，倾斜或垂直埋入土中，但要注意细头向下，粗头向上，上端微露并在上切口封土堆，防止水分蒸发。此法造林成活率高，生长也较健壮。

(4) 分蘖造林

分蘖造林是利用根蘖条进行造林的方法。有些树种的伐根基部和幼树的基部在与土壤接触处的地表以下，常萌发根蘖条，可挖取这些根蘖条进行造林，杉木、毛白杨、枣树、泡桐、香椿、樱桃、山楂、丁香等树种都可采用分蘖栽植，但由于根蘖条来源有限，且易由伤口感染心腐病，使用受到限制，不便于大面积栽植。

(5) 地下茎造林

地下茎造林是竹类的造林方法之一，是利用竹类地下茎在土壤中行鞭发笋长成竹林的特点进行分殖造林的方法。竹类地下茎一般分为单轴型、合轴型、复轴型三大类。单轴型为地下横走的竹鞭，其上有节，节上生根，称为鞭根，这一类型竹类又称散生竹。合轴型竹类没有地下横走的竹鞭，又称丛生竹。复轴型兼有以上两个类型的特点，又称混生竹。

散生竹主要靠鞭根蔓延繁殖，有移母竹、移根、移鞭造林等法。移母竹是从原有竹林中挖取母竹栽植于其他造林地，是应用最普遍的方法。移鞭造林是从成年竹林中挖取 2~5 年生鞭芽饱满的竹鞭进行造林。丛生竹用竹蔸、节上的芽造林。埋蔸是把挖出的母竹竹秆自地表以上 20~30 cm 处截断，利用余下部分(竹蔸)栽植，由竹蔸的芽发笋成竹。埋节是利用地上部分的竹节截成段，埋在深 20~30 cm 沟内，覆土压实的造林方法。

4.2.3.3 分殖造林的时间

分殖造林的造林季节和时间因具体的造林方法和树种、地区的不同而不同。

插木造林的时间与植苗造林基本相同，常绿树种随采随插，落叶树种随采随插或采条经贮藏后再插，有些地区可以雨季或冬季插植。

竹类造林的季节因竹种不同而异。散生竹造林一般适宜在秋冬季节，如毛竹最佳的造林季节是 11 月至翌年 2 月，此时竹子生长缓慢，气温不太高，蒸发量也较小，造林成活率高。早春发笋长竹的竹种(如早竹、早园竹、雷竹)，孕笋时间早，12 月小笋已长成，因此宜 10~12 月造林。4~5 月发笋长竹的竹种(如刚竹、淡竹、红竹、高节竹等)宜 12 月至翌年 2 月造林。梅雨季节移竹造林只适用于近距离移栽。埋节造林，偏南地区 2~3 月中旬，偏北地区可延迟到 4 月上旬。

本章小结

本章介绍了人工林造林整地技术和造林方法。造林整地是造林的一项非常重要的工序，是保证造林成活、树木发芽及出苗整齐的一项重要的技术措施。造林整地指在造林之前清除林地上的植被、采伐剩余物或火烧剩余物，并以翻垦土壤为主要内容的生产技术措施。造林整地内容包括造林整地的作用、造林地的清理以及造林整地的方式方法、造林整地的技术规格及确定、造林整地的时间。造林方法根据所使用的造林材料不同，可分为播种造林、植苗造林和分殖造林3种，还介绍了3种造林方法的特点、使用条件和造林技术。

复习思考题

1. 整地改善造林地立地条件的作用表现在哪些方面？
2. 简述造林地清理的概念、主要方式和方法。
3. 简述造林地整地的主要方式和方法。
4. 简述3种造林方法的特点及其适用条件。
5. 简述植苗造林的技术要求。
6. 简述播种造林的技术要求。
7. 简述分殖造林的类型。

第 5 章

森林抚育

森林抚育是造林后的一项重要工作,对于提高造林成活率和保存率、促进林木生长及早郁闭,最大限度发挥森林在生态环境保护和建设中的主体作用具有重要意义。为了实现森林培育目的而实行的各种人工作业称为森林抚育,森林抚育可以说是森林培育过程中的关键问题之一。森林抚育措施包括林地抚育、林木抚育、林分改造、封山育林、近自然经营等。

5.1 林地抚育

土壤是林木生长的基础,是水分、养分供给的基质。通过林地抚育,可以提高土壤有机质含量、疏松土壤、改善土壤通气透水性能,使土壤微生物活跃,土壤肥力提高,从而有利于林木根系对营养物质的吸收,能够有效促进林木生长。我国林地主要是山地,其次是丘陵、砂砾滩、平原、海涂及内陆盐碱地,这些林地大多土壤瘠薄,有机质含量低,偏酸或偏碱,不利于林木的生长。因此,除了在栽植前通过整地措施改良土壤的理化性质外,在造林后还要通过采取林地抚育措施改善土壤的水、肥、气、热等条件,从而提高林地的生产力。林地抚育的内容主要包括松土除草、灌溉与排水、养分综合管理、栽植绿肥作物及改良土壤树种、保护林内凋落物等。

5.1.1 松土除草

(1) 松土除草的目的

松土除草是幼龄林抚育最主要的一项技术措施。松土的目的在于:①疏松表层土壤,切断上下土层之间的毛细管联系,减少水分物理蒸发;②改善土壤的保水性、透水性和通气性;③促进土壤微生物的活动,加速有机物的分解。但是,不同地区松土的主要目的有明显差异:干旱、半干旱地区主要是为了保墒蓄水;水分过剩地区目的在于排除过多的土壤水分,以提高地温、增强土壤的通气性;盐碱地松土的目的是减少春季返碱时盐分在地表积累。

除草的目的:①清除与幼林竞争的各种植物。因为杂草不仅数量多,而且容易繁殖,适应性强,具有快速占领营养空间,夺取并消耗大量水分、养分的能力。②消除幼树根系生长的障碍。杂草、灌木的根系发达、密集,分布范围广,常形成紧实的根系盘结层阻碍幼树根系的自由伸展,有些杂草甚至能够分泌有害物质,直接危害幼树的生长。③减少病虫害对幼树的危害。一些杂草、灌木作为某些森林病虫害的中间寄主,是引起人工林病虫害发生和传播的重要媒介,杂草、灌木丛生处还是危害林木的啮齿类动物的栖息地。

(2)松土除草的年限、次数和时间

松土与除草一般同时进行,也可根据实际情况单独进行。湿润地区或水分条件良好的幼林地,杂草、灌木繁茂,可只进行除草(割草、割灌)而不松土,或先除草割灌后再进行松土,并挖出草根、树蔸;干旱、半干旱地区或土壤水分不足的幼林地,为了有效蓄水保墒,无论有无杂草只进行松土。

松土除草的持续年限应根据造林树种、立地条件、造林密度和经营强度等具体情况而定。一般多从造林后开始,连续进行数年,直到幼林郁闭为止。每年松土除草的次数受造林地区的气候条件、造林地立地条件、造林树种和幼林年龄,以及当地的经济状况制约,一般为每年1~3次。松土除草的时间须根据杂草、灌木的形态特征和生活习性、造林树种的生物学特性,以及土壤的水分、养分动态确定。

(3)松土除草的方式和方法

①松土的方式。松土的方式应与整地方式相适应,也就是全面整地时进行全面松土,局部整地时进行带状或块状松土,但这些都不是绝对的。有时全面整地时可以采用带状或块状松土;而局部整地也可全面松土,或造林初年小范围整地,而后逐步扩大整地范围,以满足幼林对营养面积不断增长的需求。松土的深度应根据幼林生长情况和土壤条件确定。造林初期,苗木根系分布浅,松土不宜太深,随幼树年龄增大,可逐步加深;土壤质地黏重、表土板结或幼龄林长期缺乏抚育,而根系再生能力又较强的树种,可适当深松;特别干旱的地方,可再深松一些。总的原则是:(与树体的距离)里浅外深;树小浅松,树大深松;沙土浅松,黏土深松;湿土浅松,干土深松。松土的一般深度为5~15 cm,加深时可增加到20~30 cm。

②除草的方法。除草的方法有人工除草、机械除草、生物除草、化学除草。目前,山地造林除草基本上采取手工操作,劳动强度大,工作效率低。平原造林虽然大多采用机械化作业,工作效率水平较高,但成本也较高。化学除草是利用除草剂代替人力消灭杂草,只要药剂选择得当,施用方法正确,化学除草效率高、成本低,可以节省大量劳力。

5.1.2 灌溉与排水

5.1.2.1 林地灌溉

(1)灌溉的目的

灌溉作为林地土壤水分补充的有效措施,已成为人工林管理的重要措施。灌溉对提高造林成活率、保存率,提早郁闭,加速人工林的生长具有十分重要的作用。灌溉能够改变土壤水势,改善树体的水分状况,促进林木生长;在土壤干旱的情况下进行灌溉,可迅速改善林木生理状况,维持较高的光合速率和蒸腾速率,促进干物质的生产和积累;灌溉能够使林木维持较高的生长活力,促进休眠芽的萌发,促进叶片的扩大、树体的增粗和枝条的延长,以及防止因干旱导致顶芽提前形成;在盐碱含量过高的土壤上,灌溉可以洗盐压碱,改良土壤。

鉴于我国目前林业生产的现状,只能对小部分的速生丰产林、农田防护林、"四旁"林及部分经济林进行灌溉。大面积的荒山造林,灌溉较困难,应通过径流蓄水保水等调节水分的措施来解决。

(2)灌溉水源、时间及水量

①灌溉水源。灌溉水源包括人工引水、人工集水和井水。

②灌溉时间。林地是否需要灌溉要根据土壤水分状况和林木对水分的需求情况来判断。幼林可在树木发芽前后或速生期之前进行,使林木进入生长期有充分的水分供应;落叶后是否冬灌可根据土壤干湿状况决定。

③灌水流量和灌水量。灌水流量是单位时间内流入林地的水量。灌水流量过大,水分不能迅速流入土体,造成地面积水,既恶化土壤的物理性质,又浪费用水;流量过小使每次灌水时间拉长,地面湿润程度不均。灌水量随树种、林龄、季节和土壤条件不同而异。一般要求灌水后的土壤湿度达田间持水量的60%~80%即可,并且湿土层要达主要根群分布深度。

(3)灌溉方法

①漫灌。漫灌工效高,但用水量大,要求土地平坦,否则容易引起地表冲刷和灌水不均。

②畦灌。土地整为畦状后进行灌水。畦灌应用方便,灌水均匀,用水节省,但要求作业细致,用工较多。

③沟灌。沟灌的利弊介于漫灌和畦灌之间。

④节水灌溉。节水灌溉用水少,水分利用率高,包括喷灌、微灌等方式。

5.1.2.2 林地排水

(1)林地排水的目的

土壤中的水分含量与空气含量是相互消长的。排水的目的:①减少土壤中过多的水分,增加土壤中的空气含量,促进土壤空气与大气的交流,提高土壤温度,促进好气性土壤微生物的活动;②促进有机质的分解,改善林地的营养状况;③使林地的土壤结构、理化性质、营养状况得到综合改善。

有下列情况之一的林地必须设置排水系统:①林地地势低洼,降水强度大时径流汇集多且不能及时宣泄,形成季节性过湿地或水渍地;②林地土壤渗水性不良,表土以下有不透水层,阻止水分下渗,形成过高的假地下水位;③林地临近江河湖海,地下水位高或雨季易淹涝,造成周期性的土壤过湿;④山地与丘陵地,雨季易产生大量地表径流,需要通过排水系统将积水排出林地。

(2)排水时间和方法

多雨季节或一次降雨过大造成林地积水成涝,应挖明沟排水。在河滩地或低洼地,雨季时地下水位高于林木根系分布层,则必须设法排水,可在林地开挖深沟排水。土壤黏重、渗水性差或在根系分布区下有不透水层,由于黏质土壤孔隙小,透水性差,易积涝成灾，必须设置排水设施。盐碱地下层土壤含盐高，会随土壤水的上升到达地表层，若经常积水，易造成土壤次生盐渍化，必须利用灌水淋溶。我国幅员辽阔，南北降水量差异很大，降水分布集中时期也各不相同，因而需要排水的情况各异。一般来说，南方地区较北方地区排水时间长而频繁，尤其梅雨季节应进行多次排水。北方地区7~8月多涝，是排水的主要季节。

排水分为明沟排水和暗沟排水。明沟排水是在地面上挖掘明沟，排除径流。暗沟排水是在地下埋置管道或其他填充材料，形成地下排水系统，将地下水降至要求的深度。

5.1.3 养分综合管理

(1) 林地施肥的目的

施肥是造林时和林分生长过程中，改善人工林营养状况和增加土壤肥力的重要措施。在人工林培育中施肥的原因在于：①用于造林的宜林地大多比较贫瘠，肥力不高，难以长期满足林木生长的需要；②多代连续培育某些针叶纯林，使包括微量元素在内的各种营养物质极度缺乏，导致地力衰退，土壤理化性质恶化；③受自然或人为因素的影响，归还土壤的森林凋落物数量有限，某些营养元素流失严重；④森林主伐（特别是皆伐）、清理林场、疏伐和修枝等营林措施，造成有机质的大量损失。对人工林进行施肥可使处于孤立状态下的苗木尽快郁闭成林，增强抵御自然灾害的能力；能够促进林木生长，提高林地生产力，减小造林初植密度和修枝、间伐强度。我国对于林地施肥的研究相比国外开始较晚，生产应用尚不普遍，一般仅限于小面积的经济林和速生丰产林。

(2) 林地施肥常用肥料

①有机肥料。是以有机物为主的肥料，如堆肥、厩肥、绿肥、泥炭（草炭）、腐殖酸类肥料、人粪尿、家禽粪、海鸟粪、油饼和鱼粉等。有机肥料含多种元素，故称完全肥料。由于有机质要经过土壤微生物分解才能被植物吸收利用，肥效慢，故又称迟效肥料。有机肥料施于黏土，利于土壤形成团粒结构，能改良土壤的通气性；施于沙土，既可增加沙土的有机质，又能提高保水性能，土壤有机质增加，有利于土壤微生物生活，使土壤微生物繁殖旺盛；有机肥料分解时产生有机酸，能分解无机磷。由于有机肥料所起的这些作用是矿物质肥料所没有的，所以，它是提高土壤肥力和林木生长量不可缺少的肥料。

②矿物质肥料。又称无机肥料，包括化学加工的化学肥料和天然开采的矿物质肥料。它的特点是大部分为工业产品，不含有机质，主要成分能溶于水或容易转化为可被植物吸收的部分，肥效快。大部分无机肥料属于速效肥料。

③微生物肥料。是一类含有大量活的微生物的生物性肥料，它本身并不含有植物生长所需的营养元素，而是以微生物生命活动的进行来改善植物的营养条件，发挥土壤的潜在肥力，刺激植物生长，抵抗病原物的危害，从而提高植物生长量。按其作用机理可分为固氮菌、磷化菌和钾细菌等各种细菌肥料和菌根真菌肥料。按微生物种类可分为细菌肥料、真菌肥料、放线菌肥料、固氮蓝藻肥料等。

(3) 林地施肥时间和施肥量

①施肥时间。施肥应该区分施肥时间和施肥时期。施肥时间如春季施肥和秋季施肥等。有效的施肥时间为林木生长旺盛期，即春季和初夏，此时施肥有利于根系吸收养分，

如杉木幼林施肥以春季最好。而施肥时期如幼林施肥、中龄林施肥和近熟林施肥等是根据林木生长发育阶段性进行的区分，这样区分更适合林木整个轮伐期的营养管理。林木在生长发育的不同阶段，对养分的需求强度是不同的。

②施肥量。施肥量可根据树种的生物学特性、土壤贫瘠程度、林龄和肥料的种类来确定。为了获得施肥的最佳效果，必须弄清树种在不同土壤对肥料的需求量、对氮磷钾比例的要求。但由于造林地的肥力差异很大，不同树种组成的林分吸收的养分总量和对各种营养元素的吸收比例也不相同，同一树种龄期不同对养分的要求也有差别，加之林分将吸收的一部分养分以枯落物形式归还土壤，使施肥量的确定相当复杂。最佳施肥量是指当施肥量超过一定范围后，林木生长量不仅不会增加反而会产生不利影响的施肥量。

(4) 林地施肥方法

林地施肥方法主要有施基肥和追肥。施基肥是指在造林前将肥料施入土壤。基肥要求深施，因为耕作层的湿度和温度有利于肥料分解，施肥深度一般以 15~17 cm 为宜。追肥分为撒施、条施、灌溉施肥和根外追肥等方法。

①撒施。是将肥料与干土混合后撒在行间，盖土并灌溉。撒施肥料时，严防撒到林木叶子上。

②条施。又称沟施。把肥料施在沟中，既可液体追肥也可干施。液体追肥是指先将肥料溶于水，再浇于沟中；干施时，为了撒肥均匀，可先用干细土与肥料混合后再撒于沟中，最后用土将肥料加以覆盖。

③灌溉施肥。肥料随同灌溉水进入田间的过程称为灌溉施肥。滴灌在灌水的同时能够准确而且均匀地将肥料施在林木根系附近，被根系直接吸收利用。灌溉施肥不仅可以节省肥料的用量和控制肥料的入渗深度，而且可以减轻施肥对环境的污染。

④根外追肥。又称叶面追肥。根外追肥是把速效肥料溶于水中施于林木的叶面。根外追肥的优点在于效果快，能及时供给林木所需的营养元素。

5.1.4 栽植绿肥植物和土壤改良树种

(1) 栽植绿肥植物和土壤改良树种的目的

在林地上栽植绿肥植物和土壤改良树种，能起到增进土壤肥力和改良土壤的作用。常用的绿肥植物(如紫云英、苕子、草木樨等)和土壤改良树种(如紫穗槐、赤杨、木麻黄等)多具有固氮能力。绿肥植物及改良土壤树种，其作用是增加土壤养分，提高土壤含氮量；它们的根系入土较深，可以吸收底层土壤的养分，分泌的酸性物质可以溶解某些难溶性无机养分供植物利用；改良土壤性质，当它们的残体翻耕入土后，可以增加土壤腐殖质，调节土壤酸碱度，改善土壤的物理性质，防止土壤的冲刷和风蚀。

(2) 栽植方式

先在贫瘠的无林地上栽植绿肥植物或对土壤有改良作用的树种，使土壤得到改良后再造林。也可在造林时种植绿肥植物，绿肥植物与造林树种混作或间作。还可在主要树种或喜光树种林冠下混植固氮作物或小乔木，以提高土壤肥力。

5.1.5 保护林内凋落物

林内的凋落物层是林木与土壤之间营养元素交换的媒介，是林木获取营养的重要源泉。林内凋落物对林木的作用：①凋落物分解后，可以增加土壤营养物质的含量；②保持土壤水分，减少水土流失；③使土壤疏松并呈团粒结构；④缓和土壤温度的变化；⑤在空旷处和疏林地可以防止杂草滋生。因此，林内的凋落物可以较好地提高土壤肥力，促进林木生长，维持森林生态系统平衡。

林内的凋落物储量随林分的不同而不同。针叶林的凋落物现存量普遍高于阔叶林，但是针叶林凋落物所含养分低于阔叶林。阔叶林内凋落物对改善土壤营养状况具有重要作用，应保护好林内的凋落物。在营林中，可以通过营造针阔混交林或林下发展灌木层来提高林内的凋落物，禁止焚烧或耙取林内凋落物。应及时将凋落物与表土混合，以促使其加速分解并释放养分，这在寒冷地区尤为重要。

5.2 林木抚育

5.2.1 幼林林木抚育

5.2.1.1 幼林林木抚育技术

幼林林木抚育是指在幼林时期对苗木、幼树个体及其营养器官进行调节和抑制的各种措施，主要措施包括间苗、平茬、修枝、接芽等。林木抚育的目的在于提高幼树形质，促进幼树更好地向培育目标方向发展，迅速达到郁闭，保证幼树迅速生长，增强林分的稳定性。

(1) 间苗

间苗是间除播种造林或丛植造林过于稠密的幼苗或林木。采用播种造林或丛植造林后，随着苗木或幼树的生长，植株对生活空间需求越来越大，幼林全面郁闭之前首先达到穴内郁闭，植株丛生，初期生长良好，但随着年龄的增长，每个栽植点或一个植生组中，由于个体多，营养面积和营养空间不足，因而引起幼树分化，生长受到抑制，为了改变这种状况，就需要通过间苗调节群内密度以保证优势植株的正常生长。

间苗的具体时间、强度和次数应根据幼树的生长状况及密集程度而定。在立地条件较好地方的速生喜光树种，间苗时间一般可在造林后2~3年，强度可大些；反之，可以晚些间苗，推迟到造林后6~7年，强度也应小些。间苗可按照"去劣留优"并适当照顾距离的原则在初冬或早春进行。间苗的次数要按具体情况而定，在劳力较充裕、立地条件较差、树木生长缓慢时，最好分两次进行间苗定株，但立地条件好，生长快的也可只间苗1次。

(2) 平茬和除蘖

平茬是利用树种(主要是阔叶树种)的萌蘖能力，保留地径以上小段主干，截去其余部分，使其长出新茎干的抚育措施，当幼树的地上部分由于某种原因(机械损伤、霜冻、风折及病虫害等)而生长不良、失去培育前途或在造林初期，当苗木失去水分平衡而可能影响成活率时，都可进行平茬。经平茬后，幼树能在根茎以上长出几根至十几根生长迅速、光滑、圆直的萌蘖条，应在生长季节的中、后期选留其中较壮的作为培育对象，余者全部除掉，一般用于1~2年生的人工幼林。

平茬还可以促进灌木丛生，使其更快发挥护土遮阴的作用。因此，在栽植后2~3年进行平茬可使幼林提前郁闭，防止杂草蔓延，既有利于保持水土，又可获得一定数量的编织条子和薪材。混交林为了调节种间关系，保护主要树种生长不受压制，也可对相邻的伴生树种或灌木进行平茬。平茬一般在春季进行，要求截口必须平滑。有些树种萌蘖性很强，常从根颈部长出许多萌蘖条，丛状并长，严重影响主干生长。为了促进林木速生，保证主干圆直，须将多余的萌蘖条剪掉。采用截干苗造林时，可在栽后1~2年的早春或秋末进行除蘖，使单株只保留一个主干。

(3) 修枝和摘芽

人工幼林阶段一般不进行修枝，但在自然生长情况下，有些时候往往主干低矮弯曲，侧枝粗大且多，影响材质，需要进行修枝。通过修枝适当地控制树冠的生长，可以改善林分通风透光条件，提高树干质量，加速干材生长，缩短成材的年限并可减少病虫危害，还可获得一定数量的薪材及嫩枝饲料和肥料，增加短期收益。

摘芽是修枝的另一种形式，为了改善树干质量而摘除部分侧芽的一种抚育措施。阔叶树(如泡桐等)在造林后当年或第二年开始摘芽，保留主干顶部的一个壮芽，摘除部分侧芽。针叶树种(如松树等)从造林后第3~5年开始，摘除主干梢头的侧芽，连续进行3~5年。摘芽应在春季侧芽已伸长抽枝，但茎部尚未木质化前进行。

5.2.1.2 幼林保护

造林后到幼林郁闭前要严格封禁，做好防火、防病虫鸟兽害以及抗旱、防冻(寒)等工作。

(1) 封禁保护

人畜破坏包括不合理的樵采、放牧及滥伐等，对人工幼林的危害极大，尤其在人类活动比较频繁的地区，人畜破坏现象更为突出。为了防止人畜破坏，除在造林设计时充分考虑当地实际情况，合理统筹安排土地，划分山林权属外，还要大力宣传和贯彻落实《森林法》，组织护林机构，加强幼林巡视保护，做好当地群众的思想教育工作，发动群众封山育林、爱林护林、保护幼树顺利成林。

(2) 防火

由于人工林多在交通便利、人类活动相对频繁的地区，防火十分重要。要建立严格的防火管理制度，做好宣传工作，同时开设防火线，配置必要的防火工具，加强巡逻瞭望，严防幼林发生火灾。

(3) 防治病虫鸟兽害

贯彻"以防为主，积极消灭"的方针，在造林设计和施工时充分预测估计病虫鸟兽害发生的可能性，并采取相应的预防保护措施，如营造混交林、设置隔离带、拌种等。同时建立健全森林病虫害防治机构，加强预报工作。要严格林木种苗检疫制度，确定种苗检疫对象，划定疫区和保护区，防止危险性病虫害的传播和蔓延。

(4) 抗旱、防冻(寒)

在干旱、半干旱地区造林时，有时幼树易受寒、旱危害，所以，造林要尽量选择抗性强的树种或品种。对苗期不耐寒的树种及易受生理干旱的树种，可采取埋土、覆草、包扎和平茬等措施。在湿润、半湿润或土壤黏重的地区造林时，为了防止冻拔、霜冻等灾害，可采取保土防冻整地措施，及时进行扶正、踏实、培土。

5.2.1.3 造林检查和验收

为了确保造林质量,要根据造林施工作业设计逐项检查验收。幼林检查是造林施工单位及其上级机关,每年秋冬季对上一年秋季和当年春季新造幼林和补植造林进行的检查,以判定造林的成活率,评定林木生长情况和造林质量,分析成败原因,以便改进造林技术,推广先进经验以及拟订补栽和抚育措施。

(1) 幼林成活率

采用样标准地(样地)法或标准行(样行)法检查造林成活率。成片造林面积在 10 hm² 以下,样地面积应占造林面积的 3%;10~30 hm²,应占 2%;30 hm² 以上,应占 1%。护林带应抽取林带总长的 20% 进行检查,每 100 m 检查 10 m。样地和样行的选择实行随机抽样。山地幼林调查的内容应包括不同海拔、部位、坡度、坡向的植苗造林和播种造林情况。每穴中有一株或多株幼苗成活均作为成活一株(穴)计算。造林平均成活率按以下公式计算,平均成活率一般为整数或保留一位小数。

$$\text{平均成活率} = \frac{\sum \text{小班面积} \times \text{小班成活率}}{\sum \text{小班面积}} \tag{5-1}$$

$$\text{小班成活率} = \frac{\sum \text{样地(行)成活率} \times \text{样地(行)面积}}{\sum \text{样地(行)面积}} \tag{5-2}$$

$$\text{样地(行)成活率} = \frac{\sum \text{样地(行)成活株(穴)数}}{\sum \text{样地(行)设计株(穴)数}} \tag{5-3}$$

(2) 幼林评价

①合格标准。平均降水量在 400 mm 以上地区及灌溉造林,成活率在 85% 以上(含 85%);年均降水量在 400 mm 以下地区,成活率在 70% 以上(含 70%)。

②补植。年均降水量在 400 mm 以上地区及灌溉造林,成活率在 41%~85%(不含 85%);年均降水量在 400 mm 以下地区,成活率在 41%~70%(不含 70%)的幼林要及时予以补植。

③重造。经检查确定,造林成活率在 41% 以下(不含 41%)时,要重新造林,凡是造林成活率低于 41% 的新造幼林,要列为宜林地重新造林。

在调查成活率的同时,还要调查苗木死亡和种子不萌发的原因,以及病虫鸟兽害情况和人畜破坏情况等,以积累造林经验。

(3) 幼林保存面积和保存率检查

人工造林后 3~5 年,成活已经稳定,此时要核实幼林保存面积和保存率。一般是上级林业主管部门根据造林施工设计书和检验标准,对幼林保存面积、保存率、抚育管理和林木生长情况组织检查,将其结果记入档案。当幼林达到郁闭时,可划归为有林地,列入有林地资源范畴。

(4) 补植

应按照原设计树种种植大苗,必要时可重新整地。播种造林补植,可由苗多的穴内移苗补植。补植的目的不仅在于提高造林成活率,而且关键在于使补植的植株能在生长上赶上原来成活的植株,否则,补植的植株很容易成为被压木,造成林冠不整齐,形成过早分化等不良后果,降低林分生产率,起不到补植应有的作用。补植必须及时,第一次补植一般在造林后第二年春季或其他有利季节进行。当补植机会已错过,无法使同一树种通过补苗赶上成活植株的生长时，也可用速生或稍耐阴的其他树种苗木进行补植。为了避免补植时苗木运输费工，并使苗龄与幼林一致，可以在局部密植，在抚育过程中如发现缺苗，可随时就近带土起苗补植，这样不仅成活率高、生长快，而且经济、省工。有条件的地方，采用专门培养的容器苗补植，效果更好。

5.2.2 成林林木抚育

成林林木抚育是对人工林的组成、密度及其林木个体的生长发育进行管理和控制，包括人工修枝、抚育间伐、采伐更新及低价值人工林的改造，目的是最大限度发挥森林的生态防护功能和经济效能。

5.2.2.1 人工修枝

人工修枝主要应用于人工林的幼龄期和壮龄期，其目的、方法、原则及注意事项与幼林抚育的修枝基本相同。

5.2.2.2 抚育间伐

(1) 抚育间伐的目的

从幼林郁闭起到主伐前一个龄级为止，为促进留存林木的生长进行的采伐称为抚育伐，又称间伐或抚育间伐。其作用是：①调整混交林林分组成，淘汰非目的树种，为目的树种迅速生长创造良好的条件；②调整纯林林分密度，保证留存木具有合理的营养空间；③缩短林木培育期，增加单位面积的生产量，改善林分卫生状况，增强林木对各种自然灾害的抵抗能力；④提高森林的各种防护效能。

进行抚育间伐是与森林自然稀疏的客观规律密切相关的。林木在生长发育过程中，到一定阶段，由于对营养物质的竞争会在植株大小和生长势上产生分化，并最终导致某些生长落后林木的死亡，这种随年龄增长林木株数不断减少的现象称为自然稀疏。所以，抚育间伐的实质以人工稀疏代替自然稀疏，为优良的留存木创造足够的营养空间。

(2) 抚育间伐技术

一般将森林抚育间伐分为除伐、疏伐和卫生伐3类。除伐的目的是在混交林幼林除去非目的树种。疏伐的目的是调整纯林林分密度，伐除部分株数。卫生伐的目的是改善林分卫生状况，伐去一些病虫害木。森林抚育间伐的方式及其强度因树种和立地条件不同而异。

①选择砍伐木。这关系林分环境的改变、林木生长、采伐强度和经济防护效益。选择砍伐木时需考虑林木分级、树木干形品质（防护林还需考虑林冠的冠幅和枝叶的茂密程度）、病虫害状况等。做法有两种：一种是重点放在某些优良木单株生长，从较早时期便选定优良木，并对它们进行标记，一直保留到最终采伐（主伐）；另一种是重点放在全林分生长上，即在每次采伐时重新选择保留木。以上两种做法，前者多用于用材林特别是大径材培育上，后者多用于防护林培育。

②采伐强度。即采伐木株数占伐前总株数的百分比或伐木蓄积量（或胸高断面积）占伐前蓄积量（或胸高断面积）的百分比。采伐强度因树种生长特性、林种及立地条件而定，水土保持林、水源涵养林及立地条件差的林分，宜采用较小的采伐强度，一般小于25%，否

则，郁闭度迅速下降且不易恢复，会严重影响防护效能。用材林及立地条件好的林分可大些，但一般不要超过40%。

③采伐时期。包括抚育间伐的开始时期、两次采伐之间的时间间隔期、抚育采伐的结束期，时期确定因树种及抚育间伐种类而异。

5.2.2.3 采伐更新

人工林成林生长到某一成熟年龄（防护林为防护成熟龄，即超过此龄防护效能开始持续下降）时，要进行采伐，称为主伐，主伐后清理采伐迹地和森林更新。

(1) 主伐方式

按照一定的空间配置和时间顺序，对成熟林分进行采伐。培育森林的目的在于不断生产木材和发挥森林的多种效益，但当森林达到某种年龄后，林木生长减缓、材质下降、防护效能减弱，在此情况下应及时采伐，培育新林，主伐方式可分为：

①皆伐。即将伐区上的林木一次全部伐除或几乎全部伐除，俗称"剃光头"。皆伐作业简单，便于机械作业，有利于林分改造和采用新树种造林，适用于人工更新，但容易引起水土流失、干旱和沼泽化，而破坏森林的防护作用。故此法多用于用材林，防护林一般不采用皆伐，某些防护林（如水源涵养林和水土保持林）甚至禁止皆伐。

②渐伐。是在较长时间内（通常为一个龄级）分数次将成熟林分逐渐伐除的主伐方式。渐伐的目的是使林木逐渐稀疏，防止林地突然裸露，造成水土流失或环境恶化，分阶段伐除，逐渐实现伐前更新。采用渐伐，环境条件变化小，天然更新（也可人工更新）比较有保证，适用于自然条件不良的防护林和风景林，但采伐技术和组织工作复杂，不利于机械作业，成本高。

③择伐。是在一定地段，每隔一定时期，单株或群状采伐达到一定径级或具有某一特征的成熟林木的主伐方式。择伐应严格按照"采小留大，去劣留优"的原则进行，择伐对森林环境改变小，易于维持森林生态系统稳定，适于山地防护林，特别是水土保持林和水源涵养林，但采伐技术难度大、成本高。

(2) 林下地被的保护及采伐迹地清理

在正常条件下，采伐作为森林经营的必然过程，对林地造成的扰动是难以避免的，这在生态脆弱的水土流失地区或坡度较大的山区可能导致严重的水土流失，甚至难以恢复森林更新。这种扰动的产生除森林本身减少外，更重要的原因包括：①伐倒后拖拉、搬运原木时对林地植被及土层的破坏；②修筑集材道引起林地土壤和植被的严重扰动；③采伐时由于人或机械的踩踏和碾压，使林地表层土壤趋于紧实，导致渗透力下降。因此，应通过采伐迹地的清理，做好林下地被的保护工作。

采伐迹地清理是森林采伐、集材后，对迹地留下的枝杈、梢头、废材等采伐剩余物以及影响更新的藤条、灌木等进行清除的技术措施，又称伐区清理。对于促进森林更新，消灭病虫害，防止发生火灾和提高土壤肥力有重要的意义。采伐迹地清理的方法有运出、就地利用、堆积、撒铺和火烧。在水土流失地区，如果清理方法不当，可能造成大量的水土流失。最好的办法是撒铺，撒铺就是将剩余物截成长 1 m 以下的小段，均匀撒铺或带状平铺于地面，任其腐烂，有利于防止水土流失。

(3) 森林更新

森林更新是森林采伐后通过天然或人工方法，使新一代森林重新形成的技术措施。森林更新通常分为天然更新和人工更新。天然更新是通过天然下种或伐根萌芽、根系萌蘖等形成新林，能充分利用自然力，节省劳力和资金，通常用于交通不便、人口稀少地区的森林更新。防护林中的水源涵养林往往位于河流上游，人工更新条件差，故常用此法。人工更新是指采用人工栽植的方法更新形成幼林，方法同造林。小流域的防护林若条件许可，应尽可能采取人工更新。人工更新时间短、成林快、质量高，但投资也高，有时可将天然更新和人工更新结合起来，以节省劳力和资金。

水土保持人工林成林抚育在林木各生长期有着不同的特点。幼壮龄林期，林木高、径生长都很旺盛，尤以高生长为快，称为高生长阶段。由于高、径和材积的增长，树冠不断扩大，逐渐形成相互挤压的现象，此时应开始进行第一次抚育间伐，伐去一些生长矮小和相互影响生长的树木，伐后要保持林木间距大致相等，抚育强度为20%~30%。中龄林期，高生长放慢，直径生长开始加快，称为直径生长阶段。因为林木生长要求有较大的营养面积，此时应进行第二次抚育间伐，伐去生物量小、生长不良及有病虫害的林木，抚育强度30%~40%。近熟龄林期，林木高生长很慢，直径仍有一定的生长，林分生长要求更多的林地空间，此期林木除受特殊灾害外很少死亡，主要伐去生长落后和生长不良的树木，抚育强度为30%~40%。成熟龄林期，林木高、径生长放慢，甚至停止生长，防护效能下降，此时应采取主伐更新，从水土保持角度考虑，禁止采用皆伐，而应采取渐伐或择伐。

5.3 林分改造

5.3.1 林分改造的概念和目的

低效林是指由于林分密度低下、树种组成不合理、蓄积量低下和生长能力退化而难以达到培育目标的林分。我国天然林和人工林中存在大量低质低效林，这类林分的稳定性差、质量差、价值低，导致林地空间利用率低下、生产力低、生态服务功能脆弱，亟须进行改造提升。

林分改造就是对组成、林相、郁闭度与起源等方面不符合经营要求的产量低、质量差的林分进行改造的综合营林措施，目的是使其转变为能生产优质木材和其他产品，并能发挥多种生态效能的优良林分。

低效林改造可以增强森林防灾减灾能力，恢复森林的防护功能；改善林分结构，提高物种多样性和森林生态系统的稳定性；促进林木的快速增长，提高林木蓄积量；实现在保障生态防护效益的基础上兼顾经济效益，充分利用经济杠杆带动农民参与森林经营的积极性。此外，在应对全球气候变化的形势下，低效林改造可以提升森林的固碳能力，是增加生物碳汇的重要途径。

5.3.2 低效林及其分类

低效林可以定义为：受人为因素或自然因素的影响，林分结构和稳定性失调，林木生长发育衰竭，系统功能退化或丧失，导致森林生态功能、林产品产量或生物量显著低于同类立地条件下相同林分平均水平的林分总称。森林的低效和高效是相对的，是森林生态经济系统中的对立统一体。人类经营中某一林分的系统功能取决于人类活动对自然、经济规律的认识和应用程度。

根据起源的不同，低效林可分为低效人工林和低效次生林。

低效人工林：人工造林及人工更新等方法营造的森林，因造林或经营技术措施不当而导致的低效林。

低效次生林：原始林或天然次生林因长期遭受人为破坏而形成的低效林。

根据经营目标的不同，低效林可分为低效防护林和低质低产林。

低效防护林：以发挥森林防护功能为主要经营目的且功能显著低下的林分。

低质低产林：以林产品生产为主要经营目的且产量和质量显著低下的林分。

5.3.3 低效人工林的形成与改造

5.3.3.1 低效人工林的形成

低效人工林形成的原因可以分为以下4种：

(1) 造林树种选择不当

由于造林的立地条件不能满足造林树种的生物学和生态学特性的要求，人工林生长不良，难以成林成材。对这类低价值人工林，一般应根据"适地适树"原则，更换树种，重新造林，还可利用当地适宜的速生型树种进行嫁接，采用复合农林的方式进行改造。

(2) 整地方式过于粗放，栽植技术应用不当

整地过程中，如果不把土壤中杂草、灌木的根系挖除或整地太浅、松土面积太小，会影响幼树生长。造林时，如果栽得过浅，培土不够或覆土不实，不但降低保存率，而且会严重影响林木生长。上述原因形成的低效人工林在改造时应着眼于林地管理，清除杂草，松土，培土，深翻施肥，使林木恢复生长势。可以去掉生长极差的幼树，栽植大苗或更换树种。

(3) 造林密度偏大或保存率过低

如果造林密度过大，营养面积与生长空间不能满足幼树的需要，将导致林木生长不良，易遭病虫害与其他自然灾害的危害。如果林木保存率低则林分长期得不到郁闭，难以抵抗不良环境条件与杂草、灌木的抑制。

对于密度过大的林分，应尽快进行抚育间伐，并且结合松土，使生长衰退的幼林得以复壮。间伐时最好清除萌芽力强的树种的根，以免萌生的枝条与林木争夺水分和养分。保存率小的人工林应加以补植，在大块空地上补栽原有树种，小块空地补栽耐阴树种，补植后要采取合理的抚育措施。

(4) 缺少抚育或管理不当

造林后不及时抚育或抚育过于粗放，经营管理不当，幼树则生长孱弱或受破坏。

5.3.3.2 低效人工林改造技术

(1) 留优去劣，间伐补植

采用近自然林经营方法，首先选择和保护林分主林层和林下幼树层中的优良林木作为目标树，然后伐除质量低劣且影响目标树生长的林木(干扰树)，调整林分质量，并在林下按群团状原则补植其他混交树种以改善树种组成和林分结构，从而实现林分改造目标。

(2) 深翻土壤

在生产上广泛应用。松土的时间，北方地区以雨季前为好，南方地区最好在秋、冬季。深松土的适宜深度，北方地区一般为 20~25 cm，南方地区为 30~40 cm。深松土的间隔期一般为 3~4 年，但在间隔期内还应每年进行 1~2 次一般性土壤管理。

(3) 开沟埋青、施肥

此方法在杉木林区常用。开沟本身就是一种深翻改土的措施，而埋青是一种以肥促林的改造手段，因此能有效增加林木根量，尤其在表层 40 cm 处细根量明显增加。这可促进地上部分的生长，使"小老树"返老还青。开沟埋青的做法，是在行间挖开宽 50~60 cm 的壕沟，先将表层 30 cm 的土壤挖出置于一旁，再在沟底松土 20~30 cm，然后在其上撒放青草、杂肥，最后将表土填回沟内。

(4) 平茬复壮

对于因缺乏管护，遭受人畜破坏而形成的低价值人工林，如果树种具有较强的萌芽能力，常采用平茬的方法去除顶芽受伤的老枝（并伐除上方遮蔽）来促进新枝快速生长。树木平茬后，可大大加速林木生长。

(5) 封禁林地

离居民点近的中幼林，由于过度放牧、过度整枝、过度耙取枯枝落叶和任意砍柴等活动，形成低价值次生林，应尽快封禁，制止破坏活动，如能辅以其他育林措施，则能较好地恢复地力，提高林分生产力。

此外，还可采取适度修枝、及时除蘖、实行林粮间作等多种措施，可在一定程度上将低产、劣质的林分改造为高产、优质的林分。

(6) 其他措施

对于飓风、暴雪等自然灾害和病虫害等造成的低效人工林，应根据森林的受损状态制定合理的抚育措施，如清理风倒木、林窗下补植、喷施农药和伐除病虫害严重的林木等，以保证人工林朝高效、高价值的方向发展。

5.3.4 低效次生林的形成与改造

5.3.4.1 低效次生林的形成

次生林在树种组成、林分结构、起源、生长状况等方面与原始林相比，有着很大的差别。低效次生林形成的原因分为以下 4 种：

(1) 树种组成较单一

次生林是在原始林破坏后形成的次生裸地上发生的，而次生裸地的环境条件只适合于少数喜光阔叶树种生长，因而次生林的树种组成较单一，尤其体现在初始阶段。

(2) 年龄小、年龄结构变动大

由于次生林是原始林遭受破坏后产生的或次生林反复进行采伐后重新形成的，因而大多数次生林的年龄较小，林分的年龄结构相差甚大。虽然在撂荒地、火烧迹地或皆伐迹地上发生的未遭破坏的初始次生林多为同龄林，但是，经过反复破坏（单株或群状砍伐过）的次生林则常为异龄林。

(3) 生长迅速、衰退较早

由于次生林多为喜光树种，而且萌生较多，因此林木生长迅速，生长率较大，但是衰退得早，寿命也短。

(4) 林分分布不均匀

由于原始林被破坏的原因、时间以及破坏的程度不同，使形成的次生林群落内部以及群落之间常常出现林木分布不均匀的状况。有的单株散生，有的呈簇式或群团状生长，而且在林内还常见一些大小不一的空地。

5.3.4.2 低效次生林改造技术

为了使低效次生林能更好地发挥森林的防护功能，提高生长量，提供更多的木材与林副产品，必须对它们进行改造，通过调整林分组成，加大林分密度，提高林分的利用价值和林地的利用率，使这些林分变低产为高产，变劣质为优质的林分。低效次生林改造的技术包括：

(1) 林分改造

这一措施适用于非目的树种占优势而无培育前途的林分或大多数林木难以成材的林分。目的在于改变主要组成树种、改变林分状况。该方法一般适用于地势平缓或植被恢复快、不易引起水土流失的地方。根据改造面积可分为全面改造和块状改造。全面改造的面积不得超过 10 hm^2，块状改造面积控制在 5 hm^2 以下。

(2) 林冠下造林

这一措施一般适用于林木稀疏、郁闭度小于 0.5 的低价值林分。在林冠下进行播种或植苗造林，提高林分的密度。林冠下造林成功的关键是选择适宜的树种。引入的树种既要与立地条件相适应，又要能与原有林木相协调。

(3) 抚育间伐、伐孔及林窗造林

这是一种将抚育间伐与空隙地造林相结合的方法。这种方法适用于郁闭度大，但组成树种一半以上属于经济价值低劣，而目的树种不占优势或处于被压制状态的中、幼龄林；适用于小面积林中空地、林窗或主要树种呈群团状分布，平均郁闭度小于 0.5 的林分，以及屡遭人为或自然灾害破坏，造成林相残破疏密不均，尚有一定优良目的树种的林分。

(4) 带状采伐，引进优良树种

这一措施主要应用于立地条件好，由非目的树种形成的低效次生林。改造时把要改造的林分带状伐开，形成带状空地，在带内用目的树种造林，待幼树长大再逐次将保留带伐完。这种改造方法能较好地保持一定的森林环境，减轻霜冻危害；侧方遮阴有利于幼苗、幼树的生长；施工较容易，便于机械化作业。

(5) 综合改造

在设计改造措施时应因林制宜，采取不同的措施。有培育前途的中、幼龄林应进行抚育间伐，在稀疏处或林中空地造林；对成熟林首先皆伐利用，而后造林。对于镶嵌性强、目的树种数量多但分布不均、郁闭度较小的林分将抚育、采伐、造林结合进行。

5.4 封山育林

封山育林是我国传统的恢复森林植被的方法,也是一种近自然营林方式。《中国林业百科全书·森林培育卷》将其定义为"以封禁为基本手段,促进新林形成的措施。即把长有疏林、灌丛或散生树木的山地、滩地等封禁起来,借助林木的天然下种或萌芽逐渐培育成森林"。封山育林是遵循森林演替的动态变化规律,利用树木的自然繁殖能力(林木天然更新能力),以封禁为主要手段,辅以人工促进措施,使具有天然下种或萌芽(萌蘖)更新能力的疏林、灌丛、采伐迹地、荒山荒地,以及其他林地(低效有林地、灌木林、散生木林地、无立木林地、残林迹地或其他迹地、宜林地)恢复或发展为森林或灌草植被,提高森林质量的一项技术措施。

与人工造林相比,封山育林用工少、投资少、见效快、效益高、技术便于掌握、易形成结构合理的植物群落,是植被恢复的有效途径。

5.4.1 封山育林的作用

封山育林能使纯林逐步发展为混交林,单层林变为复层林,疏林变为密林,形成多样化的森林体系,从而实现地力的恢复和森林多种效益的发挥,具体表现为影响区域景观格局变化过程、增加森林植被覆盖、促进生物多样性保护、控制森林病虫害发生、改良土壤与维持地力、提高森林水土保持能力、促进森林演替与天然更新等。

(1) 影响区域景观格局变化过程

长期封山育林后,景观要素类型的主要变化是斑块破碎、消失、合并、扩大或缩小;斑块形状趋于规则;森林岛数量增加,总面积加大,景观形状指数降低;灌草群落向灌木林、天然林等转化;裸岩优势度值下降,总面积减小;幼龄林形成近熟林,疏林形成密林,散生林形成疏林或密林,灌木林地和宜林荒山经人工造林形成人工林。这反映了封山育林对景观格局变化过程的影响,表现长期封山育林使景观森林化的必然趋势。

(2) 增加森林植被覆盖

保护母树,促进天然更新,可促进灌草群落、天然林地向天然林转化;同时,通过采取人工补植或补播等措施,使林分郁闭度明显提高,灌草盖度明显增加,森林覆盖率显著增加,有利于水土保持。

(3) 促进生物多样性保护

封山育林阻止了人类对林地植被的破坏,为物种创造了休养生息的空间,因此可显著提高生物多样性。灌木和草本植物在封育初期即可迅速恢复,个体数和种数均明显增加。乔木树种在较短时期内种数增加,长期封山育林后群落演替趋向顶极阶段,地带性树种占据优势。此外,封山育林区鸟类、昆虫和其他动物的种类和个体数均随封育时间的延长逐渐增加。

(4) 控制森林病虫害发生

封山育林保护了森林植被,可促使林冠尽快郁闭,早日形成稳定的混交森林环境,进一步提高害虫天敌的寄生率,因而对森林病虫害的控制作用更加强烈。

(5) 改良土壤与维持地力

经过封山育林，林地的枯落物得到保护并不断积累；枯落物腐烂分解后能形成有机质，可显著提高土壤肥力。研究表明，枯落物的养分储量、枯落物养分含量、枯落物分解率、土壤腐殖质中胡敏酸与富里酸含量的比值等，均呈现随演替进展方向而升高的趋势。

(6) 提高森林水土保持能力

封山育林使植被恢复，增加了枯落物储量，改变了土壤结构状况，增强了林分的水源涵养和水土保持作用。此外，封山培育的森林多为混交复层群落，其根系在地下也组成了立体结构，能充分利用不同土层中的水分和养分，提高了森林的水土保持能力。

(7) 促进森林演替与天然更新

通过封山育林，最终可形成多种植物组成的顶极群落或稳定性较强的混交次生林。由于封山育林顺应植物进展演替规律，植物（森林）在环境作用下，经过长期适应和物竞天择，都能形成一定的顶极群落，至少可恢复到多树种混交的次生林；在深山、远山还可能完全恢复到顶极群落。

封山育林对更新树种种源的质量、苗木和林木生长状况也有明显影响，表现为种子的千粒重、发芽率、发芽势、后期苗木生长势均以封禁年限较长的林分中的林木种子为高。此外，相同年龄的林分，封山育林比人工直播造林在树高、地径生长上也具有显著优势。

5.4.2　封山育林技术

5.4.2.1　封山育林的原则

根据《全国封山（沙）育林技术规程》（GB/T 15163—2018）要求，封山育林应遵循以下原则：以生态效益为基础，生态、经济和社会效益兼顾；合理处理近期效益和长期效益的关系；宜封则封，以封为主，封、造、管并举，乔灌草相结合；合理规划，分区制定封育措施；适地适树，以乡土树种为主，形成混交林；在干旱瘠薄山地上，以草灌为主。

5.4.2.2　封山育林的条件与对象

(1) 封山育林的条件

封山育林应具备两个基本条件：一是自然条件。封山育林地应具备更新潜力，林地内有母树均匀分布，或有萌芽萌蘖的伐根，或有生长良好的幼苗，或可飞播或飞籽下种等，以便通过植株萌芽或天然下种恢复植被；当地的水热条件能满足自然恢复植被的需要，或者通过配合封山采取其他相应的生物措施或工程措施，能够为迅速恢复植被创造条件。二是社会条件。封山育林应在人少、交通不便的地方实施，防止人为干扰。

(2) 封山育林的对象

根据保持水土、涵养水源、防洪固沙等方面的作用以及经济效益，选择迫切需要恢复的森林，而且封山后能依靠天然下种和伐根萌芽恢复成林的山地作为封山育林对象。主要包括：名胜古迹、自然保护区、森林公园辖区范围内的林业用地；列入天然林保护工程实施方案的无林地、疏林地、灌木林地；现有郁闭度为 0.2~0.5，树种单一，结构简单，效益低下，主导功能目标不明确的低效人工林和群落结构遭受严重破坏的天然次生林；过陡的山坡、岩石裸露或植被一旦遭到破坏就难以恢复的林地。

5.4.2.3 封山育林的类型

(1) 按照培育目的和目的树种比例划分

按照培育目的和目的树种比例，可划分为以下 5 种类型：

①乔木型。因人为干扰而形成的疏林地和在乔木适宜生长区域内，达到封育条件且乔木树种的母树、幼树、幼苗、根株占优势的无立木林地、宜林地。

②乔灌型。其他疏林地和在乔木适宜生长区域内，符合封育条件但乔木树种的母树、幼树、幼苗、根株不占优势的无立木林地、宜林地。

③灌木型。适宜生长灌木，符合封育条件的无立木林地、宜林地。

④灌草型。立地条件恶劣，如高山、陡坡、岩石裸露、沙地或干旱地区的宜林地。

⑤竹林型。符合毛竹、丛生竹或杂竹封育条件的地块。

(2) 按照封育方法划分

为了使封、造和管有机结合，因地制宜进行封山育林，可将封育按照封育方法划分为以下 3 种类型：

①封禁类型。天然(次生)植被生长状况较好、地块比较偏远、人和牲畜活动难以到达的地块；坡度较大、有一定的灌木而且人工造林(补植)比较困难的地块划分为封禁类型。封禁类型因受自然条件限制，无法进行人工干预，对其实施封禁管护，避免任何人为干扰，使其自然地恢复为森林。

②封育类型。母树、幼树、幼苗的数量能达到自然更新目的且分布均匀的地块，或立地条件较差、人工造林比较困难、有一定灌木覆盖的地块划分为封育类型。封育类型通过人工措施培育保护母树、幼树、幼苗，促进母树下种结实和幼树、幼苗生长，促进林分提早郁闭。

③封造类型。立地条件好，植被稀少，缺乏母树和幼树、幼苗的地段划分为封造类型。此类型依靠天然更新比较困难，通过采取人工造林措施，在不破坏原有植被条件下进行补植、补种，以迅速提高植被盖度。

5.4.2.4 封山育林的方式

根据不同的封育目的和当地的自然、社会、经济条件，封山育林分为以下 3 种方式：

(1) 全封

全封(死封)是指在较长时间内(一般 3~5 年或 8~10 年)将封山育林区彻底封闭，禁止除实施育林措施以外的各种生产、生活活动。全封适合于人烟稀少的边远地区、高山、水源涵养区、防风固沙林和风景林、水土流失严重和恢复植被较为困难的地区。

采取全封方法必须经过调查研究，区划出若干地段作为群众必需的生产生活空间。具体做法：①设置围栏。在牲畜活动频繁的地区，采用布设刺丝、石料垒墙、开沟挖壤等方法设置机械围栏，或栽植有刺乔、灌木设置生物围栏，进行围封。②设置标志。在封禁区的周边明显处，如主要山口、沟口、河流交叉点、主要交通路口等，树立永久性标牌、立牌公示。③人工巡护。根据封护面积和人畜危害程度，设专职或兼职护林员进行巡护，必要时可在沟口和林区要道设卡。

(2) 半封

半封又称活封，即将封山育林区封闭起来，平时禁止入山，到一定季节(一般为休眠期)开山,在保证林木不受损害,不影响森林植被恢复的前提下,有计划组织采樵、放牧和副业生产等多种经营活动。半封适用于封育用材林、能源林等。采取半封既有利于育林,也顾及了山区村民的经济利益,适用于人烟稠密的近山、低山。在封育用材林、能源林以及有一定目的树种生长良好、林木覆盖度较大的地区小班内可实行半封。

(3) 轮封

轮封是指在具备封山育林条件的地方,分区划片轮流进行全封或半封。在不影响育林和水土保持的前提下,根据当地群众需要,在开封的地段有计划地组织各种生产、生活活动,从而达到恢复植被的目的,适用于培育能源林。轮封间隔期一般为2~3年或3~5年。

5.4.2.5 封山育林的时限

根据立地条件,母树、幼苗幼树、萌蘖根株等情况,可按以下类型确定相应的封育年限:乔木型,6~8年;乔灌型,5~7年;灌木型,4~5年;灌草型,2~4年。

5.4.3 封山育林调查规划设计

封山育林要经过较长时期才能充分发挥出各种效益。所以,在开展封山育林之前,必须进行全面的调查规划设计。封山育林调查规划设计指在封山育林之前,首先对育林区的自然条件和社会经济条件进行调查,然后根据调查结果确定封育对象、方式、起止界限、面积、管护人员、投资来源、收益分配办法等,并绘制规划设计图,编制规划设计说明书。

5.4.4 封山育林的组织实施与档案的建立

5.4.4.1 封山育林的管护措施

封山育林的管护措施主要包括:开设防火线;设立护林哨所;设立护林瞭望台;修筑道路;建立通信网;设置围栏;设置标志;人工巡护;宣传教育,宣传林业方针政策及开展封山育林的意义;健全组织和制度,订立公约。

5.4.4.2 封山育林的培育措施

根据成林过程,封山育林的培育措施有:林分郁闭前,主要是为天然下种、萌蘖、萌条创造适宜的土壤水分条件和光照条件,促进及早郁闭,其方法有间苗定株、整地松土、补植、补播等;林分郁闭后,主要是促进林木旺盛生长,达到速生丰产,方法有修枝、平茬、成林抚育间伐等。

5.4.4.3 封山育林的检查验收

按封山育林规划设计检查年度完成情况,包括封育范围、面积、类型、林种、树种、植被生长情况、组织机构、承包合同、责任制、护林队伍、乡规民约、林木保护和管护设施等。

达到设计封禁年限时,对封山育林总体成效进行检查验收。须按规定因子进行全面调查并填写验收调查统计表,绘制封山育林验收图。各项因子全部合格的,发放验收合格证,记入有林地资源。有一项因子未达到设计要求的,不予验收,应继续封育,直到全部因子达到标准时方可通过验收。

5.4.4.4 封山育林档案的建立

为了解封育区的情况，要在封育区按类型和小班及时记载封育前的自然状况、社会经济状况、封山育林规划，封育后采取的封育措施和经营活动情况、科学试验材料、年度完成情况、投入和产出情况、检查验收结果、水土保持效益与经济效益等封山效果以及有关图表资料，及时汇总整理，立档归案，永久保存，以备检查验收和总结经验。

5.5 近自然森林经营

近自然森林经营理论起源于德国。1898年，盖耶尔（Gayer）首先提出了"接近自然的林业"理论，认为应按照森林的自然规律来经营森林。这是一种顺应自然的计划和管理森林的模式，基于森林从自然更新到稳定的顶极群落这样一个完整的森林发育演替过程来计划和设计各项经营活动，优化森林的结构和功能，持续利用与森林相关的各种自然力，不断优化森林经营过程，从而使受到人为干扰的森林逐步形成近自然状态的森林经营模式。

5.5.1 近自然森林经营的基本原则

（1）目标树乡土性

目标树是林分中能够代表主要的经济、生态和文化价值，通过精心培育，能实现森林经营终极目标的林木。在选择目标树时，应以乡土树种为主，也可以引进适应当地条件的外来树种。但从近自然森林经营的角度看，最好选择乡土树种。

（2）林分结构稳定性

经过经营的林分结构应该是稳定、健康、混交、能够实现持续的演替。

（3）经营措施自然性

结合经营目标，尽可能运用自然力经营森林，如更多地考虑应用天然更新。

5.5.2 近自然森林经营的目标

近自然森林经营的目标实质上是追求经济效益最大化，在考虑经济目标的同时兼顾生态目标，充分发挥森林的多功能性。近自然森林经营并不排斥木材生产。与传统森林经营理论相比，近自然森林经营理论认为只有实现最合理的近自然状态的森林才能实现经济效益最大化，经济效益与生态效益之间是一种良性互促的关系。

5.5.3 近自然森林经营技术

近自然林经营的技术主要包括确定抚育林分、确定目标树、确定目标树密度、确定干扰树，以及目标树周围的除草、割灌、疏伐和对目标树的修枝、整枝等抚育技术。

（1）确定抚育林分

近自然林经营技术多用于培育大径材、珍贵用材的森林或定位为长期发挥生态效益的林分，不仅适用于人工林，也适用于天然林，特别是天然次生林。

(2) 确定目标树

目标树可以单株，也可以 2~3 群团状保留。目标树的确定：第一阶段，可通过修枝，即在幼林时期通过自然整枝或人工修枝适当去除枝芽，调节林分郁闭度，为目标树的确定创造条件；第二阶段，选出目标树，定期疏伐，伐去影响目标树生长的干扰树，调节密度，为目标树生长创造良好空间，以扩展树冠空间和加速直径生长。目标树选择时间必须介于两个阶段之间。目标树确定后应做好标记，然后以目标树为核心对象进行培育。

(3) 确定目标树密度

对于阔叶树，目标树与同层冠幅及高度类似的相邻树木的最佳距离为实际胸径的 25 倍。在这个距离内，同冠层的竞争性林木都应伐除，下层林木则不伐除。如以目标胸径至少 40 cm 计算，目标树的株距至少应为 10 m。针叶树达到成熟时，主干与树冠的比例应该各占 1/2。

(4) 确定干扰树

干扰树是指直接对目标树生长产生不利影响的且需要在近期利用的林木。应在树干做出明显标记，采取择伐方式采伐利用。距目标树很近，树冠却处于目标树下方并没有影响目标树的正常生长且采伐后不能用材的林木不宜作为干扰树。

(5) 施工作业

施工作业应以小班为单位，按下列顺序进行：

①作业调查设计。制订抚育过程计划、确定目标树密度等。

②林木分类标记。标记目标树和干扰树。

③抚育间伐施工。按照标记进行抚育间伐，不错砍、不漏砍，正确掌握倒向，尽量避免碰伤目标树，尽量降低伐桩高度。

④其他作业要求。参照《森林抚育规程》（GB/T 15781—2015）相关规定执行。

德国森林经营实践表明，近自然森林经营理论的根本目标是获取经济收益，但通过持续、科学地开展近自然的多目标森林经营，能够同时获得良好的经济效益和生态效益。在我国对木材与生态需求持续扩大的背景下，近自然森林经营体系为我国森林经营提供了可行的途径。

本章小结

森林抚育是通过改善林木的生长环境和对林木个体的管理为林木生长提供有利条件。本章主要内容包括林地抚育、林木抚育、林分改造和封山育林。林地抚育的主要内容包括松土除草、施肥、灌溉与排水、栽植绿肥植物和改良土壤树种、保护林地凋落物等。林木抚育的内容包括幼林林木抚育和成林林木抚育，其目的都是为林木生长提供有利条件。林分改造主要介绍了低效人工林和低效次生林的改造技术。封山育林作为森林形成的重要培育措施，主要介绍了封山育林的管理和技术措施。近自然森林经营介绍了近自然森林经营的基本原则、经营目标，并介绍了近自然森林经营的技术措施。

复习思考题

1. 简述森林抚育的概念和内容。
2. 简述林地抚育的基本内容。
3. 简述幼林抚育的基本内容。
4. 简述造林检查和验收的评价标准。
5. 简述成林林木抚育的基本内容。
6. 简述低效人工林改造的主要措施。
7. 简述低效次生林改造的主要措施。
8. 简述封山育林的作用及使用条件。
9. 简述封山育林的主要方法及特点。
10. 简述近自然森林经营的原则、目标和技术措施。

第 6 章

集水造林技术

水资源紧缺一直是限制干旱、半干旱地区和山区发展的"瓶颈"。进入 21 世纪，发展中国家还有 8 亿人口没有安全可靠的饮水供应，13 亿人缺少符合要求的饮用水。地下水的超量开采，使地下水位逐年大幅度下降。印度南部海岸平原，地下水位自 1965 年以来下降了 30 m。我国西北干旱、半干旱地区地下水位在以每年 0.25~0.60 m 的速度下降。在可利用水资源接近枯竭的同时，世界干旱、半干旱地区的大面积耕地还在"靠天吃饭"，农林业生产受到极大限制。2003 年，我国西南地区遭遇了历史上罕见的干旱，其中云南局部地区在 5~7 月的雨季近 70 d 滴雨未降；2005 年，四川南部和云南全省又遭遇了 50 年不遇的旱灾，大量作物无法下种栽苗，云南筹措 3000 万元应急资金用于抗旱，调集全省有关部门各级干部参加抗旱救灾第一线工作，但对于缺乏水源的山区小流域却力不从心。与此同时，这些山区耕地遇到暴雨则产生严重水土流失，2005 年 6 月，云南抚仙湖畔一小流域 40 min 内降水 46 mm，在农地监测径流场产生了场降水 2000 t/km^2 的土壤侵蚀强度。因此，旱灾频繁山区的小流域综合治理应该以水为源，从降水资源的合理利用和调控配置上拓展思路。

6.1 集水的含义和集水系统分类

6.1.1 集水的含义

Myers(1975)对集水作了定义，他认为："集水是从一个为了增加降雨和融雪径流而处理过的区域收集水的实践活动。"该定义表明了集水措施包含着产流、收集、贮存方法及对水的利用。所采取的方法完全取决于当地条件、对水的利用目的和所选择的材料，例如，当在干河床阶地发展农业或在微型集水系统中植树时，用薄膜材料集水、开采地下水、用水坝蓄水或其他方式都决定着产流、收集和贮存的方式方法。

6.1.2 集水系统分类

农林业集水系统有小、中、大 3 种尺度：小尺度的集水系统为微型集水系统(micro water-harvesting, MCWH)，中尺度的为微区域集水系统(micro-area water-harvesting, MAWH)，大尺度的为小流域集水系统(watershed water-harvesting, WSWH)。

(1) 微型集水系统

微型集水系统即为就地拦蓄、就地入渗的初级集水系统,微型集水区和入渗池(坑)是该系统的两个基本组成部分。在入渗池(坑)中可以栽植一株树、一丛灌木或一年生作物。根据这一特点,微型集水系统有等高蓄水沟集水、隔坡带状种植、等高带状种植等几种类型。微型集水系统的主要优点是有高的径流率,在每年雨季收集大量的雨水入渗到土壤内,进行一年生浅根性植物与多年生深根性木本植物混植,既可大幅度增加生物产量,又可有效利用贮存的土壤水分。系统内作物单位面积产量较高但总产量却比较低,这主要是由于单位面积土地上的种植面积较小,然而,在水和陆地缺乏的沙漠地区,采用微型集水系统能使植物高效利用水分。利用隔坡梯田使地表径流在梯田面富集和叠加,以补充梯田内植物需水量的不足,生长季梯田土壤平均含水率比坡耕地提高 18.03%~25.81%。农田微型集水种植技术是一种地块内集水农业技术,通过在田间修筑沟垄,垄面覆膜,作物种在沟里,使降水由垄面向沟内汇集,可改善作物水分供应状况,提高作物产量。但微型集水系统所收集的水被贮存在土壤层中,不具备时间上的水分调节功能,由于土壤断面蓄水容量有限,在降水补给地区的旱季还是没有充足的水分供应,不能起到"丰水旱补"的作用,因而其单独使用的效果不理想,尤其在间歇性干旱十分明显、雨季水分过多反而导致土壤积水黏重的地区不能单独使用。

(2) 微区域集水系统

微区域集水系统是利用具有一定面积($100~1000 \text{ m}^2$)的微区域坡面建立集水区收集地表径流,用水渠等输水系统将径流引向地面贮水设备蓄集,在植物需要水分时用管道引向种植区作物的根系分布层进行直接利用。印度典型的微区域集水系统是在流域的坡面以 $0.75 \text{ m} \pm 0.2 \text{ m}$ 的垂直间距、$0.4\% \pm 0.2\%$ 的比降筑垄开沟,形成沟垄网络,将坡面分割成 $0.75 \text{ hm}^2 \pm 0.5 \text{ hm}^2$ 的小区,在沟垄的末端修建蓄水池,为旱季所利用。在我国北方地区,集水区采用路面、院落、硬化处理的坡面、温室棚面、公路沥青路面、沟渠+水窖集水、屋顶庭院+水窖集水,用薄壳水泥窖、涝池、塘坝等贮水,以喷灌、微喷灌和滴灌为主,间歇灌溉、补充灌溉为辅,以及"坐水种"、点浇保苗、灌关键水相结合的技术体系,同时辅以秸秆覆盖措施,发展大棚温室。但对于自然产流率较高的地区,集水坡面不采用人工处理,更有利于集水坡面的植被恢复。例如,山东安口小流域稳渗率变化范围为 $0.06~0.17 \text{ mm/min}$,径流系数达 0.46,有利于利用天然径流场集水发展雨养农林业。比较黏重的土壤更适合于采用自然坡面作为集水区。微区域集水系统使雨季相对充足的降水得到更有效的利用,对降水资源具有较强的时空调控能力,适合于我国南方地区的气候、地形和土壤特点。但上述的微区域集水系统仅仅是部分技术的应用,没有在流域水平上对生态系统进行分类,也没有对微区域集水系统的技术体系进行合理配置。而微区域集水系统应该对单项技术进行有机集成,使其更具有系统性、实用性和可操作性。目前,微区域集水系统在国内外还没有被系统和广泛地应用。

(3) 小流域集水系统

小流域集水系统是包括区域范围较大的集水系统,一般以一个坡面或一个小流域为单元进行集水、蓄水和利用。流域集水区收集地表径流,贮存在地面水库,常用于家畜饮水或农地灌溉。印度 Khadin 集水系统与我国"淤地坝"相似,是将山坡地表径流和所冲刷的土壤拦蓄在低洼沟谷的水坝中，在坝未淤满之前进行灌溉等方面的利用，淤满之后则可种植农作物或造林，土壤肥沃、水分状况良好。小流域集水系统从流域坡面集水，在地面水库蓄积的水量要比土壤断面层多，使有限的水在时间和空间上更合理地分配以便有效利用。但具有小水库的小流域集水系统涉及的范围较大，水库及蓄水系统的一次性投资大，只能用于经济能够承受或有外部投资的地区。但是，对于水土流失较为严重的退化小流域，流域坡面是泥沙的主要策源地，采用小流域集水系统不能阻止坡面的水土流失，并且水库的淤积将很快使其失去蓄水能力。

综上所述，集水系统应该有 3 个共同的特征：①应用于具有间歇性径流的干旱、半干旱地区。地表径流来源于降水或季节性流出的地下水。由于径流历时短暂，贮存是集水系统中必需的组成成分。②由于水源主要是地表径流、小溪流、泉水和渗出水等当地水，所以集水系统不包括大型水库和地下水开采设施。③集水系统在集水面积、蓄水容积和投资上的规模都比较小。根据以上特征，大尺度的集水系统事实上不属于集水系统，应该属于小型水利工程设施，小尺度的集水系统仅仅是微区域集水系统的部分技术，不能代表集水系统。微区域集水系统符合上述特征，是典型的集水系统。

6.2　微区域集水系统的结构、特点和功能

6.2.1　微区域集水的系统结构

微区域集水系统充分体现了分区治理思想和斑块交错结构理论，在同一小流域首先划分出自然恢复区和利用性恢复区，在利用性恢复区形成微区域集水系统的主体结构，即集水区、蓄水设备和水分利用区，集水区以自然恢复模式为主，水分利用区以利用性恢复模式为主，种植经济植物，产生经济效益。自然恢复区、集水区、水分利用区相互交错，形成典型的斑块交错结构，符合景观生态学原理和群落结构理论，结构稳定，功能完善。微区域集水系统为间歇性干旱地区的水土保持生态修复提供了技术路径。微区域集水系统是典型的集水系统，它不仅从小流域的角度体现了系统性，而且对各种集水单项技术进行了有机集成，体现了综合性，并且每一系统包括范围较小，具有灵活性和操作性。

6.2.2　微区域集水系统的特点

6.2.2.1　具有斑块镶嵌结构

建立微区域集水系统首先要在小流域水平上对系统进行合理配置。小流域系统的基本单元是各生态系统类型斑块，建立微区域集水系统的目的是对各类斑块在系统中进行优化组合，将不同的斑块类型确定在合理的空间位置，实现小流域系统镶嵌结构中各斑块功能的稳定运行。根据小流域范围内的地形条件确定建立微区域集水系统的小流域由作物生产区、经济林果生产区和系统隔离防护区 3 类生态系统类型组成，并对组成小流域系统的 3 种斑块类型进行因地制宜的空间优化组合，即将坡度较缓、具备农作物和经济作物生长条件的地段划分为作物生产区，进行粮食作物和经济作物生产，保证当地居民的基本生活；将较陡的、不适合作物生长的地段划分为经济林果生产区，依靠山区热量充沛、光照充足的气候资源优势和发展特色果品的产业优势，为当地居民增产增收；将脆弱地带（沟道、

陡坡等)视为系统隔离防护区,可以依靠生态系统的自然修复能力,采取人工诱导措施促进脆弱地带的植被恢复,通过对这些地带的植被恢复,在小流域系统与农业生态系统之间形成防护植被,实现对农业生态系统的隔离防护,这样在小流域系统中形成生态系统相互交错的斑块镶嵌结构,各生态系统的功能互补,形成结构合理、功能稳定、关系协调的小流域生态经济系统。

退化小流域山地要形成上述的斑块镶嵌结构,在水分利用区种植经济作物和经济林,需要解决旱季的水分短缺问题。间歇性干旱山地降水时空分布不均,旱季气温高且持续时间长,成为山地经济林和经济作物正常生长和结实的限制因子。具有水分时空调节功能的微区域集水系统在解决山地农业缺水问题中表现特殊的功效,这主要是由微区域集水系统的内部结构所决定。微区域集水系统对降水在时空上进行再分配,有效收集雨季径流,在旱季和间歇性干旱期对经济林和经济作物进行水分补给,促进结果结实。根据退化山地系统的结构对集水区、蓄水设备和水分利用区进行合理配置,并通过集水区的集水效率、蓄水设备的可利用性和水分利用区的水分生产率来衡量微区域集水系统结构的合理性。该系统既可通过对降水在时空上的再分配实现经济林和经济作物的旱季水分补给,又可以通过完善的截(排)水系统有效防止水土流失,保护山地农业生态系统,实现山区小流域的可持续发展。

6.2.2.2 单项集水技术的集成

为了实现微区域集水系统对降水资源的调节利用,根据山区小流域系统的斑块镶嵌结构对集水区、蓄水设备和水分利用区进行合理配置,只有对集流、截流、导流各个环节的技术进行有机组合,才能形成完成的集水系统。

(1)集水组合技术

微区域集水系统的集水技术是实现水分调节利用的关键技术之一。该系统充分利用降水资源,对地表径流进行有效拦截,将拦截地表径流有效导入蓄水设备而不产生水土流失的关键在于集水技术的合理性。退化小流域山地系统的3种斑块类型均可充当集水区,但以山地系统的隔离防护区为主,将各分区所产生的地表径流通过完善的截水沟系统引入集流主沟,然后导入蓄水设备,在水分利用区进行节水灌溉利用。鉴于南方地区自然产流率较高(20%~40%)的特点,在小流域系统隔离防护区采取对原地表破坏小、简单易行的小规格集水技术,开挖小规格的截留沟,拦截系统内部的地表径流,既可避免在集水中对原地表的较大干扰造成水土流失,能降低成本,又在拦截地表径流的同时达到了水土保持的目的。在生产区则利用人工配置的截(排)水沟系统进行集水,能够起到了集水和水土保持的双重目的。

(2)导流组合技术

为了给水分调节利用提供有利条件,通过系统隔离防护区和生产区的截(排)水系统、人工集流主沟,在微区域集水系统中形成了完善的导流系统。人工集流主沟将集水区与蓄水设备相连,截(排)水沟系统将拦截的地表径流引入集流主沟,然后导入蓄水设备,在水分利用区进行节水灌溉利用。

(3)土地整理组合技术

①集水区土地整理技术。系统隔离防护区是微区域集水系统的主要集水区,该集水区

一方面收集地表径流,另一方面通过对地表径流的拦截防止因地表径流冲刷造成水土流失。对系统隔离防护区的土地整理组合技术主要通过等高线状整地配置土质截水沟,拦截坡面径流入人工顺坡集流主沟至蓄水设备,尽量减少对系统隔离防护区的扰动,促进该区域的植被恢复。

②生产区土地整理技术。生产区既是种植区又是集水区,在作物生产区和经济林果生产区进行等高带状整地,形成具有拦截泥沙径流的水平阶(台),并配置完善的排水系统,防止径流冲刷农地产生水土流失,将径流经排水系统引入集流主沟至蓄水设备。

(4)水分利用技术

山区小流域系统的地形条件复杂,生产条件普遍较差,水分利用技术既要考虑克服不良的自然条件,又要考虑提高生产力水平,必须充分利用山地地形条件,因地制宜、因势利导,多种灌溉技术相结合,充分利用降水资源,提高水分利用效率。根据山地的地形特点,充分利用自然高差,实现自流灌溉,并通过小罐渗灌、地下渗灌、滴灌等节水灌溉技术的综合应用达到对水分的高效利用。

6.2.2.3 具有灵活性和可操作性

小流域山地微区域集水系统所采用的集水、土地整理和水分利用技术均比较简单易行,每一套微区域集水系统所涉及的山地面积不大,系统的规格较小,一般集水区面积为 $100\sim1000\ m^2$,蓄水设备容积为 $10\sim30\ m^3$,水分利用区经济林数量为 $50\sim60$ 株、经济作物面积 $100\sim200\ m^2$。不同地区可根据蓄水设备的有效容积、降水量和产流率对集水区面积进行调整。该系统可以供给(滴灌)植物水分以度过连续无降水的旱季和间歇性干旱期,避免严重干旱胁迫对植物的危害。集水区不论是系统隔离防护区还是生产区,所采取的集水技术均十分简单,便于操作。因此,从技术角度,微区域集水系统既适用于一家一户,也适用于小流域综合治理,具有极强的灵活性和可操作性。

6.2.3 微区域集水系统的功能

(1)生态协调功能

在利用集水系统解决干旱问题时,为了获取规模效应,普遍注重大规格集水和蓄水技术的应用。如大型集雨工程的集雨面积在 $2000\ m^2$ 以上,包括集雨、输水、蓄水、灌溉和其他用水系统,其集雨系统为专用集雨场,一般以混凝土、铺砖水泥接缝和沥青等覆面,收集的雨水洁净、清澈,不需要配置沉沙池、拦污网、消力池等辅助设施,需要在集雨场周围建设 $2\sim3$ 个容积 $100\ m^3$ 以上的蓄水池。这种大型集水工程存在几方面与小流域水土保持生态修复不相适应的问题。一是大的蓄水池施工难度大、成本高,受地基的影响很大,可能由于地基的不均匀沉降产生裂缝,一旦有质量问题将难以维护处理。二是集水面的硬化处理不符合生态学原则,建设集雨工程的目的是建立可持续发展的山地农业,可持续发展的山地农业不仅体现在农田水平,还体现在山地各生态系统结构上的有机组合和功能上的相互补充,理想的山地农业结构应该是森林生态系统、草地生态系统和农田生态系统在平面上的镶嵌分布,森林和草地生态系统不仅可以改善局部的农业小气候,防止不良的气象灾害对农田生态系统的影响,而且是很多农作物害虫天敌的寄宿场所,有助于减轻病虫害对农田生态系统的威胁;反之,山地农田生态系统极有可能产生水土流失,尤其在坡耕地土壤侵蚀量极大，由于镶嵌分布森林和草地生态系统，农田生态系统所产生的高含沙径流可以在森林和草地被过滤，不仅防止了农田水土流失，而且对提高森林和草地的土壤肥力极为有利。

（2）水文生态功能

当进行农业开发利用的山区坡面遇上连日暴雨时，不但引起土壤冲蚀和山崩，更易造成径流集中，使洪峰径流量大幅增加，导致下游地区严重洪水及泥沙灾害。利用微区域集水系统贮集降水，对径流进行循环利用，能起到很好的防洪减灾作用，同时还可以将贮集下来的降水进行其他利用，有水资源保育的作用。凡集水系统都具有一定的水文生态功能。利用各种集水技术在集水区上游大量贮集、截留雨水，增加土壤孔隙率及孔隙直径，增加水分渗入及贮存，减少地表径流、降低洪峰流量、抑制泥沙输出、净化水质及增加土壤水的贮留量、滞留量和地下水量。使降水无法直接冲蚀地表，加强了坡地水土保持的功能，进而达到防洪的效果。微区域集水系统由于对降水资源的合理分配和利用，改善了非生物环境，不仅促进植被的进展演替过程，而且体现极强的水文生态功能。雨季，通过其完善的集水、土地整理和截（排）水系统拦截地表径流，促使土壤水分的垂直渗透，增大了地表径流的土壤水分转化率，使土壤水分的垂直运动速率和垂直方向的土壤水分通量增加。研究表明，在集中降水后，微区域集水系统水分利用区土壤水分垂直运移速率明显比自然坡面大，在场降雨 40 mm 以上的大雨后，水平阶的土壤水分垂直运动速率大，为 10~15 cm/d。通过拦截大量地表径流，增加入渗量，微区域集水系统的集水区斑块和水分利用区斑块能分别将 90% 和 89% 以上的地表径流转化为土壤水分，促进了地表径流与土壤水分的循环转化，而自然坡面的降水转化率只有 22%。

（3）协调山区保护与发展之间的关系

山地农业普遍存在"靠天吃饭"的现实问题，广种薄收，土地生产力低下，其根本原因是在降水时空分布极为不均、旱季气温高且持续时间长的不利条件下，没有对天然降水实现资源化利用。该系统既可通过降水在时空上的再分配实现经济林果木和经济作物的旱季水分补给，提高山地农业的土地生产力水平，又可以通过完善的截（排）水系统有效防止水土流失、保护山地农业系统，实现山地农业的可持续发展，协调保护与发展之间的关系。

微区域集水系统是以调节地表径流为基本方式，以经济型生态建设为基本目标，以解决生态建设与农民增收之间矛盾为基本思路的新型水土保持生态修复技术。其结构的科学合理性、技术体系的实用性和可操作性、功能的完善性和持续性决定了微区域集水系统在山区水土保持生态修复中必将发挥巨大的作用。

6.3 微区域集水系统的技术要点

微区域集水系统利用的水源全部为坡面径流，集水区全部为自然坡面和坡耕地。有条件时也可以选择撂荒地和道路作为集水区。南方地区的土壤以黄壤、红壤、砖红壤为主，黏粒含量高，自然产流率在 30% 以上，大雨情况下达 50% 以上，为了在工程建设中不破坏自然地表、不影响农业生产，微区域集水系统的集水区全部采用自然坡面，不进行任何处理。

截留等高反坡阶是集水区拦截坡面径流、防止土壤侵蚀、收集径流的关键技术，在坡耕地上布设，既不能影响农业生产，又能有效收集径流和防止水土流失，同时，等高反坡阶的宽度能保证在上面种植农作物和牧草。以下几个要素是截留等高反坡阶设计必须考虑的。

①宽度。为了保证在等高反坡阶种植农作物、牧草以及植物篱，其水平宽度为1.2~1.5 m，宽度过大，反而不利于径流收集。

②反坡角。为了防止水平阶拦截径流外溢造成冲刷，保证等高反坡阶具有一定的蓄渗能力，水平阶必须整理成外高内低的反坡，反坡角以5°为宜。

③横坡比降。截留等高反坡阶的功能不仅是截留降水，还应能够拦蓄泥沙和蓄渗径流，减小径流流速，所以必须保持水平，在等高方向不能有坡比。

④植物种植。阶面可以种植与农田相同的农作物和牧草，外缘种植以经济灌木为主的植物篱。

微区域集水系统建设施工要注意以下方面：

①集水工程施工前必须进行详细的地质勘察和方案论证，科学选定施工地点，为此需搜集水文地质资料，以便施工中采用相应的技术措施，达到集水设计要求。

②在选定位置和施工方案后，根据现场情况，修建导流槽。导流槽一般1套微区域集水系统布设1条，垂直于等高反坡阶。导流槽选用砖砌结构，断面尺寸30 cm×30 cm，混凝土铺底10 cm，侧壁为单砖砌筑，上缘与地面相平。

根据南方地区的土层、气候特点，蓄水设备形式选择应考虑以下方面：

①蓄水工程包括进水口、蓄水(窖)池、出水口及管理附属设施，主要起贮存作用；蓄水工程的形式主要选用水窖；水窖形状为圆柱形，底部形状为锅底形，防渗材料为水泥砂浆防渗，被覆方式为软被覆式。

②建筑材料主要为砌砖石和现浇混凝土，底部为现浇混凝土。圆形水窖直径一般为4.0~5.0 m，圆柱部分净高2.0~2.2 m，底部(锅底)最大净高50 cm，底部浇筑混凝土不小于20 cm，开挖深度2.8~3.0 m。一般要求深度不得低于2.0 m，否则既不经济也不能充分发挥效益。深度大于3.0 m则需要增加侧墙厚度但不利于工程稳定。

③圆柱形水窖要求采用埋置形式，以充分利用圆形拱的作用。导流槽方向应设有硬基沉沙池，并且与周边地形、道路、建筑物相协调。

6.4 光伏提水灌溉高效利用技术

我国南方地区地貌多为山地丘陵，地势高，许多地方无法实现水渠自流灌溉。此外，山地分散，修建灌溉水渠及牵线引电成本高。因此，光伏提水灌溉开始备受关注并被广泛使用。我国南方大部分地区日照时间长，太阳能资源比较丰富，在这些地区，尤其是水资源紧缺或生态脆弱区发展光伏提水灌溉技术不但可以充分利用分布广泛的绿色能源，有效解决能源短缺问题，且光伏提水灌溉技术在农业灌溉中优势明显，不受地形限制，无须外拉电网，布局规模灵活，是现代化农业灌溉的新途径，有利于改善山地的灌溉条件，提升农产品经济效益。发展节水、节能、高效的灌溉农牧业，不仅具有良好的社会效益和经济效益，还可以保护生态环境。

6.4.1 光伏提水灌溉系统原理

光伏提水灌溉系统主要由太阳能电池板、逆变器、水泵机组、蓄水设施和田间灌溉设备等部分构成。基本原理：太阳能电池板接收太阳辐射将光能转换为电能并驱动水泵机组工作，将水从水源输送至蓄水设施或通过输水管路直接输送到田间进行灌溉。

(1) 太阳能电池板

太阳能电池板最基本的单元是光伏电池单体，若干个单体可封装成电池组件，然后根据需要通过串(并)联的方式将若干个组件组合，最终得到特定功率的光伏阵列。太阳能电池可分为：①硅太阳能电池；②以无机盐如砷化镓Ⅲ-Ⅴ族化合物、硫化镉，以及铜、钴、硒等多元化合物为材料的电池；③高分子功能材料制备的太阳能电池；④纳米晶太阳能电池。目前，光伏提水灌溉系统中多使用硅太阳能电池，包括单晶硅、多晶硅和非晶硅3种，其中单晶硅太阳能电池转换效率最高，技术也最为成熟，但单晶硅成本较高；为节省硅材料，多晶硅和非晶硅成为主要发展产品。太阳能电池板的寿命通常为25年左右，虽然一次性投资较大，但可以长期使用，运行中免值守，无运行能源费用，无污染，还可以发挥节能减排效益。

太阳能电池板的优点：①安装简便，可放置在手推车上，便于移动；②使用寿命长，一次性投入后，可以长久使用；③节约能源，它只需要阳光，不需消耗任何常规能源，我国山区日照充足，太阳能资源丰富，是使用的理想地区。

(2) 逆变器

逆变器用于将光伏阵列产生的直流电转换为交流电，驱动水泵机组工作，并可根据日照强度的变化对水泵机组的工作状态实时控制。例如，根据日照强度的变化实时地调节输出功率，使输出功率接近光伏阵列的最大功率；当日照很充足时，保证水泵机组的转速不超过额定转速；当日照不足时，除非设定的最低运行功率得到满足，否则自动停止运行。逆变器的寿命一般为5~8年。

逆变器的优势：①可用于采用三相异步电机的水泵；②输出电压采用优化正弦脉冲宽度调制(PWM)控制方式；③多种运行模式和最大功率点跟踪(MPPT)控制方式；④可以根据实际系统情况自由设定水泵调速范围；⑤可选配上下水位监测与控制电路；⑥有防雷、过压、欠压、过流、过载等保护功能。

(3) 水泵机组

光伏提水灌溉系统中，水泵机组的选择对整个系统的稳定性和经济性至关重要。根据是否选用逆变器，可将光伏提水灌溉系统中的水泵机组分为直流水泵机组和交流水泵机组。若系统中没有逆变器，则需配置专用的直流水泵机组，但此种情况的成本较高。若系统中配有逆变器，则可选用普通的交流水泵机组，此时潜水泵、离心泵、轴流泵和混流泵等均可使用。选用时，应根据系统的实际需求和安装条件，并根据可靠性和经济性原则进行确定。

(4) 蓄水设施

由于光伏发电受太阳辐射及云气变化状况影响较大，为避免天气原因造成的发电不稳定，可在系统中设置蓄水设施，以便充分利用太阳能资源。太阳辐射较强的时候，由太阳能电池产生的电能比较充足，水泵机组运行时间较长，抽水量较大，除满足用户的用水需求，还会有一定的剩余，因此可将这部分多余的水量贮存到相应的蓄水设施。遇到多云或阴雨天气时，太阳能电池产生的电能可能不足以满足水泵机组的工作需要，此时，便可利用贮存在蓄水设施中的水进行灌溉。蓄水设施的容量可根据实际需要及当地的天气进行确定。

（5）田间灌溉设备

推广应用光伏提水灌溉系统要与田间节水灌溉技术相结合，应用滴灌和微喷灌等高效节水灌溉技术，不但可以节水，还可以节能增产，实现水资源和太阳能资源利用效率和效益的最大化。

6.4.2 光伏提水灌溉系统的效益

（1）社会效益

推广应用光伏提水灌溉系统会带来显著的社会效益，主要体现在以下3个方面：

①减排效益。与传统的火力发电或柴油发电机发电相比，光伏发电可减少温室气体的排放和对自然环境的污染，有利于建设环境友好型社会。

②调整能源结构。充分利用当地丰富的太阳能资源，提高可再生能源发电量在电网中所占的比例，优化电源结构，有助于实现电力供应多元化。

③增加农牧民收入，降低劳动强度，提高农牧民生活水平和质量，维持地区社会稳定。发展光伏提水灌溉技术，将水资源、节水、新能源等实用技术集成应用，既可以解决我国山区农牧民的灌溉问题，增加农作物产量和提高农作物质量，增加农牧民收入，还可以解决生活用电、饮水安全等问题，还降低劳动强度、提高农牧民生活水平和质量，促进区域经济社会可持续发展。

（2）生态效益

研究表明，我国西北地区建设 1 hm^2 的光伏提水灌溉草场，其产草量相当于 10~30 hm^2 天然草场的产草量，从等量草量代替的原则考虑，发展光伏提水灌溉技术可以使大面积天然草场用于轮牧或休牧。可见，光伏提水灌溉技术不仅有助于增加产草量、提高牧草质量，还能促进退化草场的自然恢复，可以防止草场进一步退化，逐步改善草场的生态环境。

本章小结

本章主要介绍了中尺度集水系统（微区域集水系统）的结构、特点以及光伏提水灌溉技术。在林业生态工程的经济林建设中，为了解决水分短缺问题，提高其生产力水平，集水造林技术的应用体现了林业生态工程的最新研究动态，尤其微区域集水系统因其完善的结构不仅具有补充水分的作用，更重要的是具有很强的水土保持和水源涵养功能。

复习思考题

1. 什么是集水？
2. 集水系统有哪些类型？
3. 为什么说微区域集水系统是典型的集水系统？
4. 微区域集水系统有哪些特点？
5. 简述光伏提水灌溉系统的组成。
6. 发展光伏提水灌溉能带来哪些效益？

下篇

南方林业生态工程建设技术

第 7 章

水源涵养林业生态工程

江河为当今大多数国家和地区的生产和生活用水的主要来源，一旦水位、流量降低，将制约经济社会的发展和人民的正常生活。江河上游或上中游一般均是山区、丘陵区，是江河的水源地，能否保护和涵养水源，保证江河基流，维持水量平稳，是上游生态环境建设和下游防洪减灾工作面临的重要问题。为了调节河流水量，解决防洪灌溉问题，富有成效的办法是修建水库。但水库建设不仅投资大，且库区淹没常常带来移民以及环境保护等很多难以预料的问题，而且无法从根本上解决上游的水源涵养、水土保持及生态环境问题。近几十年来，世界各国对修筑大坝、长距离调水等工程重新审视，更加重视和关心江河上游植被的保护、恢复和重建。

我国大江大河上中游及其支流的上游(含大中型水库上游)地区，往往是我国国有和集体森林分布区，森林覆盖率相对较高。森林具有调节径流，涵养水源的作用，在江河源区建立水源涵养林，可以调节河流水量，解决防洪灌溉和城市饮水问题，发挥森林特有的水文生态功能，将天然降水"蓄水于山""蓄水于林"，科学调节河水洪枯流量，合理利用水资源是一个为世人所公认的行之有效的方法。为维持森林的水源涵养功能，必须因地制宜，从实际出发，制定长远目标和综合管理体系以及相应的技术对策，加强水源涵养林建设，形成完整的林业生态工程体系。

7.1 水源涵养林概述

7.1.1 水源涵养林的概念和功能

(1) 水源涵养林的概念

水源涵养林是以涵养水源，改善水文状况，调节区域水循环，防止河流、湖泊、水库淤塞，保护饮用水水源为主要目的的森林。水源涵养林是以调节、改善水源流量和水质而营造的森林，是国家规定的五大林种中防护林的二级林种，是以发挥森林涵养水源功能为目的的特殊林种。虽然任何森林都有涵养水源的功能，但是水源涵养林要求具有特定的林分结构，并且处在特定的地理位置，即河流、水库等水源上游。根据《森林资源调查主要技术规定》，将以下 3 种情况下相应的森林划为水源涵养林：①流程在 500 km 以上的江河发源地汇水及主流、一级二级支流两岸山地、自然地形中的第一层山脊以内的森林。②流程在 500 km 以下的河流，但所处地域降水集中，对下游工农业生产有重要影响，其河流发源地汇水区及主流、一级支流两岸山地，自然地形中的第一层山脊以内的森林。③大中型水库、湖泊周围山地自然地形的第一层山脊以内的森林或其周围平地 250 m 以内的森林。就一条河流而言，一般要求水源涵养林的布置范围占河流总长的 1/4；一级支流上游和二级支流的源头以上及沿河直接坡面，都应区划一定面积的水源涵养林，必须使集水区森林覆盖率达 50% 以上，其中水源涵养林覆盖率占 30%。

（2）水源涵养林的功能

森林的水源涵养功能是指通过森林对土壤的改良作用，以及森林植被层对降水再分配产生影响，使降水转化成为地下水、土壤径流、河川基流比例增加的水文效应。森林的涵养水源、水土保持作用通过林冠层、枯枝落叶层和土壤层实现。水源涵养林通过转化、促进、消除或恢复等内部的调节机能和多种生态功能维持着生态系统的平衡，是生物圈中最活跃的生物地理群落之一。水源涵养林对降水的再分配作用十分明显，使林内的降水量、降水强度和降水历时发生改变，从而影响了流域的水文过程。

水源涵养林的功能主要体现在：保持水土，调节坡面径流，削减河川汛期径流量；滞洪和蓄洪，减少径流泥沙含量，防止水库、湖泊淤积；枯水期的水源调节，调节地下径流，增加河川枯水期径流量；改善和净化水质。其功能机理主要体现在：水源涵养林可减少林区近地层风速，降低地面气温，增大空气湿度，调节地表蒸散发能力；土壤层可增大流域蓄滴能力，增大地下蓄水量，增加地下水补给，提高枯水流量使径流的年内分配过程更趋平缓，增加枯水季径流，大、中量级暴雨都可以被部分或全部拦蓄，转化为后期径流缓慢消退，使洪水径流量减小。林区地面比裸地有更大的粗糙度，对地表径流有强烈的阻滞作用，可以改变坡面径流组成，使洪水过程延缓，洪峰降低，减免洪水灾害。

水源涵养林涵养水源的能力取决于林分面积、林分结构、林地结构特征，降水通过林冠层和各层乔木及灌木、草本到枯枝落叶层、死地被物层，然后流入土壤，其中树冠截留水占降水量的 5%~10%，这部分水从叶面蒸发到大气，不能为森林贮存；枯枝落叶层持水占降水量的 8%~10%；由于土壤毛细管孔隙和非毛细管孔隙的作用，使降水量的 70%~80% 被贮存在土壤中，在重力作用下，这些水不停地慢慢下渗，在地下遇到不透水层后便顺母岩层慢慢从地下流出，这就是涵养水源的基本机理。

7.1.2 全国水源涵养林区划

我国水源涵养林建设根本方针的重点是保持大江大河的水量平衡，这就必须在大江大河上游和主要支流的源头规划足够面积的水源涵养林。其区划除了《森林资源调查主要技术规定》中的粗略规定外，王永安（1989）根据我国江河流域的地形地貌和森林分布，把全国水源涵养林区划为七大块。

（1）东北三大水系水源涵养林体系

东北的大小兴安岭和长白山是辽河、嫩江和松花江三大水系的水源地，下游的松辽平原是我国主要的粮食生产基地，还有沈阳、长春、哈尔滨等工业城市和星罗棋布的工矿区。山区森林面积约 3000×10^4 hm^2，占全国森林面积的 28%；林木蓄积量 21×10^8 m^3，占全国林木总蓄积量的 33%；全区森林覆盖率 28%，是我国最大的木材生产基地，又是东北三大水系水源涵养区。由于曾长期开展用材林经营，划出的防护林仅 $200×10^4$ hm^2，其中水源涵养林面积不足 $20×10^4$ hm^2。20 世纪末，洪水灾害发生次数增加，特别是 1998 年的松花江、嫩江大洪水，给东北林区森林采伐敲响了警钟，这与过去的森林经营方针有很大的关系。根据东北三大水系基本水量要求，用材和水源涵养相结合等多种因素考虑，至少要划出 $150×10^4$ hm^2 以上专用水源涵养林，加快对采伐迹地的更新。

（2）西北两个山区水源涵养林体系

我国西北干旱区多为内陆河，以高山（主要是天山和祁连山）雪水为水量来源。天山有大小冰川 6895 条，面积 8591 km^2，贮水 $2433×10^8$ m^3，犹如巨大的"水库"，也是南疆绿洲和北疆谷地唯一的水源，它全靠雪线以下的森林涵蓄调节水源。天山林区现有森林 $56.4×10^4$ hm^2，覆盖率仅 5.4%，应全划为水源涵养林。祁连山海拔 4000 m 以上有冰川 3300 条，为河西走廊六大河流的水源，雪线以下原有森林 $26.7×10^4$ hm^2，现只剩 23.1%，应划其中 1/2 为水源涵养林。这两个山区共划水源涵养林 $84.3×10^4$ hm^2，灌木 $41.7×10^4$ hm^2，覆盖率 3%。

（3）燕山、太行山地区水源涵养林体系

燕山、太行山是海河、滦河和汾河水系的发源地，这些河流不仅灌溉华北平原，还是京津地区的用水之源。历史上，燕山和太行山森林茂密，由于历代乱砍滥伐，林木损失殆尽。太行山现只有乔木林 $34.7×10^4$ hm^2，覆盖率仅 1.5%，加上灌木 $100×10^4$ hm^2，覆盖率才 6%；燕山只有 15%。据调查，燕山和太行山地区水源涵养林至少应达 $200×10^4$ hm^2，即除现有林（包括灌木）区划 $66.7×10^4$ hm^2 外，还需营造 $133.3×10^4$ hm^2。

（4）长江中上游水源涵养林体系

长江中上游水源涵养林体系包括两部分：第一部分是上游高山峡谷区的金沙江（雷坡以上）、大渡河（石棉以上）、岷江（龙溪以上）和白龙江（武都以上），不包括甘孜以上荒漠区，总面积 $3886×10^4$ hm^2，占流域面积的 23.6%。这些地区地势高、河谷深切、山高坡陡、土壤瘠薄，一旦失去森林，水土流失危害很大。据调查测算，该地区原有森林的覆盖率 50%，涵蓄水源 $4000×10^8$ m^3，占总水量的 40%；现有林地面积 $866×10^4$ hm^2，覆盖率 21.9%，涵蓄水量仅 $1000×10^8$ m^3。要稳定长江水量，减免洪灾，森林面积需达 $1500×10^4$ hm^2，覆盖率 35%~40%，其中专用水源涵养林至少恢复 $400×10^4$ hm^2，蓄水量可达 $2000×10^8$ m^3，主要靠从现有原始林中区划 $300×10^4$ hm^2，封山育林 $100×10^4$ hm^2 得以解决。第二部分是主要支流的上游水源涵养林，如发源于巴山与秦岭之间的汉水、巴山南坡的嘉陵江、大娄山区的乌江、南岭雪峰山区的"四水"（湘、资、沅、澧）和赣江上游山区。这些水源区的森林多为集体林区，既是南方用材林基地，又是这些主要支流的水源涵养林区。应本着用材和水源涵养相结合的原则，在应划范围内，从现有林中区划出一定面积的森林作为水源涵养林；在有条件的地区，利用南方优越的自然条件，封山育林，培育水源涵养林；在有条件的地段，利用充裕劳力营造标准水源涵养林。上述这些主要支流上游，有林地面积约 $800×10^4$ hm^2，由于分布零散，林相不整（经济林、灌木林和疏残林占 60%），贮水功能虽小于原始林，但考虑用材需要，区划不宜过大，应从现有林中划出水源涵养林 $200×10^4$ ~ $250×10^4$ hm^2，再封育营造 $100×10^4$ ~ $150×10^4$ hm^2。

（5）珠江上中游水源涵养林体系

珠江发源于云贵高原，上游为南北盘江、邑江和柳江，流域面积 $42.5×10^4$ km^2，干流长 2130 km。全流域自然条件优越，上游森林覆盖率25%，植被覆盖率60%左右，贮水能力强。由于上游地处丰雨区，水量丰富，约 $2000×10^8$ m^3，为黄河水量的8倍。全年水量较平衡，洪旱灾害频率小，危害比长江小。珠江上游有林地 $773.3×10^4$ hm^2，其西部崇山峻岭，弧形分布，北部"三岭一山"蜿蜒连绵，植被虽有破坏，但恢复容易。当地植被多为阔叶林，其涵养水源的能力虽不同，但面积较广。现有林中已划水源涵养林 $33.3×10^4$ hm^2，只占5%左右。再区划出一部分现有林（包括灌木林），并结合封山育林，增加 $33.3×10^4$ hm^2，达到10%。珠江的另几条支流如北江、东江等，也应在粤西、粤北山区和粤赣山区，区划相应面积的水源涵养林。

（6）黄河流域植被建设体系

黄河源头为青藏高原荒漠区，水量不大。黄河水源主要来自青海祁连山东段、甘肃子午岭、内蒙古阴山和陕西黄龙山、乔山，秦岭北坡干流上游，湟水、洮河、渭河、泾河等主要支流。这些山区有林地 $333.3×10^4$ hm^2，是黄河流域的主要林区，覆盖率19.5%。在这些现有林地中，有防护林 $92.7×10^4$ hm^2，包括水源涵养林 $46.7×10^4$ hm^2，覆盖率仅为3%左右。如需稳定和保持黄河水量，水源涵养林应高于10%，即 $166.7×10^4$ ~ $200×10^4$ hm^2。其中祁连山东段、黄河干流（刘家峡至玛曲段）现有林约 $36×10^4$ hm^2，应划为水源涵养林。在此范围内，宜林地应封山育林，建设水源涵养林 $33.3×10^4$ hm^2（这些地区宜林地虽多，但缺乏封山育林条件，故封育面积也不大）。其他西倾山区（洮河上游）、鸟鼠山区（渭河上游）、六盘山、子午岭（泾河、清水河上游）、秦岭北坡乔山、洛河上游和汾河—吕梁山区，共划水源涵养林 $100×10^4$ ~ $133.3×10^4$ hm^2。这些河流的中下游及包头以下流入干流的各支流，都以建设水源涵养林为主；三门峡以下干流，以建设护岸护滩林为主。

（7）其他水系的水源涵养林

闽江、富春江、瓯江等发源于武夷山和天目山。这些山区既是水源涵养林区，又是集体林区，也是主要木材产区。应充分利用山区现有森林覆盖率高和森林涵蓄水分效益好的优势，划出一定面积的水源涵养林（面积占10%以上），至少应把河溪上游、小流域集水区和水库划为水源涵养林区。

7.2 水源涵养林营造技术

根据不同区域常见树种组成结构，结合立地条件进行合理配置。采用多种乡土树种混交，利用速生树种搭配慢生树种、阳性树种与阴性树种相匹配、上层树种与下层树种相配套、深根性树种搭配浅根性树种等方式，注意群落的整体效应及自然更新能力，促进形成复层林结构。

本节对水源涵养林营造技术的介绍主要针对南方地区水源涵养林营造树种，从立地类型、最佳林型、造林密度、结构配置和抚育管理等方面展开。

7.2.1 水源涵养林树种选择

（1）树种选择原则

树种选择遵照以下原则：①树种生态学特性与造林地立地条件相适应；②树种枝叶茂

盛、根系发达；③树种适应性强、稳定性好、抗性强；④充分利用优良乡土树种，适当推广引进取得成功的优良树种。

（2）南方地区水源涵养林主要树种

针对南方地区的特点，营造水源涵养林应选择抗逆性强、低耗水、保水保土能力好、低污染和具有一定景观价值的乔木、灌木，重视乡土树种的选优和开发。按照省级行政区划和区域划分具体选择可参见表 7-1 和表 7-2。

表 7-1　南方地区（按省份划分）水源涵养林主要造林树种

范围涉及省区	区　域	主要适宜树种
湖南、湖北、江西、安徽、江苏、浙江、上海	长江中下游地区	油松、白皮松、白杆、青杆、杜松、麻栎、栓皮栎、槲栎、鹅耳枥、香椿、臭椿等
广东、广西、海南、福建	东南沿海地区	马尾松、湿地松、木荷、大叶栎、相思树等
四川、云南、贵州、重庆	长江上中游地区	马尾松、杉木、柳杉、华山松、云杉、木荷、楠木、白皮松、白杆、青杆、杜松、鹅耳枥等

注：引自《水源涵养林工程设计规范》（GB/T 50885—2013）。

表 7-2　南方地区（按区域划分）水源涵养林主要造林树种、草种

区　域	主要乔木树种	主要灌木树种	主要草种
长江区	马尾松、云南松、华山松、思茅松、高山松、落叶松、杉木、云杉、冷杉、柳杉、秃杉、黄杉、滇油杉、柏木、藏柏、滇柏、墨西哥柏、冲天柏、麻栎、栓皮栎、青冈、滇青冈、高山栎、高山栲、元江栲、樟树、桢楠、檫木、光皮桦、白桦、红桦、西南桦、响叶杨、滇杨、意大利杨、红椿、臭椿、苦楝、旱冬瓜、桤木、榆、朴树、旱莲、木荷、黄连木、珙桐、山毛榉、鹅掌楸、川楝、花楸树、滇楸、梓木、刺槐、昆明朴、柚木、银桦、相思树、女贞、铁刀木、银荆、枫香树、毛竹	马桑、紫穗槐、化香树、绣线菊、月月青、车桑子、盐肤木、狼牙齿、绢毛蔷薇、报春花、爬柳、密枝杜鹃、山胡椒、乌药、箭竹、白刺花、火棘	芒草、野古草、蕨、白三叶、红三叶、黑麦草、苜蓿、雀麦
南方区	马尾松、华山松、黄山松、湿地松、火炬松、柳杉、池杉、水杉、落羽杉、柏木、侧柏、栓皮栎、茅栗、麻栎、小叶栎、槲树、川桦、光皮桦、红桦、毛红桦、杉木、青冈、青檀、刺槐、银杏、茶竿竹、孝顺竹、杜仲、旱柳、苦楝、樟树、朴树、榆、花楸树、檫木、小叶杨、意大利杨、黄连木、木荷、榉树、枫香树、南酸枣、乌桕、喜树、枫杨、泡桐、毛竹、漆树	爬柳、密枝杜鹃、紫穗槐、胡枝子、夹竹桃、槲栎、柂、茅栗、化香树、白檀、海棠、野山楂、冬青、红果钓樟、绣线菊、马桑、蔷薇、黄荆	香根草、芦苇、水烛、菖蒲、莲藕、芦竹、芒草、野古草
热带区	马尾松、湿地松、火炬松、黄山松、南亚松、杉木、柳杉、木荷、红荷、枫香树、藜蒴锥、红锥、鸭脚木、台湾相思、大叶相思、马占相思、粗果相思、隆缘桉、赤桉、雷林1号桉、尾叶桉、巨尾桉、刚果桉、山乌桕、麻栎、苦栎、杜英、马蹄荷、楹树、栲类、构树、石梓、格木、蕈树、红花荷、水冬瓜、任豆、杜英、火力楠、蝴蝶果、黄樟、阴香、南酸枣、木莲属、南岭黄檀、泡桐、榕属、毛竹	蛇藤、米碎叶、龙须藤、小果南竹、杜鹃	金茅、野古草、绒毛鸭子嘴、海芋、芭蕉、蕨类

注：引自《水源涵养林建设规范》（GB/T 26903—2011）。

7.2.2 水源涵养林林型选择

水源涵养林的林型主要是以营造复层混交林为主。

(1) 混交类型

混交类型分为：①在立地条件好的地方优先采用主要树种与主要树种混交。②在立地条件较好的地方优先采用主要树种与伴生树种混交。③在立地条件较差的地方优先采用主要树种与灌木树种混交。④在立地条件较好，通过封山育林或人工林与天然林混交形成的水源涵养林优先采用主要树种、伴生树种和灌木树种综合混交。

(2) 混交方法及适用范围

不同混交方法及适用范围为：①行间混交。适用于大多数立地条件的乔灌混交、耐阴树种与喜光树种混交。②带状混交。适用于种间矛盾大、初期生长速率悬殊的乔木树种混交，也适用于乔木与耐阴亚乔木混交。③块状混交。适用于种间竞争性较强的主要树种与主要树种混交，规则式块状混交适用于平坦或坡面规整的造林地，不规则式块状混交适用于地形破碎、不同立地条件镶嵌分布的地段。④植生组混交。适用于立地条件差及次生林改造地段。

7.2.3 水源涵养林造林密度

根据立地条件、树种生物学特性及营林水平，确定造林密度，以稀植为主。乔木新造林密度应为 800~5000 株/hm^2，灌木新造林密度应为 1650~5000 株/hm^2，主要造林树种的适宜造林密度见表 7-3。

表 7-3 南方地区水源涵养林主要树种适宜密度　　　　　　　株/hm^2

树　种	长江中下游地区	东南沿海地区	长江上中游地区
香椿、臭椿	900~1500	—	—
榆树、柳树	800~2000	800~2000	800~2000
白杆、青杆、杜松	1100~2000	—	1100~2000
栓皮栎、麻栎、槲栎、鹅耳枥	1500~2500	—	1100~2000
马尾松、湿地松	—	1667~3300	1200~3000
木荷、楠木	—	1000~2500	1050~1800
相思树	—	1667~3300	—
杉木、柳杉	—	—	1500~3600
华山松	—	—	1200~3000

注：引自《水源涵养林工程设计规范》(GB/T 50885—2013)。

7.2.4 水源涵养林整地方式

水源涵养林应采用穴状整地、鱼鳞坑整地、水平阶整地、水平沟整地、窄带梯田整地等整地方式。具体整地规格及应用条件见表7-4。

表7-4 造林整地规格及应用条件

整地类型		整地规格	整地要求	应用条件
穴状整地	小穴	直径0.3~0.4 m，松土深度0.3 m	原土留于坑内，外沿踏实不做埂	地面坡度小于5°的平缓造林地小苗造林
	大穴	干果类果树直径1.0 m，松土深度0.8 m；鲜果类果树直径1.5 m，松土深度1.0 m	挖出心土做宽0.2 m、高0.1 m的埂，表土回填	适用于坡度小于5°地段栽植各种干鲜果树和大苗造林
鱼鳞坑整地		长径0.8~1.5 m，短径0.5~0.8 m，坑深0.3~0.5 m	坑内取土在下沿做成弧状土埂，高0.2~0.3 m。各坑在坡面上沿等高线布置，上下两行呈"品"字形排列	坡面破碎、土层较薄的造林地营造水源涵养林
水平阶整地		树苗植于距阶边0.3~0.5 m处。阶宽1.0~1.5 m，反坡3°~5°	上下两阶的水平距离以设计造林行距为准	山地坡面完整、坡度在15°~25°的坡面营造水源涵养林
水平沟整地		沟口上宽0.6~1.0 m，沟底宽0.3~0.5 m，沟深0.4~0.6 m，沟半挖半填，内侧挖出的生土用在外侧做埂	水平沟沿等高线布设，沟内每隔5~10 m设一横档，高0.2 m。树苗植于沟底外侧	山地坡面完整、坡度在15°~25°的坡面营造水源涵养林
窄带梯田整地		田面宽2~3 m，田边蓄水埂高0.3~0.5 m，顶宽0.3 m	田面修平后需将挖方部分用畜力耕翻0.3 m左右，在田面中部挖穴植树，田面上每隔5~10 m修一横挡，以防径流横向流动	坡度较缓、土层较厚的地方栽植果树或其他对立地条件要求较高的经济林树种

注：引自《水源涵养林工程设计规范》（GB/T 50885—2013）。

7.2.5 水源涵养林结构配置

水源涵养林采取以小班为单位的造林结构配置。地形破碎的山地提倡采用局部造林法，形成人工林与天然林块状镶嵌的混交林分。

(1) 种植行配置

种植行方向按不同地段分别确定：①在较平坦地段造林时，种植行宜南北方向。②在坡地造林时，种植行宜选择沿等高线方向。③在沟谷造林时，种植行应呈雁翅形。

(2) 种植点配置方式

不同种植点配置方式的适用条件为：①长方形配置。相邻株连线成长方形，通常行距大于株距。适宜于平缓坡地水源涵养林的营造。②三角形配置。相邻两行的各株相对位置错开排列成三角形，种植点位于三角形的顶点。适宜于坡地水源涵养林的营造。③群状配置。植株在造林地上呈不均匀的群丛状分布,群内植株密集(3~20株),群间距离较大。适宜于坡度较大、立地条件较差地方水源涵养林的营造,也适宜次生林改造。④自然配置。在造林地上随机地配置种植点。适宜于地形破碎地段的水源涵养林营造。

7.2.6 水源涵养林抚育管理

7.2.6.1 抚育条件

水源涵养林营造后应封山育林。饮用水源保护林一般不允许抚育。其他水源涵养林除按照《生态公益林建设 导则》(GB/T 18337.1—2001)确定的特殊保护地段外,可以适当开展抚育活动。饮用水源保护林和下列地段的水源涵养林应划建封禁管护区:①坡度大于35°、岩石裸露的陡峭山坡的水源涵养林。②分水岭山脊的水源涵养林。③大江大河上游及一级支流集水区域的水源涵养林。④河流、湖泊和水库第一重山脊线内的水源涵养林。一般水源区水源涵养林和库区水源涵养林可以进行轻度抚育,岸线水源涵养林可以根据立地条件进行必要的抚育活动。

7.2.6.2 抚育方法

当郁闭度大于0.8时,可进行适当疏伐,伐后郁闭度保留在0.6~0.7。遭受严重自然灾害的低效水源涵养林改造应进行卫生伐,伐除受害林木。

(1) 改造对象

水源涵养林因人为干扰或经营管理不当而形成的低效林,符合下列条件之一时可以进行改造:①林木分布不均,林隙多,郁闭度低于0.2。②年近中龄仍未郁闭,林下植被盖度小于30%。③病虫鼠害或其他自然灾害危害严重的林地。

(2) 改造方式

①补植。主要适用于林相残破的低效林,根据林隙的大小与分布特点,可以采用下列两种补植方式:一种是均匀补植。用于林隙面积较大且分布相对均匀的低效林;另一种是局部补植。用于林隙面积较小、形状各异且分布极不均匀的林分。

②综合改造。主要用于林相老化和自然灾害引起的低效林。带状或块状伐除非适地适树树种或受害木,引进与气候条件、土壤条件相适应的树种进行造林。乔木林一次改造强度应控制在蓄积量的20%以内,灌木林一次改造强度应控制在面积的20%以内。

7.2.6.3 管理方法

水源涵养林建设应适当进行档案管理,应以经营小班为基本单元建档后纳入建设单位森林资源档案和经营档案共同管理。

7.3 南方地区水源涵养林营造案例

7.3.1 南方地区水源涵养林营造典型设计

(1) 长江区

长江上游地区面积广大,地貌类型复杂,气候差异大,植被类型丰富多样。植被的水源涵养和水土保持对维系长江流域水环境功能发挥着重要作用。长江区水源涵养林主要造林树种配置模式见表7-5。

表7-5 长江区水源涵养林主要造林树种配置模式

配置模式	适用条件	整地方法	造林密度（穴或株/hm^2）	适宜混交比
川西云杉、高山松、青冈、冷杉	高山峡谷	鱼鳞坑或穴状整地	3300	行间混交1:1
马尾松或湿地松、杉木与木荷或枫香树、栎类、桤木等混交	中低山丘陵区	穴状整地	2500	行间混交1:1
毛竹	中低山厚土	大穴整地	母竹栽植330~900	
滇柏或柏木、侧柏、藏柏与龙须草混交	白云质砂石山地	小穴整地	6000~9000	
华山松或云南松（栽针保阔）	中山黄棕壤高原山地	小穴整地	4000~6000	不规则块状混交

注：引自《水源涵养林建设规范》（GB/T 26903—2011）。

（2）南方丘陵区

南方丘陵区作为我国主体生态功能区划中"两屏三带"国家生态安全格局的重要组成部分，位于长江流域与珠江流域的分水岭及源头区，主要为加强植被修复和水土流失防治，从而发挥华南和西南地区的生态安全屏障作用。南方丘陵区水源涵养林主要造林树种配置模式见表7-6。

表7-6 南方丘陵区水源涵养林主要造林树种配置模式

配置模式	适用条件	整地方法	造林密度（穴或株/hm^2）	适宜混交比
杉木或马尾松与木荷或枫香树、栎类、桤木、南酸枣等混交	中低山区	穴状整地	2500	1:1
湿地松或火炬树与木荷、枫香树、栎类、桤木混交	丘陵区	穴状整地	3300	1:1
杉木或马尾松与毛竹混交	中低山厚土	穴状整地	杉木1875，毛竹630	3:1
喜树、任豆与吊竹或木豆混交	石灰岩山地	穴状整地	1350~1800	带状混交2:1

注：引自《水源涵养林建设规范》（GB/T 26903—2011）。

（3）热带区

南方副热带、热带季雨林、雨林区包括滇南山地雨林和常绿阔叶林区、海南山地雨林和常绿阔叶林区，是我国仅有的热带雨林，也是滇南和海南河流的水源涵养林。热带区水源涵养林主要造林树种配置模式见表 7-7。

表 7-7 热带区水源涵养林主要造林树种配置模式

配置模式	适用条件	整地方法	造林密度（穴或株/hm²）	适宜混交比
马尾松、木荷、麻栎混交	山坡上部、山脊、山顶	穴状整地	3450	随机混交 5:3:2
马尾松、红荷木、台湾相思	山坡上部、山脊、山顶	穴状整地	3450	随机混交 4:3:3
青冈、石栎、酸枣、化香树、石斑木	山坡中下部、谷地厚土	穴状整地	3900	4:3:1:1:1
刺栲、台湾相思、鸭脚木、红荷木	山坡中下部、谷地厚土	穴状整地	3900	3:4:1:2
马尾松或湿地松与台湾相思混交	丘陵赤红壤	穴状整地	3705	带状混交 3:2

注：引自《水源涵养林建设规范》（GB/T 26903—2011）。

7.3.2 长江中上游水源涵养林业生态工程

赵洋毅（2011）对长江中上游地区的"三峡库区"水源涵养林构建及功能进行了详细研究和评价。主要包括以下 4 个方面内容：

（1）缙云山水源涵养林总体布局

缙云山国家级自然保护区位于重庆北部水源区，保护区内的林分主要是水源涵养林，水源林面积约为 1112.7 hm²。分布最广的是马尾松林，占整个区域的 45.78%，其余依次为四川大头茶林（20.77%）、栲树林（12.22%）、杉木林（10.79%）和毛竹林（8.21%），而苦竹林、山矾林和平竹林 3 种林分分别仅占总面积的 0.96%、0.78% 和 0.49%。

缙云山水源涵养林的空间总体布局为水源涵养林的分布随地形因子的变化呈现明显规律性变化。影响水源涵养林分布的因素有海拔、坡度和坡向。水源林主要分布于低山中陡坡、西北和北坡。水源涵养林的海拔分布主要集中在 400~900 m，占水源涵养林总面积的 84.50%，以 400~600 m 和 700~900 m 这两个海拔范围的林分分布最为广泛，分别占林分总面积的 40.54% 和 32.21%，水源涵养林在海拔 600~700 m 的分布占 11.75%，分布在 300 m 以下的水源涵养林很少，仅占林分总面积的 1.54%；水源涵养林的坡度分布主要集中在坡度为 20°以上的坡面上，占林分总面积的 86.48%，以 26°~30°坡度范围内的分布面积最大，占 31.10%，其次分别是在坡度为 21°~25°、30°~35° 和 >35° 的坡面，分别占 25.36%、17.88%和 12.14%，坡度在 20°以下的水源涵养林分布比例较小，特别是 15°以下的分布比例最小，仅占林分总面积的 2.98%。从水源涵养林随坡向的分布情况来看，水源涵养林主要分布在西北坡、北坡和东南坡向地区，分别占林分总面积的 49.22%、18.32% 和 11.54%，以西北坡的分布比例最大。

缙云山水源涵养林幼龄林、中龄林、近熟林、成熟林各阶段分布比较均匀，分别占22.35%、28.37%、23.96%和18.34%。过熟林比例很小，仅为3.22%。缙云山水源林龄组生长规律较好，有利于林分生长。林分的郁闭度主要集中在0.6~0.8，占总面积的90.84%，其中郁闭度在0.7左右的林分达整个林分面积的1/2左右，占48.83%。

(2) 缙云山水源涵养林典型林分类型

缙云山分布最广泛的水源涵养林植被群落有3种：针阔混交林、常绿阔叶林和竹林。

①针阔混交型水源涵养林。主要为马尾松—阔叶树混交林，杉木—阔叶树混交林，马尾松、杉木阔叶树混交林。林地乔木层主要树种包括马尾松、杉木、广东山胡椒、大头茶、山矾、栲、虎皮楠，此外，杉木与枫香树也有分布；林下灌木层茂密，常见种为菝葜、细齿叶柃、短柱柃、四川冬青、南烛、碎米花、马桑、盐肤木、水红木等；草本层以里白、狗脊、芒萁为主，次之为芒、糙苏、金星蕨、白茅、苔草等。

②常绿阔叶型水源涵养林。主要为四川大头茶混交林、栲混交林、四川大头茶和多种阔叶树组成的混交林。乔木层除四川大头茶外，其他组成种类主要有丝栗栲、米槠、苦槠、四川山矾、杨桐、栲、广东山胡椒、香樟、盐肤木等；林下灌木层主要组成种类有水竹、刺五加、锐齿槲栎、盐肤木、算盘子等；草本植物分布稀疏且物种组成简单，常见种类有金星蕨、腹水草等。

③竹林。主要集中分布于海拔1000 m以下的低山、丘陵等坡度平缓的地带。竹林群落水源涵养林主要是毛竹—马尾松混交林、毛竹—杉木混交林、毛竹—阔叶树混交林及毛竹纯林。

(3) 缙云山水源涵养林典型林分结构特征

马尾松—阔叶树混交林密度为2043株/hm^2，乔木层共有11个树种；杉木—阔叶树混交林密度为2367株/hm^2，乔木层共有16个树种；马尾松—杉木阔叶树混交林密度为1800株/hm^2，乔木层共有8个树种；四川大头茶混交林的密度为2720株/hm^2，乔木层共有8个树种；栲混交林的密度为1297株/hm^2，乔木层共有9个树种；毛竹—马尾松混交林的密度为1955株/hm^2，乔木层共有7个树种；毛竹—杉木林的密度为3000株/hm^2，乔木层仅有5个树种；毛竹—阔叶树混交林的密度为1782株/hm^2，乔木层有9个树种；毛竹纯林的密度为5300株/hm^2。

林分径级范围分布均较广，中小径阶的林木占多数，是典型的异龄林直径结构。树高分布形状主要呈现单峰山状或多峰山状。马尾松—阔叶混交林、马尾松—杉木阔叶混交林和毛竹—马尾松混交林的林木层次分布较好，乔林层的结构更合理；杉木—阔叶混交林和栲混交林的中层林木比例稍大，下层林木比例小，不利于乔木林分的自然更新；毛竹—杉木混交林的中下层林木比例较大，乔林层能够较好地自然更新；而毛竹—阔叶混交林和毛竹纯林的下层林木过少甚至没有，乔林层林分结构较差。

缙云山水源涵养林混交程度较高，群落状态很稳定。林分多处于中庸状态。针阔混交型水源涵养林的分布格局大多以随机分布为主，常绿阔叶林有从聚集分布向随机分布方向演变的趋势，而竹林群落水源涵养林整体以聚集分布为主，林分空间结构较差。

(4）缙云山水源涵养林涵养水源和净化水质功能

林分涵养水源功能强弱依次为：马尾松—阔叶混交林>马尾松—杉木阔叶混交林>杉木—阔叶混交林>栲混交林>四川大头茶林>毛竹—阔叶混交林>毛竹—杉木混交林>毛竹—马尾松混交林>毛竹纯林。针阔混交型水源涵养林群落的涵养水源功能最强，竹林群落的涵养水源功能最弱，特别是马尾松林的涵养水源功能最强，毛竹纯林的最低。针阔混交水源涵养林群落整体稍好，常绿阔叶水源涵养林群落次之，竹林群落稍差。以马尾松混交林改善水质功能较好，其次是杉木—阔叶混交林、栲混交林和四川大头茶混交林，竹林群落在改善水质功能上要弱于上述3种林分。

7.3.3 珠江中上游水源涵养林业生态工程

珠江中上游水源涵养林业生态工程以云南为例进行简单介绍。

（1）云南造林树种分布情况

①滇西北高山峡谷区。该区位于云南的西北部，西与缅甸接壤，北部与西藏相连，东部与四川交界，包括迪庆、丽江及怒江所属的范围。适宜发展的主要造林树种：大果红杉、长苞冷杉、苍山冷杉、油麦吊云杉、丽江云杉、黄背栎、川滇高山栎、红桦、川白桦、高山松、华山松、乔松、云南铁杉、秃杉、黄杉、云南松、云南油杉、麻栎、栓皮栎、多变石栎、旱冬瓜、冲天柏、银木荷、漆树、油桐、核桃。

②滇东北北部中山山原区。该区位于云南的东北部，东南、东北与贵州、四川相接，西部及西北部与四川隔江相望，主要包括昭通的绥江、永善、盐津、大关、彝良、镇雄、水富、威信等县(市)。适宜发展的主要造林树种：高山栲、峨眉栲、红桦、川白桦、华山松、乔松、秃杉、杉木、黄杉、云南松、麻栎、栓皮栎、旱冬瓜、黄樟、漆树、油桐、乌桕。

③滇东北南部中山山原区。该区地处滇中高原东北部，东与贵州的水城、威宁、赫章等县(区)相连，西以金沙江为界，南与昆明的禄劝、寻甸毗连，北与昭通的大关、彝良相接。主要包括昭通、鲁甸、巧家、宣威、会泽和东川等地。适宜发展的主要造林树种：高山松、华山松、云南铁杉、黄杉、苍山冷杉、黄背栎、川滇高山栎、峨眉栲、云南松、云南油杉、麻栎、栓皮栎、滇青冈、高山栲、冲天柏、刺柏、直干桉、蓝桉、油桐、核桃、乌桕、板栗、漆树。

④滇西中山山地区。该区位于云南西部，其西面与缅甸接壤，主要包括保山的腾冲、昌宁和龙陵北部，大理的永平、云龙、剑川、漾濞及洱源、巍山、南涧西部，德宏的梁河北部及临沧的凤庆北部。适宜发展的主要造林树种：华山松、云南铁杉、秃杉、黄杉、柳杉、云南松、思茅松、杉木、多变石栎、黄樟、云南油杉、麻栎、栓皮栎、高山栲、旱冬瓜、西南桦、冲天柏、红椿、银木荷、红木荷、滇楸、香果树、油桐、漾濞核桃、板栗。

⑤滇中高原湖盆区。该区位于云南中部、东部。西至大理苍山，东与贵州相邻，北以金沙江为界，南与新平、通海、华宁、弥勒、罗平等地相连。适宜发展的主要造林树种：苍山冷杉、云南铁杉、云南松、华山松、云南油杉、黄杉、黄背栎、川滇高

山栎、栓皮栎、麻栎、滇青冈、柳杉、滇朴、高山栲、元江栲、旱冬瓜、银木荷、锥连栎、直干桉、蓝桉、冲天柏、漾濞核桃、板栗、铁刀木、酸角、泡火绳、木棉、坡柳、苦刺。

⑥哀牢山西部中山宽谷区。该区位于云南西南和中南部，北回归线横穿该区中部。主要包括普洱的墨江、景谷、镇沅、思茅及景东南部和澜沧北部，红河哈尼族彝族自治州的红河县西部等地。适宜发展的主要造林树种：云南铁杉、秃杉、黄杉、云南松、麻栎、栓皮栎、冲天柏、思茅松、杉木、黄樟、西南桦、旱冬瓜、红椿、南酸枣、云南石梓、山桂花、八宝树、顶果木、秧青、牛肋巴、红木荷、漾濞核桃、板栗。

⑦哀牢山东部岩溶山原区。该区位于云南东南部，西以哀牢山为界，东与广西、贵州接壤，北抵滇中高原区。主要包括玉溪的新平、元江、通海及峨山，华宁南部，红河的石屏、建水、开远、个旧、蒙自、弥勒、泸西及红河、元阳、屏边北部，曲靖的师宗、罗平，文山的丘北、广南、砚山、富宁、文山、西畴及马关、麻栗坡等。适宜发展的主要造林树种：黄杉、杉木、柳杉、云南松、思茅松、华山松、云南油杉、麻栎、栓皮栎、旱冬瓜、西南桦、银木荷、红木荷、直干桉、蓝桉、柠檬桉、赤桉、顶果木、油茶、油桐、漾濞核桃、八角、牛肋巴、秧青、滇朴、蚬木、黄连木、毛叶青冈。

⑧滇南边缘中低山区。该区位于云南南部边缘一线，与缅甸、老挝、越南接壤，主要包括西双版纳、德宏的大部分地区，临沧的镇康及耿马、沧源西部，普洱的孟连、西盟及江城、澜沧南部，红河的金平、河口及绿春、屏边南部，文山的马关、麻栗坡、富宁南部等地。适宜发展的主要造林树种：杉木、麻栎、栓皮栎、旱冬瓜、冲天柏、红木荷、滇楸、思茅松、湿地松、秃杉、柳杉、黄樟、西南桦、红椿、铁刀木、云南石梓、八宝树、顶果木、绒毛番龙眼、望天树、柚木、团花、蚬木、毛坡垒、柠檬桉、赤桉、油棕、山桂花、千果榄仁、羯布罗香、云南龙脑香、版纳青梅、娑罗双树、咖啡、橡胶树、杧果、油桐、乌桕、波罗蜜。

（2）云南重点水土流失区的主要立地类型及适生树种

①干热河谷荒坡。海拔 325~1000 m，南亚热带半干旱气候。适生树种：坡柳、余甘子、山毛豆、木豆、小桐子、新银合欢、赤桉、台湾相思、木棉。

②低山山坡。海拔 1000~1500 m，北亚热带半湿润气候。适生树种：蒙自桤木、刺槐、马桑、余甘子、乌桕、栓皮栎、麻栎、滇青冈、化香树。

③低中山山坡。海拔 1500~2500 m，北亚热带湿润气候。适生树种：蒙自桤木、华山松、云南松、刺槐、马桑、栓皮栎、麻栎。

④中山山坡。海拔 2000~2500 m，暖温带湿润气候。适生树种：云南松、华山松、山杨、灯台树、高山栲、苦槠、丝栗栲、野核桃、山苍子、石栎类。

⑤高中山山坡。海拔 2500~3200 m，温带湿润气候。适生树种：云南松、华山松、高山栎、红桦、箭竹。

（3）云南主要造林树种造林类型典型设计

典型设计见表 7-8。

第7章 水源涵养林业生态工程

表 7-8 云南主要造林树种造林类型典型设计

林种	混交方式(混交比)	造林方式／造林季节	行株距(m)	每公顷用苗量(株)	清理方式及规格(cm)	整地方式及规格(cm)	幼林抚育	用途	备注
用材林——大果红杉	纯林	植苗／雨季	1×1	10 000	块状 50×50	块状 40×40×30	造林后第2、3年的5月及10月进行除草、松土、补植,以后每年1次,直至幼林郁闭		宜在海拔3000~4000 m营造,适宜棕壤、暗棕壤,适应性强,可适应瘠薄的土壤;喜光、能耐寒和耐干旱的气候
用材林——长苞冷杉	纯林	双株丛植／雨季	1.5×1.5	8889	带状清理,带宽100,带距50	块状 40×40×30	造林后第2、3年的5月及10月进行除草、松土、补植,以后每年1次,直至幼林郁闭	树皮可制作栲胶(冷杉胶)	宜在海拔3000~4000 m营造,适宜漂灰土、暗棕壤,宜在土壤湿度大的酸性土上生长;耐阴、耐寒,适宜多霜雪的气候,不耐干旱
用材林——苍山冷杉	纯林	双株丛植／雨季	1.5×1.5	8889	50×50	块状 40×40×30	造林后第2、3年的5月及10月进行除草、松土、补植,以后每年1次,直至幼林郁闭	树皮可制作栲胶(冷杉胶)	宜在海拔3800 m以下营造,也可带状清理,适宜漂灰土、暗棕壤,宜在土壤湿度大的酸性土上生长;耐阴、耐寒,适宜多霜雪的气候,不耐干旱
用材林——云南油杉	纯林	植苗／雨季	1.5×1.5	4444	块状 50×50	块状 40×40×30	造林后第2年雨季开始除草、松土,补植,以后每年1次,直至幼林郁闭	种子油可制肥皂	宜在海拔2200 m以下营造,皿坡度级也可带状整地,Ⅱ坡度级也可全面整地,适宜红壤、暗红壤,以湿润红壤、黄红壤、黄棕壤土上生长较好,排水良好,喜温暖,雨季雨水集中,无酷寒,冬季干燥无严寒的气候
用材林——高山栲	纯林	植苗／雨季	1×1	10 000	块状 50×50	块状 40×40×30	造林后第2年雨季开始松土、除草,补植,以后每年抚育1次,直至幼林郁闭	用材、薪炭	宜在海拔900~2800 m营造,适宜红壤、黄红壤、黄棕壤,在深厚、肥沃、排水良好、微酸性和中性土壤上生长较好,喜温良气候
防护林——麻栎	纯林	植苗／雨季	1×1	10 000	块状 50×50或不清理	块状 40×40×30	造林后第2年雨季抚育1次,松土、除草,补植,以后每年抚育1次,直至幼林郁闭	用材、水源涵养和薪炭,坚果淀粉可供食用和酿酒,树皮壳斗可制作栲胶	宜在海拔1000~2500 m营造,对土壤要求不严,适应各种土壤,并能耐干旱、瘠薄的土壤,适应性广,喜光和温暖气候

(续)

林 种	混交方式（混交比）	造林方式 造林季节	行株距 (m)	每公顷用苗量（株）	清理方式及规格 (cm)	整地方式及规格 (cm)	幼林抚育	用 途	备 注
防护林——银木荷	纯林	植苗 雨季	1×1 或 1.5×2.0	10 000 或 3333	块状 50×50	块状 40×40×30	造林后第2年雨季开始松土、除草、补植，以后每年抚育1次，直至幼林郁闭	用材，水源涵养和薪炭	宜在海拔1700~2700 m营造，适宜红壤、黄红壤、暗红壤，疏松的酸性沙质土壤，喜深厚，喜温暖、空气湿润的气候
经济林——油棕	纯林	植苗 雨季	4×5	500	块状 100×100	块状 80×80×60	造林后每年抚育2次并施肥	果榨油、油棕油精炼后可食用，可制肥皂等	宜在海拔800 m以下营造，可全面整地，适宜砖红壤，喜深厚，疏松、肥沃、排水良好的土壤，在种积土上生长最好；喜光，喜温暖、空气湿润，无明显旱季、月降雨量不低于蒸发量地区栽种
经济林——油茶	纯林	植苗 雨季	3×3	1111	带状宽200，带距100	带状200，深20~25，植树坑 50×50×40	造林后首次年进行除草松土，或以每年进行除草松土，施肥	种子榨油	宜在海拔1500~2000 m，级以下营造，适宜黄壤和红壤，对土壤要求不严，较肥沃的沙质壤土最好，喜温暖、空气湿润的气候，不适于春冬严重旱地区栽种
经济林——板栗	纯林	植苗 雨季	5×6 或 5×6 或 8×8	333 或 400 或 156	块状 80×80 或 全面清理	块状 60×60×50 或全面整地，深20~50，植树坑 60×60×50	以每年雨季补植，除草，施肥1次，或以每年耕代抚，结果后进行整枝工作	坚果可食用	宜在海拔1400~2500 m营造，可间种农作物，适宜红壤、黄红壤，对土壤要求不严，但在深厚、湿润、排水良好的微酸性土上生长较好，喜光，喜温暖、空气湿润的气候
经济林——杜果	纯林	植苗 雨季	5×6	333	全面清理	全面整地，深20~25，植树坑 60×60×50	造林后当年10月除草、松土1次，次年雨季补植，以后每年耕代抚，适时造肥，适时整枝修剪	用材，热带水果，果核、叶可入药，庭荫树、行道树	宜在海拔400~800 m坡度级以下的Ⅲ坡度营造，适宜赤红壤，砖红壤，喜深厚，疏松的沙壤土，喜光，幼年稍耐阴，喜高温，后期低温，不耐低温，忌霜冻

注：Ⅱ坡度级坡度范围 6°~15°；Ⅲ坡度级坡度范围 16°~25°。

本章小结

水源涵养林是指在江河源区及湖泊、水库、河流岸边发挥水源涵养与水土保持作用的森林。水源涵养林的主要功能包括水源涵养、水土保持、水质改善。水源涵养林体系应该是一种以水源涵养、水土保持为核心的防护林体系。它是由多种工程(或林种)组成的。水源涵养林业生态工程的目标是人工设计建造以木本植物群落为主体的优质、高效、稳定的复合生态系统。本章首先对水源涵养林进行了概述，然后重点介绍了南方地区水源涵养林的营造技术，从树种选择、林分类型选取、造林密度设置、整地方法、结构配置和抚育管理6个方面进行了详细介绍，最后以具体案例对南方地区和长江、珠江中上游水源涵养林业生态工程的建设情况进行了分析。

复习思考题

1. 什么是水源涵养林？哪些森林可以划分为水源涵养林？
2. 森林发挥水源涵养作用的机理有哪些？
3. 我国以什么为依据划分水源涵养林区？划分为哪几个区域？
4. 水源涵养林业生态工程体系主要包括哪些工程？
5. 选择水源涵养林造林树种时应遵循哪些原则？

第 8 章

山丘区林业生态工程

水土流失是我国面临的主要环境问题之一。我国山丘区面积大，生态环境比较脆弱，人类不合理的经济活动，致使水土流失严重，尤其是南方土石山区，降水分布不均，地理条件特殊，林业生态工程措施对于防止水土流失更显重要。山丘区林业生态工程建设主要为水土保持林体系建设。在山区和丘陵区，水土保持林从发挥其控制水土流失、调节河川径流，以及为开发山区、发展多种经营、形成林业产业提供物质基础等方面占有极其重要的地位。在水土流失的山区和丘陵区，如不切实搞好保水、保土，创造良好的生产条件，是不可能取得良好经济效益的。

8.1 山丘区林业生态工程体系

8.1.1 山丘区林业生态工程概述

水土保持林是指配置在水土流失地区不同地形地貌部位上，以水土流失控制、水源保护为主要目的的防护林。水土保持林对山丘区特别是无林少林的水土流失地区的作用主要体现在两个方面：一是林业措施占据流域较大的空间，具有林业特有的生态屏障功能；二是林业作为山丘区的一项重要产业应可以为当地提供多种林产品，包括木材、燃料、饲料、干鲜果品及其他林特产品，具有多种社会经济功能。

本教材在以王百田(2010)提出的我国黄土高原和北方石质山区水土保持林体系的基础上，针对南方山丘区的特点提出南方山丘区水土保持林业生态工程体系，并针对我国南方水土保持的科学研究和生产实践，以地形或小地貌为主要依据，结合土地利用类型，提出该体系的建设布局，见表8-1。

表 8-1 南方山丘区水土保持林业生态工程体系建设布局

体系类型	功能	地形或小地貌	土地利用类型	防护对象与目的
分水岭防护林	防护林	流域分水岭	荒地、荒草地、稀树灌草地、盖度低的灌木林地或疏林地、坡耕地	坡面侵蚀
坡面水土保持林	防护林	山丘区沟坡或陡坡面	荒地、荒草地、稀树灌草地、盖度低的灌木林地或疏林地	坡面侵蚀

(续)

体系类型	功能	地形或小地貌	土地利用类型	防护对象与目的
坡面水土保持林	用材林	坡麓、沟塌地、平缓坡面	荒地、荒草地、稀树灌草地、盖度低的灌木林地或疏林地、弃耕或退耕地	坡面侵蚀
	能源林	较缓坡面或沟坡	荒地、荒草地、稀树灌草地、盖度低的灌木林地或疏林地	坡面侵蚀
	经济林	平缓坡面	弃耕或退耕地、盖度高的荒草地	坡面侵蚀
梯田地坎(埂)防护林	防护林	山坡坡面	土埂或石埂梯田	田坎(埂)侵蚀
	经济林	山坡坡面	土埂或石埂梯田	田坎(埂)侵蚀
沟道水土保持林	防护林	沟川或坝地、沟底、沟头	荒地、荒草地、稀树灌草地	水蚀与重力侵蚀
	用材林	沟台地、山前阶地、沟道淤地坝	荒地、荒草地、稀树灌草地	水蚀与重力侵蚀
	能源林	沟台地、山前阶地边	荒地、荒草地、稀树灌草地	水蚀与重力侵蚀
	经济林	沟边、沟台地、山前阶地、沟道淤地坝	荒地、荒草地、稀树灌草地	水蚀与重力侵蚀
库岸(滩)水土保持林	水库防护林	库坝、库坡及周边	荒地、水域	水流冲刷、库岸坍塌
	护岸防护林	河岸	荒地、水域或两岸农田	水流冲刷、库岸坍塌
	河滩防护林、经济林	河滩	荒地、水域或两岸农田	水流冲刷

8.1.2 山丘区水土保持林体系的配置模式

水土保持林的配置是指在不同的地形地貌部位上,根据水土流失的形式、强度与产生方式,在适地适树基础上安排不同结构的林分,使其在流域空间内形成合理的布局,达到水土保持的目的。水土保持林体系配置的关键是做好各个林种在流域内的水平配置和立体配置。

(1) 水平配置

水平配置是指水土保持林体系内各个林种在流域范围内的平面布局和合理规划。对具体的中小流域应以其山系、水系、主要道路网的分布,以及土地利用规划为基础,根据当地发展林业产业和人民生活的需要、当地水土流失的特点,以及水源涵养、水土保持等防灾和改善各种生产用地水土条件的需要,进行各个水土保持林种的合理布局和配置,在规划中要贯彻"因害设防,因地制宜""生物措施和工程措施相结合"的原则,在林种的配置形式和与农田、牧场及其他水土保持设计的结合上,要兼顾流域水系上、中、下游,流域山系的坡、沟、川,左、右岸之间的相互关系,同时,应考虑林种占地面积在流域范围内的均匀分布和达到一定林地覆盖率的问题。我国大部分山区、丘陵区土地利用中林业用地面积要占到流域总面积的30%~70%,因此,中小流域水土保持林体系的林地覆盖率可在30%~50%。

(2) 立体配置

林种的立体配置是指某一林种组成的树种或植物种的选择和林分立体结构的配合形成。根据林种的经营目的,要确定树种或植物种及其混交搭配,形成合理的林分结构,以加强林分生物学稳定性和形成开发利用其经济效益的条件。根据防止水土流失和改善生产条件,以及经济开发需要和土地质量、植物特性等,植物种立体结构可考虑引入乔木、灌木、草类等,其中,要注意当地适生植物种的多样性及其经济开发的价值。立体配置除了上述植物选择、立体配置之外,还应注意在水土保持与农牧用地、河川、道路、"四旁"、庭园、水利设施等结合中的立体配置。

总之,要考虑通过体系内各个林种的合理的水平配置和布局,达到与土地利用的合理结合,分布均匀,有一定的林木覆盖率,各林种间生态效益互补,形成完整的防护林体系,充分发挥其改善生态环境和水土保持的功能;同时,通过体系内各个林种的立体配置,形成良好的林分结构,具有生物学上的稳定性,达到加强水土保持林体系生态效益和充分发挥其生物群体的生产力,以创造持续、稳定、高效的林业生态经济功能。

8.1.3 林种配置及树种选择的原则

(1) 林种配置原则

以土地的适宜性和限制性为原则,根据水土流失特点与土地利用方向安排水土保持林林种。林种配置原则:以小流域为基本单元;全面规划,长短结合;考虑林种的特性,地形条件,水土流失特点;形成完整的水土保护体系与可持续的产业体系。

(2) 林种划分依据

林种划分主要依据:地貌部位(或地形或土地类型)、生产目的、防护性能。

(3) 树种选择依据

①适应性强,能适应不同类型水土保持林的特殊环境。

②生长迅速,枝叶发达,树冠浓密,能形成良好的枯枝落叶层,以拦截雨滴直接冲击地面,保护地表,减少冲刷。

③根系发达,特别是须根发达,能笼络土壤,在表土疏松、侵蚀作用强烈的地方,选择根蘖性强的树种(如刺槐、卫矛、旱冬瓜等)或攀缘树种(如葛藤)。

④树冠浓密,落叶丰富且易分解,具有土壤改良性能(如刺槐、沙棘、紫穗槐、胡枝子、胡颓子等),能提高土壤的保水保肥能力。

⑤一般要注重选用乡土优良树种,也可采用引种后表现良好的树种。在适应立地条件和符合造林目的的前提下,尽量选用经济价值和生态、社会效益较高,又容易营造的树种。同时,注意选用种苗来源充足、抗病虫害性能强的树种。

8.2 山丘区林业生态工程的主要类型

山丘区林业生态工程包括分水岭防护林、坡面水土保持林、梯田地埂防护林、沟道水土保持林和库岸(滩)水土保持林。

8.2.1 分水岭防护林

8.2.1.1 功能

分水岭是指分隔相邻两个流域的山岭或高地。在自然界中,分水岭较多的是山岭、高原。分水岭的脊线称为分水线,是相邻流域的界线,一般为分水岭最高点的连线。土石质山的梁岗分水岭,石多、土薄、水土流失严重,是产生径流的起点,应当营造分水岭防护林,用以涵养水源、固结和改良土壤。

8.2.1.2 营造技术

(1)树种选择

营造分水岭水土保持林,必须综合考虑地形因素(坡度、坡向)、气候因素和植被因素,甚至社会经济因素,对山、水、田、林、路进行综合治理,贯彻"工程措施与生物措施相结合,以生物措施为主"的原则。要选择适合当地气候、土壤条件的生长迅速、寿命长、根系发达的树种。

根据南方地区小流域综合治理和生产实践总结得到分水岭防护林常用的主要树(草)种,乔木包括云南松、华山松、桤木、光皮桦、木荷、柠檬桉、大叶相思、马占相思、绢毛相思、铁刀木、黄槐、灰木莲等;灌木包括紫穗槐、胡枝子、马桑、紫薇、六月雪、黄荆条、黄檀、刺蔷薇、芦竹、火棘等;草本包括狗牙根、三节芒、野艾蒿、葛藤、常春藤、光叶含羞草等。

(2)配置与设计

①树种配置。分水岭防护林的树种配置应以灌木为主,实行乔灌结合,栽植成疏透结构的林带。高山、远山的分水岭地带,可封山育林育草,也可在完成工程措施后全部造林或带状造林。丘陵、漫岗分水岭的立地条件较好,应以乔木为主,适当混交灌木。

②林带设计。沿岭脊设置林带,带宽10~20 m,选择生长迅速而抗风、耐旱的树种。栽植采用三角形配置,乔木株行距为1.0 m×1.5 m,灌木为0.5 m×1.0 m。

(3)抚育管理

采用抚育保护方式。为迅速增加植被、保护幼林,应强调封山育林,严禁人畜破坏。林分过密影响生长时,可适当间伐,但以不破坏分水岭防护林的防护效益为原则,灌木平茬也应轮流隔行或隔株进行。

8.2.2 坡面水土保持林

8.2.2.1 功能

坡面既是山区、丘陵区的农林牧业生产用地,又是径流和泥沙的策源地。坡面土地利用、水土流失及其治理状况，不仅影响坡面本身的生产利用方向，也直接影响土地的生产力。山丘坡面大、坡度陡的沟状水土流失区，常受洪水或干旱的危害，应实行生物措施与工程措施相结合，营造坡面水土保持。

在大多数山区和丘陵区，就土地利用分布特点而言，坡面除一部分暂难利用的裸岩、裸地（主要是北方的红黏土、南方崩岗）、陡崖峭壁外，多是农林牧业用地，包括荒地、荒草地、稀疏灌草地、灌木林地、疏林地、弃耕地和退耕地等，统称为荒地或宜林宜牧地，是水土流失地区主要的水土保持林用地；还包括原有的天然林、天然次生林和人工林，属于森林经营的范畴。为控制坡面径流泥沙、保持水土、改善农业生产环境，需在坡面荒地上建设水土保持林业生态工程。由于山区、丘陵区坡面荒地常与坡耕地或梯田相间分布，因此，就局部地形而言，各种林业生态工程在流域内呈不整齐的片状、块状或短带状分散分布。但就整体而言，它在地貌部位上的分布还是有一定的规律的，它的各个地段连接起来，基本上还是呈不整齐而有规律的带状分布，这是由地貌分异的规律性决定的。

坡面水土保持林按照防护功能和生产性可分为防护林、用材林、能源林和经济林。经济林相关内容见本章水土保持经济林部分。

(1) 防护林

在山区和丘陵区，应根据区域自然环境条件，以防风固沙、水土保持、水源涵养等林种为主体，因害设防、因地制宜的片、带、网相结合所形成的综合森林防护体系。

由于山地道路、水利工程或山区矿山开发而再现的大面积坡面裸露的地方，往往是水土流失严重，容易引发山地滑坡、泥石流等灾害的策源地，配合必要的工程护坡措施和人工营造水土保持护坡林可收到良好的护坡效果。

(2) 用材林

由于过度放牧、樵采等而使原有植被遭到严重破坏，覆盖度很低，而引起严重水土流失的山地坡面，需人工营造水土保持林防止坡面进一步侵蚀，在增加坡面稳定性的同时，争取获得一些小径用材。

在小流域的高山、远山的水源地区，山地坡面由于不合理的利用，植被状况恶化而引起坡面水土流失和水文状况恶化。这样的山地坡面，依托残存的次生林或草灌植物等，通过封山育林，逐步恢复植被，形成目的树种占优势的林分结构，以发挥较好的调节坡面径流、防止土壤侵蚀、涵养水源和生产木材的作用。

(3) 能源林

发展护坡能源林的目的主要在于解决农村生活用能源的同时，控制坡面的水土流失。

8.2.2.2 营造技术

(1) 树种选择

①防护林树种选择。坡面防护林应由以木本植物为主的植物群体所组成，南方地区防护林营造常用的主要乔木树种包括柏木、马尾松、湿地松、云南松、华山松、桤木、光皮桦、木荷、麻栎、栓皮栎、槲栎、墨西哥柏、枣、刺槐、油桐、乌桕、桉、大叶相思、马占相思、绢毛相思、铁刀木、黄槐、灰木莲等；主要灌木树种包括紫穗槐、胡枝子、马桑、紫薇、六月雪、黄荆条、黄檀、刺蔷薇、芦竹等；草本主要包括狗牙根、三节芒、野

艾蒿、火棘、葛藤、常春藤等。

此外,长江中上游地区防护林营造树种选择主要以气候区和立地条件为依据,土层厚度是划分立地类型的重要因子;该区海拔相差悬殊、特别是金沙江高山峡谷地区,海拔 325~4000 m,气候带从南亚热带至寒带,也是重要因素;该区地貌不同,有中山、低山、高丘、低丘等,部位有山顶、阴坡、阳坡、山洼之别;除南方的酸性土外,还有很大一部分为钙质土,并有粗骨土、裸岩等特殊立地类型。表 8-2 为长江中上游四片重点水土流失区的主要立地类型及坡面防护林适宜树种。

表 8-2 长江中上游四片重点水土流失区的主要立地类型及坡面防护林适宜树种

类型区	立地类型	适宜树种
四川盆地丘陵(海拔 200~500 m,钙质紫色土)	丘顶薄层紫色土、粗骨土	马桑
	丘坡薄层紫色土	马桑、桤木、黄荆、乌桕
	丘坡中、厚层紫色土	桤木、柏木、马桑、刺槐
	低山阴坡中、厚层黄壤、紫色土	柏木、桤木、麻栎、枫香树
	低山阳坡薄层黄壤、紫色土	黄荆、马桑、桤木、乌桕
贵州高原西北部中山、低山(海拔 900~1500 m)	低山、土薄、中层酸性紫色土	光皮桦、栓皮栎、麻栎、枫香树、响叶杨、蒙自桤木、毛桤木、马尾松、茅栗、山苍子、胡枝子、其他灌木类
	山坡薄层钙质土及半裸岩石灰岩山地	马桑、月月青、小果蔷薇、悬钩子、化香树、朴树、灯台树、响叶杨、黄连木
四川、云南金沙江高山峡谷区	干热河谷荒坡,海拔 325~1000 m,南亚热带半干旱气候	坡柳、余甘子、山毛豆、木豆、麻风树、银合欢、赤桉、台湾相思、木棉
	低山山坡,海拔 1000~1500 m,北亚热带半湿润气候	蒙自桤木、刺槐、马桑、余甘子、乌桕、栓皮栎、麻栎、滇青冈、化香树
	低中山山坡,海拔 1500~2500 m,北亚热带湿润气候	蒙自桤木、华山松、云南松、刺槐、马桑、栓皮栎、麻栎
	中山山坡,海拔 2000~2500 m,暖温带湿润气候	云南松、华山松、山杨、灯台树、高山栲、苦槠、丝栗栲、野核桃、山苍子、石栎类
	高中山山坡,海拔 2500~3200 m,温带湿润气候	云南松、华山松、高山栎、红桦、箭竹
湖南衡阳盆地丘陵	丘陵、低山红壤(一般土层深厚)	马尾松、湿地松、枫香树、木荷、栓皮栎、麻栎、苦槠、米槠、白栎、盐肤木、杨梅、山茶、胡枝子、其他灌木类
	低丘钙质紫色土(主要为薄层土)	草木樨(先锋草本)、酸枣、黄荆、六月雪、乌桕、白刺花、小叶紫薇、马桑(试种);个别厚层土处:柏木、刺槐、黄连木、黄檀

②用材林树种选择。培育速生丰产用材林,必须选择良好的立地条件,水土流失轻微的造林地,如退耕地、弃耕地和坡度缓、土层厚、植被覆盖好的坡面。有好的速生树种,而没有好的立地条件,也是不能达到速生丰产效果。树种必须符合速生、丰产、优质、抗性强4个方面。南方地区主要用材林树种速生丰产标准见表8-3。

表8-3 南方地区主要用材林树种速生丰产生长量标准

树 种	栽培区类别	年均生长量(m^3/hm^2)	目的材种	轮伐期(年)
杉 木	Ⅰ	10.5 以上	中径材	20~30
	Ⅱ	9.0 以上	中、小径材	20~25
马尾松	Ⅰ	10.5 以上	中径材	20~30
	Ⅱ	9.0 以上	中、小径材	20~30
湿地松	Ⅰ	10.5 以上	中径材	20~25
	Ⅱ	9.8 以上	中径材	20~25
水 杉	Ⅰ	11.7 以上	中径材	15~20
	Ⅱ	10.5 以上	中、小径材	20~25
柠檬桉	Ⅰ	12.0 以上	中径材	16
	Ⅱ	9.75 以上	中径材	20

注:Ⅰ为最适宜区;Ⅱ为较适宜区。

③能源林树种选择。树种一般应选择适应于瘠薄立地,再生能力较强,耐平茬,生物产量高,并且有较高热值的乔、灌木树种。我国南方地区适宜的能源林树种包括火炬松、栓皮栎、马尾松、麻栎、黑松、白栎、窿缘桉、辽东栎、赤桉、刺槐、直干蓝桉、南酸枣、大叶桉、余甘子、蓝桉、刚果12号桉、蒿柳、尾叶桉、松江柳、雷林1号桉、枫香树、北沙柳、化香树、火炬树、木荷、木麻花、紫穗槐、铁刀木、翅荚木、大叶相思、马占相思、台湾相思、朱缨花、银荆、马桑、光皮桦、慈竹、楷木、芒、大叶栎等。

(2)配置与设计

坡面水土保持林业生态工程配置的总原则是:沿等高线布设,与径流中线垂直;选择良种壮苗;尽可能做到乔灌结合;以相对较大的密度,呈"品"字形配置种植点;精心栽植,把保证成活放在首位,在立地条件极端恶劣的条件下,可营造纯灌木林。

①防护林配置技术。配置防护林首先考虑的是坡度,然后考虑地貌部位。一般配置在坡脚以上至陡坡全长2/3为止,因为陡坡上部多为陡立的沟崖(50°以上)。如果这类沟坡已经基本稳定,应避免因造林而引起其他的人为破坏。在沟坡造林的上缘可选择一些萌蘖性强的树种,使其茂密生长,再略加人工促进,使其自然蔓延滋生,从而达到进一步稳固沟坡陡崖的效果。在沟坡陡崖条件较好的地方也可考虑撒播一些乔灌木树种的种子(表8-3),使其自然生长。

沟床强烈下切,重力侵蚀十分活跃的沟坡,只要首先采用相应的沟床防冲生物工程,固定沟床,当林木生长起来以后,重力侵蚀的堆积物将稳定在沟床两侧,在此条件下,由于沟床流水无力将这些泥沙堆积物携带走,逐渐形成稳定的天然安息角,其上的崩塌落物也将逐渐减少。在这种比较稳定的坡脚(约在坡长 1/3 或 1/4 的坡脚部分),建议首先栽植根蘖性强的树种,在其成活后,可采取平茬、松土(上坡方向松土)等促进措施,使其向上坡逐步发展,虽然它可能被后续的崩落物或泻溜所埋压,但是依靠这些树木强大的生命力,坡面会很快被树木覆盖。如此,几经反复,泻溜面或其他不稳定的坡面侵蚀最终将被固定。

沟坡较缓时(30°~50°),可以全部造林和带状造林,可选择根系发达,萌蘖性强,枝叶茂密,固土作用强的树种。

种植行的方向要与径流线相垂直,水土保持效果最好,行状配置有长方形、正方形和三角形 3 种。造林前先修筑等高反坡沟、水平沟,借以保土蓄水,改善坡面土壤水分状况。然后,造林紧紧跟上,做到以工程促生物,以生物保工程。土层薄、坡度陡、立地条件差的坡面,应先栽灌木,待其成林后再栽乔木。

片状水土流失的缓坡(15°以下),一般植被尚好,土层稍厚,可直接造林。为减免幼树被草欺压,造林前应锄草,人工挖小穴整地。

②用材林配置技术。包括人工营造法和封山育林法。

a. 人工营造法。以培育小径材为主要目的的护坡用材林,应通过树种选择、混交配置或其他经营技术措施来达到经营目的。一是要保障和增加目的树种的生长速度和生长量;二是要力求长短结合,及早获得其他经济收益(能源、家具、纺织材料或其他林粮间作收益)。造林地条件较差(如水土流失、干旱、风大、霜冻等)时,应通过坡面林地上水土保持造林整地工程,如水平阶、反坡梯田或鱼鳞坑等整地形式,关键在于适当确定整地季节、时间和整地深度,以达到细致整地、人工改善幼树成活生长条件。树种选择搭配,一般应采用乔灌混交型的复层林,使幼林在成活、发育过程中发挥生物群体相互有利影响,为提高主要树种生长及其稳定性创造有利条件;同时,采用混交、可调节、减小主栽乔木树种的密度,有利于林分尽快郁闭,形成较好的林地枯枝落叶层,发挥其涵养水源、调节坡面径流、固持坡面土体的作用。水土保持用材林可采用以下形式:

主要乔木树种与灌木带的水平带状混交:沿坡面等高线,结合水土保持整地措施,先造成灌木带(南方有些地方采用马桑等。每带由 2~3 行组成,行距 1.5~2.0 m),带间距 4~6 m,等灌木成活,经第一次平茬后,再在带间栽植乔木树种 1~2 行,行距 2~3 m。

乔、灌木隔行混交:乔、灌木同时栽植造林,采用乔、灌木行间混交(行距 2~3 m)。

结合农林间作:用乔木或灌木带带间间作农作物形式,由于农作物间作是短期的(2~3 年),对乔木或灌木树种的选择和预期经济效益应给予足够重视,因为一旦乔木或灌木纯林达到树冠郁闭,间作作物即告停止。生产上,由于种苗准备、劳力组织和多年造林习惯等原因,较多采用营造乔木纯林的方式,如果培育、经营措施得当,也可获得良好的营林效果。营造林带时,结合窄带反坡梯田或水平沟等整地措施,在幼林初期,行间间作一些农作物,既可取得一些农产品(豆类、块根、块茎作物等),又可以耕代抚,保水保土,改善和促进林木生长。

b. 封山育林法。在这类山地依托残存的次生林或草、灌等植物,采用封山育林以达到恢复并形成稳定林分的目的。在此类坡面上尽管已形成了水土流失和环境恶化的趋势,但是,由于尚保留着质量较好的立地和乔、灌、草植物等优越条件,只要采用合理的封山育林措施,再在森林自然恢复过程中给予必要的人工干预,可较快地达到恢复和形成森林的效果，这在我国南北各地封山育林实践中均得到了证明。

③能源林配置技术。坡面水土保持林体系的能源林也称为护坡能源林，在规划中，可选择距村庄(居民点)较近、交通便利而又不适于高经济利用(如农业、经济林、用材林、草场)的较缓坡面或沟坡，水土流失严重的坡地也可作为人工营造护坡能源林的土地。能源林的整地、种植等造林技术与一般的造林大致相同，只是由于立地条件差，整地、种植要求更细。在造林密度上，由于能源林要求轮伐期短、产量高、见效快，适当密植是一项重要措施。从南方各地的试验结果看，南方因降水量大，一些短轮伐期的树种，为使林分迅速郁闭，及早发挥水土保持作用，应根据树种的生物学特性适当密植，增强其涵蓄水分能力，密度可以密植，株行距为 0.5 m×1.0 m，密度为 20 000 株/hm²，如台湾相思、大叶相思、尾叶桉、木荷等；其他根据情况乔木树种可采用 1 m×2 m 或 2 m×2 m，密度为 5000~10 000 株/hm²。

(3) 抚育管理

根据不同造林方法而营建的坡面水土保持林林型采用相应的方法进行林地的抚育和管理。但在水土流失地区，需要根据坡度和坡面破碎程度等情况，采取细致整地的方式，同时采取抚育保护措施。

8.2.3 梯田地坎(埂)防护林

8.2.3.1 功能

梯田地坎(埂)防护林根据其功能类型分为防护林和经济林，主要是针对土坎和石埂梯田，是为防止田坎或田埂侵蚀而设置的水土保持林体系。

在梯田地坎(埂)上造林的功能包括：能延长工程寿命，具有保水固坎(埂)提高产量的作用，提高拦泥蓄水能力；能改善小气候，提高粮食产量和副业收入；不占用农业耕地，而且能增加林地面积，实现梯田地坎(埂)林网化；提升了生态景观，又增加了森林资源总量，是增加控制水土流失，实现村庄、梯田林网化的有效途径。

8.2.3.2 营造技术

(1) 树种选择

梯田地坎坡度陡，干土层厚，水肥条件差，选择梯田造林树种时，要掌握"适地适树，因地制宜"的原则。选择树种的一般标准为：适应性强、耐旱耐瘠薄、萌蘖能力强、速生能力好、耐平茬、根系发达、生物量大、热值高。一般可选择紫穗槐、胡枝子等灌木树种和桑、枣、茶、花椒等经济林树种。

(2) 配置与设计

梯田地坎的侧坡一般较陡，造林以插条、压条为主，不易插条和压条的树种可采用植苗或直播造林。

①水平梯田地坎造林。选择梯田地坎造林点时，既要考虑将串根和遮阴的影响降至最小限度，又要考虑耕作和采条的方便，这就应根据具体情况而定。一般在地坎外坡的 1/2 或 1/3 处造林，这样可使树冠投影绝大部分控制在地坎上，根系几乎全部分布在地坎的土层中，也有利于采条和耕作。当地坎较矮、坎高 1 m 左右且较陡时，应在上部或中部造林，也就是离地坎顶 1/3 或 1/2 处，可采用单行密植，株距为 0.5 m。采取这种形式造林，

灌木生长较快，能迅速起到防风阻拦地表径流的作用。当地坎较高、大于 2 m 以上且较陡时，应在中部或下部造林，可栽植 2~3 行灌木，株行距应为 0.5 m×0.8 m，成"品"字形排列。当地坎不太高、坡度较缓时，可在中上部或中部造林，栽植 2~3 行灌木，株行距离为 0.5 m×0.6 m，成"品"字形排列。总之在地坎营造灌木林，株距不宜超过 0.5 m，行距一般视坎埂高度而定，高者宜宽，矮者宜窄，一般为 0.5 m，最大也不应超过 0.8 m。

地坎插条造林可在春、秋两季进行，以秋季较好。秋季温度低、风较小、雨水多、墒情好，枝条处于休眠状态，埋入土中，有利于发芽生根。要选取 1~3 年生 0.5~2.0 cm 粗的健壮枝条，截成 30~40 cm 的插穗，造林株行距一般为 0.5 m×1.0 m，栽植时顺地坎斜坡垂线和重力垂线夹角的分角线方向插入，梢头少露，踩实即可。若土壤干燥，插穗要适当加长，一般为 50~60 cm。最好在修筑地埂坎时将插穗压在地埂中，既省力，成活率也高。

地坎植苗造林的树种有紫穗槐、胡枝子、桑树等，造林方法有：

压苗造林：修地埂时，在地埂外侧基部水平状按株距 50 cm 摆放一行树苗，埋苗深度应为苗木根际以上 4 cm，以免风干，培土夯实，然后按 50~70 cm 的行距摆放第二行苗，使两行苗木成"品"字形排列，继续培土夯实，使土坎外坡形成 60°的斜坡。一般地坎埂可压 1~2 行，最上一行苗距地坎顶部 30 cm 为宜。

插孔造林：用削尖的 3~4 cm 粗的木棍，按与压苗造林相同的株行距，在地坎外侧斜坡上插孔，插孔深度比树苗根际稍深 4~5 cm，放入树苗，然后在树苗孔上方 5~8 cm 处再插入木棍，木棍外端稍向下压，使苗孔密实，最后用湿土将孔填好踩实。此法比常规造林快 5 倍以上。

刨坑、扒缝造林：在埂坎外坡，采用与压苗造林相同的株行距，用铁锹挖成长、宽、深各 30~35 cm 的小坑，也可直接用铁锹插入土深 30~35 cm 处，上下摇动成一缝隙，将苗木放入坑内或缝里，使树苗紧贴坑壁，然后填上湿土踩实。

地坎直播造林：具体方法是在地坎外坡面上，仍按照以上株行距离，挖长、宽、深各 10~15 cm 的反坡坑，然后播种覆土压实。

除以上营造灌木外，有些地区，在保证农业生产的前提下，可栽植一些干鲜果等经济价值较高的树种。例如，南方不少地区利用梯田地埂和梯田栽植茶树，保持水土效果也很好。栽植经济林时，可在地埂坎中下部采取小坎式栽植，株行距采用 4~5 m 为宜。

②坡式梯田地坎造林。由于坡式梯田地坎高差较小，可在地坎上营造 1~2 行灌木林带，株行距可采用 0.7 m×0.7 m 或 0.6 m×1.0 m，呈"品"字形排列。这种造林方式，每年应采用起高垫低、里切外垫的方法加高地坎，通过人工培土和灌木本身的拦截泥沙作用，使坡式梯田逐年变成水平梯田。

③坡地生物地坎造林。在人少地多的地区，可在坡地沿等高线水平方向营造 2~4 行灌木型地坎林。采取这种营林方法，通过灌木茂密枝条的拦泥作用，以及平茬后的人工培土，逐年形成梯田。待灌木长起后，最好在梯田地坎内侧 50 cm 处，挖深、宽均为 30~40 cm 的地坎沟，以防止灌木串根，影响农作物生长发育。

④坡地石埂地坎造林。这种石埂地坎造林方法适用于石质山区取石方便的坡地，造林方法基本同地坎插条、压条造林。在修筑石坎时，按照以上株行距选好造林位置，留下碗口大的洞，采用 60~70 cm 长的插条插入洞内，用湿土填好夯实，然后继续筑埂。采用这

种造林方法，灌木越长，基茎越粗，根系越多，并钻进石缝中盘绕挤压，使石埂地坎更为牢固。在利用旧石埂地坝造林时，可将处在适当部位的小石块捅碎掏洞插条，然后用湿土填实。

(3) 抚育管理

新营造的地埂幼林地要封闭式保护管理，及时检查成活率，对缺株断行的应在下一季造林时及时补植，补植树种须与原规划树种种类、规格相同；成活率在40%以下的造林地要重新整地造林。及时防治病虫鼠害，统一组织农户清理地埂杂草，防止对幼树造成破坏。对栽植的经济林树种要注意树形修剪，灌木树种根据生长情况每3~5年进行平茬利用，促进林木更新复壮。

8.2.4 沟道水土保持林

8.2.4.1 功能

沟道水土保持林的建设目的在于充分发挥沟道水土资源的生态效益、经济效益和社会效益，改善当地农业生态环境，为发展山丘区的生产和建设，治理江河，减少水、旱、风沙灾害等服务。沟道水土保持林在改善生态环境的作用中处于重要的地位。水土保持林具有很强的保水能力，它能促进自然降水、地表水和地下水的正常循环，是天然的"绿色水库"；水土保持林达到一定数量后能降低风速，提高地面温度、湿度，减轻霜冻、干旱等，能改善该地小气候；水土保持林的枯枝落叶层能增加土壤中的含氮量、有机质，改善土壤的理化性质。因此，水土保持林的营造对沟道治理显得越来越重要。

南方土石山丘地区的沟道，根据地形、地貌、地质条件分为两类：土质沟道和石质沟道，其水土保持林业生态工程体系主要是针对这两种沟道进行建设，根据沟道的具体特点设置防护林、用材林、能源林和经济林。

土质沟道系统是由具有深厚"土层"的沿河阶地、山麓坡积或冲洪积扇等地貌上所冲刷形成的现代侵蚀沟系。土质沟道水土保持林的营造目的：获得林业收益的同时发挥保障沟道生产持续、高效的利用；稳定沟坡，控制沟头前进、沟底下切和沟岸扩张，从而为沟道全面合理利用、提高土地生产力创造条件；在石质山地和土石山地通过沟道水土保持林的配置，以分散调节地表径流，固持土壤，同时增加植被覆盖，提高农业生产力，增加林副产品收入，在发挥其防护作用的基础上争取获得一定量的经济收益。

石质沟道多处在海拔高、纬度相对较低的地区，其特点包括：降水量较大，自然植被盖度高；坡度大，径流易集中形成漏斗形集水区；沟道的底部为基岩，土层薄，基岩呈风化状态、沟道有疏松堆积物时，易引发泥石流，水土流失的潜在危害性大。石质沟道水土保持林在石质山地和土石沟道通过沟道防护林的配置，以控制水土流失，充分发挥生产潜力，防止滑坡、泥石流，稳定治沟工程和保持沟道土地的持续利用。

8.2.4.2 营造技术

(1) 树种选择

①土质沟道水土保持林树种选择。土质沟道的沟底的防护林应选择耐湿、抗冲、根蘖性强的速生树种，以湿地松、桤木为常见，还可选择柏木、马尾松、云南松、华山松、光

皮桦、木荷、麻栎、栓皮栎、槲栎、墨西哥柏、枣、刺槐、油桐、乌桕、桉、大叶相思、马占相思、绢毛相思、铁刀木、黄槐、灰木莲等。沟坡防蚀林应选择抗蚀性强、固土作用大的深根性树种，乔木树种主要有湿地松、桤木、柏木、马尾松、云南松、华山松、光皮桦、木荷、麻栎等；灌木可以选择紫穗槐、马桑、刺蔷薇等；条件好的地方，可以考虑种植经济树种，如桑、枣、板栗、茶、核桃等。

②石质沟道水土保持林树种选择。南方山地一般沟道防护林树种主要有杉木、马尾松、栎类、樟、楠木、檫木等。喀斯特山地沟道防护林树种主要有柏木、刺槐、苦楝、榆等。稳定沟道树种选择视沟道发展情况而定，沟道发展到后期，沟道中（特别是在森林草原地带）应选择水肥条件较好，沟道宽阔的地段，营造速生丰产用材林。南方地区沟道内的速生丰产用材林树种可选杉木、桉类（如柳桉、柠檬桉等）、湿地松、马尾松等。

河川地、山前阶台地、沟台地适宜建设经济林栽培园，主选树种有桃、葡萄等；在水源条件不具备情况下，可建立干果经济林，如核桃、柿、板栗、枣等。

具备建设农林符合生态工程各项条件的沟川台（阶）地，可在园间种绿肥、豆科作物，丰产林地间种牧草，农作物地间种林果等，经济林地间种蔬菜、药材等。

(2) 配置与设计

①土质沟道水土保持林配置技术。土质沟道根据不同发育特点，采用相应的配置。稳定的沟道，沟道农业利用较好，沟道采用了打坝淤地等措施稳定沟道纵坡、抬高侵蚀基点的地区，选择水肥条件较好、沟道宽阔的地段，发展速生丰产用材林。还可以利用坡缓、土厚、向阳的沟坡，建设果园。造林地的位置可选在坡脚以上沟坡全长的2/3处。如果沟道的中、下游侵蚀发展基本停止，沟系上游侵蚀发展较活跃，沟道内进行了部分利用，可在有条件的沟道打坝淤地，修筑沟壑川台地、建设基本农田；沟头防护工程与林业措施的结合，如配置编篱柳谷坊、土柳谷坊、修筑谷坊群等；在已停止下切的沟壑，如不适于农业利用时，宜进行高插柳的栅状造林。如果沟道的整体侵蚀发展都很活跃，整个沟道均不能进行合理的利用，对这类沟系的治理可从两方面进行：一是距居民点较远又无力治理，采用封禁的办法；二是距居民点较近处，在沟底设置谷坊群，固定沟顶、沟床的工程措施并结合生物措施。

a. 进水凹地、沟头防护林配置方式。可根据集水面积大小进行配置：集水面积小、来水量小时在沟头修筑涝池，全面造林；集水面积极小时，把沟头集水区修成小块梯田，在梯田上造林；集水区比较大、来水量比较多时，要在沟头修筑一道至数道封沟埂，在埂的周围全面造林；在集水面积大、来水量多时，修数道封沟埂，在垂直水流方向营造密集的灌木林带。可采用编篱柳谷坊和土柳谷坊对进水凹地、沟头进行防护，具体配置见以下内容。

编篱柳谷坊：在沟顶基部一定距离（1~2倍沟顶高度）内配置的一种森林工程，它是在预定修建谷坊的沟底按0.5 m株距，1~2 m行距，在与水流方向垂直的方向平行打入两行1.5~2.0 m长的柳桩，然后用活的细柳枝分别对2行柳桩进行缩篱到顶，在两篱之间用湿土夯实到顶，编篱坝向沟顶一侧也同样堆湿土夯实形成的迎水的缓坡。如图8-1所示。

土柳谷坊：在谷坊施工分层夯实时，在其背水一面卧入长为90~200 cm的2~3年生的活柳枝或结合谷坊两侧进行高秆插柳。

图 8-1 沟头编篱柳谷坊

b. 沟底谷坊工程。在比降大、水流急、冲刷下切严重的沟底,必须结合谷坊工程造林形成的森林工程体系,主要形式有柳谷坊(可在局部缓流外设置)、土柳谷坊、编篱柳谷坊和柳碥石谷坊。沟底谷坊工程的作用是可以抬高侵蚀基准,防治沟道下切;需遵循顶底相照的原则,即

$$I = h/(i - i_c) \tag{8-1}$$

式中 I——两谷坊之间的距离,m;

h——上下两谷坊之间的有效高度,m;

i——沟底比降,%;

i_c——两谷坊之间淤积面积应保持的不致引起冲刷的允许比降,即平衡剖面时的比降,%。

同时,谷坊工程在位置的选择上应遵循先支后干、肚大脖细、地基坚实且离开弯道的原则,在数量上也需根据沟道长度和谷坊高度决定,如图 8-2 所示。

图 8-2 谷坊设置

c. 沟底防护林配置方式。为了拦蓄沟底径流,防止沟道下切,缓流挂淤,在水流缓、来水面不大的沟底,可全面造林或栅状造林;在水流急、来水面大的沟底中间留出水路,两旁全面或雁翅形造林。

全面造林:一般是在支毛沟上游,冲刷下切强烈,河床变动较大,沟底坡度>5%时,结合土柳谷坊,全面造林,造林时注意留出水路。株行距一般为 1 m×1 m,多采用插柳造林,也可用其他树种。

沟底栅状或雁翅形造林:此方法适用于比降小,水流较缓(或无长流水)冲刷下切不严重的支毛沟或坡度较缓的中下游沟道,一般每隔 50~80 m 横向栽植 3~5 行林木,采用紧密结构,如图 8-3 所示。

d. 沟坡防蚀林配置方式。沟坡防护林营造的主要目的是稳定沟坡，防止扩展，充分利用土地，发展林业生产。造林时，先在沟坡中下部较缓处开始，然后在沟坡上部造林。一般来说，坡脚处是沟坡崩塌堆积物的所在地，土壤疏松，水分条件比较好，可营造经济林。一般在坡脚 1/3～1/2 处，造片林，如图 8-4 所示。为提高造林成活率，坡度过陡或正在扩展、比较干旱的沟坡，要在秋季先削成 35°坡，并进行鱼鳞坑或穴状整地，也可梯台整地，翌年春季实施造林。

图 8-3 栅状造林示意

图 8-4 沟坡防蚀林示意

e. 沟沿防蚀林配置方式。沟沿防蚀林工程营造的主要目的是防止径流冲刷造成崩岸，稳定沟岸。营造沟沿防护林应与沟边线的防护工程结合起来，在修建有沟边埂的沟边且埂外有相当宽的地带，可将林带配置在埂外，如果埂外地带较狭小，可结合边埂，在内外侧配置，如果没有边埂则可直接在沟边线附近配置。在沟沿造深根性灌木树种，靠外侧营造乔灌木混交林带；如果沟坡没有到自然倾斜角（黄土 65°～80°、黄黏土 65°、壤土 45°、砂土 33°）时，可以预留崩塌线。造林结构可以靠沟沿栽植 3～5 行紧密结构的灌木带，紧靠灌木带营造乔灌异龄、复层混交林，如图 8-5 所示。

② 石质沟道水土保持林配置技术。配置要点包括 6 个方面：高中山营造水源涵养林，中低山和丘陵山地营造水土保持林；集水区全面造林，营造乔灌混交林、异龄复层林；侵蚀严重的荒坡实行封山育林；主伐时分区更新轮伐；配合植被恢复措施，建立沟道谷坊群（集中使用）、骨干控制工程；在地形开阔、土层较厚的坡脚进行农林牧综合利用。

在山地坡面得到治理的条件下，在主沟道可适当进行农业经济林利用；在一级支沟或二级支沟的沟底有规划地设计沟道工程；在沟道下游或接近沟道出口处，在沟道水路两侧多修筑成石坎梯田或坝地，并在坎边适当稀植一些经济林树种和用材林树种。为防止山地

图 8-5　沟沿防蚀林示意

泥石流灾害发生，坡面营造水土保持林时，在树种选择和林分配置上应使之形成由深根性和浅根性树种混交异龄的复层林。成林的郁闭度应达到 0.6 以上。并注意采取适合当地条件的山地造林坡面整地工程(如反坡阶、水平沟、反坡梯田等)。稳定的沟道中应选择水肥条件较好、沟道宽阔的地段，营造速生丰产用材林。要求稀植，造林密度应小于 1650 株/hm²（短轮伐期用材林除外），采用大苗、大坑造林。沟道有水源保证的可引水灌溉，生长期要加强抚育管理。宽敞河川地或背风向阳的沟台地，各种条件良好，适宜建设经济林栽培园。具备建设农林符合生态工程各项条件的沟川台(阶)地，园间种绿肥、豆科作物，丰产林地间种牧草，农作物地间种林果等，经济林地间种蔬菜、药材等。

(3) 抚育管理

沟道水土保持林的抚育管理技术，根据不同造林方法营建的林型采用相应的方法进行林地的抚育和管理。由于沟道内土淤积快、土层深厚、土体相对黏重、土壤水充足，其他草本植物生长迅速。抚育管理的关键是松土和除草，包括除草、松土、正苗、除藤蔓植物，以及对萌蘖性强的树种进行幼林保护等。除此之外，还要根据具体树种、造林密度和经营强度等具体情况而定。

8.2.5　水库、河岸(滩)水土保持林

8.2.5.1　功能

水库、河岸(滩)水土保持林包括水库防护林和护岸护滩林。

(1) 水库防护林

水库防护林主要是在水库潜岸周围建造的防护林，是为了固定库岸、防止波浪冲淘破坏、拦截并减少进入库区的泥沙，使防护林起到过滤作用，减少水面蒸发，延长水库的使用寿命。另外，水库周围营造的多树种、多层次的防护林，可利用其作为夏季游憩场所，同时还有美化景观的作用。

(2) 护岸护滩林

护岸护滩林是生长在有水流动的河滩漫地与无水流动的广阔沿岸地带的植物群体，是组成沿岸群落的林分。护岸林是沿江河岸边或河堤配置的绿化措施，用以调节地水流流向，抵御波浪、水流冲刷的水土保持技术，一般包括护岸林、护堤林和护滩林。

水库、河岸(滩)水土保持林的适用范围主要是水库周边、无堤防的河流、有堤防的河流、河漫滩发育较大的河流。

8.2.5.2 营造技术

(1)树种选择

在水库、河岸(滩)水土保持林设计中，选择造林树种是一项十分重要的内容，与其他林种比较，其对造林树种的要求有较大的差异。水库、河岸(滩)林带的造林树种应具有耐水淹、淤埋、生长迅速、根系发达、萌芽力强、易繁殖、耐旱、耐瘠薄等特性。另外，应考虑树种的经济价值及兼用性。南方地区的水库、河岸(滩)水土保持林主要适宜树种见表8-4。

表8-4 南方地区的水库、河岸(滩)水土保持林主要适宜树种

区 域	主要适宜树种
长江上中游地区	柳杉、水杉、池杉、欧美杨、响叶杨、滇杨、柳树、樟、楠木、刺槐、乌桕、桉树、丛生竹、枫杨
中南、华东(南方)地区	金钱松、水杉、池杉、落羽杉、欧美杨、毛白杨、花楸树、薄壳山核桃、枫杨、苦楝、榆、槐树、乌桕、黄连木、檫木、栾树、梧桐、泡桐、枣、喜树、榉树、垂柳、旱柳、柳、银杏、杜仲、毛竹、刚竹、淡竹、木麻黄、隆缘桉、杞柳、合欢
东南沿海及热带地区	湿地松、加勒比松、黑松、木麻黄、隆缘桉、巨尾桉、尾叶桉、赤桉、刚果桉、台湾相思、大叶相思、马占相思、粗果相思、银合欢、勒仔树、露兜类、红树类

注：引自《生态公益林建设技术规程》(GB/T 18337.3—2001)。

关于选择接近水面或可能浸水地的造林树种的耐水浸能力，杜天真等(1991)于鄱阳湖测定：金樱子、丝棉木、柞树、狭叶山胡椒、黄栀子、杞柳可耐水浸90～120 d；乌桕、垂柳、旱柳、池杉、加杨、桑、三角槭等耐水浸60～70 d；而樟、枫香树、苦槠、枫杨、紫穗槐、悬铃木、水杉等水淹至根颈部位不至造成死亡(一般可耐水浸30 d左右)。同一树种耐水淹性能的强弱还与立地条件、本身的生长发育情况、年龄、水淹季节等有关，坡面形态和其地质状况不同，应根据实际情况选择。

(2)配置与设计

①水库防护林配置技术。不同立地类型采用的配置技术不同，具体如下：

a. 废弃地整治绿化与库区管理区绿化。由于水工程的废弃地整治后有良好的灌溉水源，应根据条件营建经济林等有较高经济效益的绿色工程；也可结合水上旅游进行园林式规划设计。水库管理区绿化实际上属于园林绿地规划设计的范畴。

b. 坝肩、溢洪道周边绿化。坝肩和溢洪道绿化应密切结合水上旅游规划进行设计，宜乔、灌、草、花相结合，点、线、面相结合，绿化、园林相结合；充分利用和巧借坝肩和溢洪道周边的山形地势，创造美丽宜人的环境。

c. 水库库岸及其周边防护林。包括水库防浪灌木林和库岸高水位线以上的岸坡防风防蚀林。如果库岸为陡峭基岩构造类型，则无须布设防浪林，视条件可在陡岸边一定距离布设防风防蚀林或种植攀缘植物，以加大绿化面积。因此，库岸防护绿化的重点应放在由疏

松母质组成和具有一定坡度(30°以下)的库岸类型。在设计水库沿岸防护林时,应该具体分析研究水库各个地位等持续的时间和出现的频率、主风方向、泥沙淤积特点等,然后根据实际情况和存在的问题分地段进行设计,不能无区别地拘泥于某一种规格或形式。即使同一个水库,沿岸各地段防护林带的宽度也是不相同的。当沿岸为缓坡且侵蚀作用不强烈时,林带宽度可为 30~40 m;而当坡度较大,水土流失严重时,其宽度应不小于 50~60 m,有时可达 100 m 以上。

水库防浪灌木林:一般从正常水位略低的位置开始布置,以耐水湿灌木为主,如灌木柳,因为其具有较强的弹性,能很好地削弱波浪的冲击力量。同时,借助于其旺盛发达的根系也可固持岸坡土壤,增强其抗蚀能力。这种防浪林带越宽、栽植密度越大,其防护作用也越大。布设宽度应根据水面起浪高度计算确定。据观察 15~20 行的灌木柳防浪林可以削弱高达 1.0~1.3 m 的浪头而保护岸坡免于其冲淘破坏。对于护岸防浪林,灌木柳可以适当密植,其株行距多采用 1.0 m×1.5 m 或 1.5 m×2.0 m。

岸坡防风防蚀林:除防风控制起浪、控制蒸发外,还应与周边水上旅游规划结合起来,构成环库绿化美化景观。林带宽度应根据水库的大小、土壤侵蚀状况等确定,同一水库各地段也可采取不同的宽度,从十数米到数十米不等。林带结构可根据情况确定为紧密结构或疏透结构。乔木树种株行距为 2 m×2 m 或 3 m×3 m。距离库岸较近的可选择旱柳、垂柳等耐水蚀的树种。距水面越远,水分条件越差,应根据立地条件,选择较为耐旱的树种如松属、柏属的树种等。

d. 坝前低湿地造林。坝前低湿地水分条件较好,可选择耐水湿的树种如垂柳、旱柳、杨、丝棉木、三角槭、桑、池杉、乌桕、枫杨等营造速生丰产林。造林时应注意离坝脚 8~10 m,以避免根系横穿坝基。遇有可蓄水的坑塘,可整治蓄水养鱼、种藕,布局上应与塘岸边整治统一协调,形成林水复合生态工程。

e. 回水线上游沟道拦泥挂淤林。回水线上游沟道应营造拦泥挂淤林,并与沟道拦泥工程相结合,如土柳谷坊、石柳谷坊,还应与当地流域综合治理相结合。

②河岸(滩)水土保持林配置技术。具体如下:

a. 护岸林。当河身稳定,有固定河床时,护岸林可靠近岸边进行造林;河身不稳定时,河水经常冲击滩地,可在常水位线以上营造乔木林,枯水位线以上营造乔灌混交林;河流两岸有陡岸不断向外扩展时,可先作护岸工程,然后再在岸边进行造林或者在岸边留出与岸高等宽的地方进行造林。护岸林的宽度主要根据水流的速度确定,宽度一般为 10~60 m,采用(0.75~1.00) m×(1.0~1.5) m 的株行距。林带宜采用混交复层林,在靠近水流的 3~5 行应选用耐水湿的灌木,其他的可采用乔灌木混交类型。

b. 护堤林。靠近河身的堤防,应将乔木林带栽植于堤防外平台上。在堤顶和内外坡上不可栽植乔木,只能营造灌木,充分利用灌木稠密的枝条和庞大的根系来保护和固持土壤。护堤林带应距堤防坡脚 5 m 以外,防止根系穿堤,株行距宜为(0.75~1.00) m×(1.0~1.5) m。当堤防与河身有一定距离时,在堤外的河滩上,距堤脚 5 m 以外营造 10~30 m 平行于堤防的护堤林带,在靠近河身一侧,可栽植几行灌木,以缓流拦沙,防止破坏林带和堤防。条件允许时,在堤防内侧平台栽植 10~20 m 宽的林带,护堤林带应采用乔灌混交的复层林。

c. 护滩林。一般应采用耐水湿的乔灌木，垂直于水流方向成行密植，可营造雁翅形护滩林(图8-6)。在河床两侧或一侧营造柳树雁翅形丛状林带。多采用插条造林方法，丛状栽植，栽植行方向要顺着规整流路所要求的导线方向，林带与水流方向呈30°~45°角，行距2 m，丛距1 m，每丛插条3根，一般多采用1~2年生枝条，

图8-6 雁翅形护滩林配置

长30~40 cm，直径1.5~2.0 cm。为了预防水冲、水淹、沙压和提高造林成活率，可采取深栽高杆杨、柳。栽植深度：林缘、浅水区为80 cm，林内60 cm，滩地50 cm，地面保留主干高度一般为50~150 cm。插条多采用1~2年生、长1~2 m的嫩枝，平均用条量3000~4500 kg/hm²，最多达12 000 kg/hm²。丛状造林从第3年起，每年初冬或早春，结合提供造林条源对丛状林分进行一次平茬，诱发萌蘖，增加立木密度，增强林分缓流落淤能力。汛期应及时清理浮柴，扶正林木和泥沙压埋的灌丛，为林分正常生长发育创造条件。

(3) 抚育管理

水库、河岸(滩)水土保持林根据不同造林方法营建的林型应采用相应的方法进行林地的抚育和管理。制定水库、河岸(滩)水土保持林营造、管理、更新的发展规划，在确保防护功能的基础上，提高经济效益。要建立专业管理队伍，苗木选育、栽培、抚育、更新、采伐、加工等要全程管理。造林树种在保证防护效果的前提下，选用经济价值高的树种，提倡营建混交林，特别在不淹水的大堤背水面可丰富造林树种，保持水库、河岸(滩)水土保持林持续稳定的综合效益。

8.2.6 水土保持经济林

8.2.6.1 功能

经济林是以生产果品、实用油料、饮料、调料、工业原料和药材等为主要目的的林木。水土保持经济林(又称水土保持经果林)是指在水土流失地采用水土保持技术措施营造的可有效控制水土流失并生产果品、油料、饮料、调料、工业原料和药材等林特产品的林木。

水土保持经济林是配置在水土流失地区合适的地形部位(如山区和丘陵区的坡面、山脚等)，以获得林果产品和取得一定经济收益为目的，并通过经济林建设过程中高标准、高质量整地工程，以蓄水保土，提高土壤肥力；同时本身也能覆盖地表，截留降水，防止击溅侵蚀，在一定程度上具有其他水土保持林类似的防护效益。水土保持经济林具有显著的经济效益、生态效益和社会效益，其屏障作用和产业作用并存且不可替代。

8.2.6.2 营造技术

(1) 树种选择

坚持造林立地条件与树种的生物学特性和生态性相一致的原则。选择多树种造林，防止树种单一化；因地制宜地确定树种的合理比例；适地适树，充分利用乡土树种，选择稳定性好，抗旱、抗病虫害能力强的树种。我国南方地区经济林栽培区划及栽培品种见表8-5 (何方，1999)。

表 8-5 南方地区经济林栽培区化及栽培品种

栽培区划		栽培品种
北亚热带	四川盆地北缘山地工业原料亚区	落叶栎类、漆树、油桐、核桃、板栗、茶等
	甘肃南端丘陵山地木本油料亚区	油桐、乌桕、栓皮栎、棕榈、杜仲、柿、茶、花椒、枣、核桃、漆树;天然竹类有淡竹、慈竹;曾引种油橄榄、毛竹;局部地区还可以栽培柑橘
	陕南秦巴山地木本油料及工业原料亚区	核桃、普通油茶、油橄榄、黄连木、水冬瓜、乌桕、油桐、板栗、柿、漆树
	湖北木本油料及干鲜果亚区	油茶、油桐、乌桕、板栗、柿、杜仲、厚朴、银杏、柑橘、桃、李、茶、桑等;安陆银杏、罗田甜柿、板栗全国著名
	豫南低山丘陵干鲜果品亚区	油茶、油桐、板栗、枣、厚朴、杜仲、苹果、梨、桃、李等
	皖中丘陵平原干鲜果品亚区	油茶、油桐、乌桕、桑、杜仲、厚朴、板栗、青檀、山苍子、茶等;金寨板栗、六安茶全国有名
	苏中低丘平原干鲜果品亚区	主要是生态防护林树种
中亚热带	苏南宜溧低山丘陵鲜干果桑茶亚区	枇杷、杨梅、柑橘、板栗、银杏、桑、茶、油桐、毛竹、美国山核桃、乌桕
	皖南山地丘陵干鲜果桑茶亚区	青檀、板栗、山核桃、茶、桑、油茶、油桐、乌桕、银杏、棕榈、山苍子、杜仲、厚朴、三桠、枇杷、猕猴桃等
	浙江鲜干果桑茶亚区	油茶、油桐、乌桕、枇杷、杨梅、厚朴、柑橘、香榧、山茱萸、棕榈、银杏、漆树、山核桃等
	闽中—闽北干鲜果茶与木本油料亚区	油茶、油桐、油橄榄、乌桕、板栗、锥栗、厚朴、漆树等
	鄂东南低山丘陵木本油料及果茶亚区	油茶、油桐、板栗、银杏、杜仲、柑橘、桑、茶等
	江西木本油料、茶及果茶亚区	油茶、油桐、千年桐、乌桕、板栗、樟、竹类等
	湖南木本油料及干鲜果亚区	油茶、油桐、乌桕、湖南山核桃、板栗、枣、银杏、杜仲、厚朴、毛竹、水竹、茶等
	粤北山地丘陵木本油料、果茶亚区	油茶、油桐、千年桐、山苍子、板栗、南华李、枣、茶、桑等
	桂北低山丘陵木本油料、果茶亚区	油茶、油桐、银杏、柑橘、柚、板栗等
	贵州木本油料及工业原料林亚区	油桐、油茶、核桃、乌桕、木姜子、山苍子、板栗、柿、漆树、五倍子、栓皮栎、棕榈、杜仲等
	云南(中亚热带)木本油料、果、茶及工业原料林亚区	核桃、野核桃、油桐、油茶、乌桕、漆树、竹类、板栗等
	四川木本油料、果、茶及工业原料林亚区	油桐、白蜡树、花椒、咖啡、紫胶等

(续)

栽培区划		栽培品种
南亚热带	闽东南沿海丘陵果、茶亚区	香蕉、荔枝、龙眼、柑橘等
	台北台中低山丘陵果、茶亚区	柑橘、香蕉等
	粤中丘陵台地果、茶、桑亚区	柑橘、橙、荔枝、龙眼、香蕉、番石榴、阳桃、木瓜、杧果等
	桂中低山丘陵木本油料、干鲜果、茶亚区	油桐、油茶、山苍子、柑橘、柚、橙、猕猴桃、板栗等
	桂南丘陵台地鲜果、香料亚区	荔枝、龙眼、香蕉、杧果、黄皮、柑橘、八角、肉桂等
	滇中南低山丘陵果、茶及工业原料林亚区	香蕉、茶、八角、紫胶等
北热带	台南丘陵台地果、茶亚区	香蕉、龙眼、杧果、木瓜、咖啡、胡椒、山地茶叶等
	雷州低丘台地果、胶、香料亚区	桉、香蕉、椰子、咖啡、龙眼、杧果、荔枝、大蕉、波罗蜜等
	琼北低丘台地橡胶、果及饮料亚区	橡胶、椰子、胡椒、香蕉、龙眼、杧果、咖啡等
	滇南中地山台地橡胶、果亚区	橡胶树、咖啡、槟榔、波罗蜜、红毛丹、香蕉、荔枝、龙眼、杧果、版纳柚、茶等
中热带	琼南台陵台地橡胶、油料、果亚区	橡胶树、槟榔、腰果、椰子、油棕、胡椒、香蕉、龙眼等
	东沙、中沙、西沙群岛亚区	难以发展经济林

(2) 配置与设计

①配置原则。因地制宜，适地适树；以乡土树种为主，引进品种为辅，以灌木为主，乔木为辅；根据当地的立地条件和技术经济要求，选用合理的整地方式，减少对原生地貌的扰动。

②整地方式。南方地区经济林可采用穴状整地和水平阶整地。穴状整地适于地形破碎的坡面和沟底，穴径 0.40 m，穴深 0.40 m。水平阶整地适用于坡面比较完整、土层较厚的坡面，阶面宽 1.0~1.5 m，具有 3°~5°反坡或阶边设埂，上下两阶的水平距离以设计的造林行距控制。为熟化土壤、改善土壤结构、蓄水保墒、提高造林成活率，在造林前一年秋季整地为好。

(3) 抚育管理

造林后应及时进行松土、锄草，做到除早、除小、除了，对影响幼树生长的穴外高密杂草要及时割除，连续进行 3~5 年，每年 1~3 次。松土锄草应做到里浅外深，不伤害苗木根系，深度一般为 5~10 cm。对造林成活率不合格的林地，应及时进行补植。

8.3 山丘区林业生态工程典型案例

8.3.1 山丘区水土保持林营造典型案例

徐红梅等（2010）对三峡库区低山丘陵区水土保持林营建技术进行了论述，主要包括 3 方面内容。

8.3.1.1 树种选择

树种选择是植被建设的基础。目前，在植被建设实践中，水土保持林树种选择多依据树种特性、林种规划、造林技术与经验定性选择，少部分依据树种水土保持效益和抗性实验定量筛选。这些方法普遍存在片面性和科学性、系统性不强等缺点。唐万鹏等（2010）针对三峡库区的自然、社会和生态条件，构建了水土保持树种选择综合评价指标体系，提出了研究区水土保持林树种选择数量化评价模型，并对48个参选树种分成3个等级进行了综合评价。

8.3.1.2 结构配置

利用纯人工林防治水土流失的作用十分有限，特别是林相单一的人工阔叶林。从森林保持水土机理而言，以木本植物为主体的生物群体及其环境综合体涵养水源作用最大。因此，要想充分发挥植被保持水土效应，必须营造乔、灌、草相结合的多树种、多层次的异龄混交林。群落结构配置采用的主要技术措施有树种搭配、混交林营建、农林复合与坡地生物篱和自然植被模拟等技术。

8.3.1.3 近江景观防护林模式

三峡库区低山丘陵区中海拔在175~300 m的地区确定为近江景观防护林，柳杉、枫香树、栗树、刺桐、樟、南酸枣、棕榈、刺槐、旱柳和毛黄栌等树种不仅树姿优美，而且具备一定的生态价值和经济价值，为该区优选树种；雷竹、慈竹、茶、柑橘、脐橙等经济价值和观赏价值均较高，可适用在该区营建生态茶（果、竹）园。

(1) 沟道防护林模式

该模式适用于库区沟道两侧，主要目的是稳定沟道，防止沟道向长、宽、深发展，使上游冲刷下来的泥沙淤积在沟道中，淤地造田，避免对沟道下游的农田、水利设施造成严重的危害。选择耐湿能力强的当地树种如枫杨、香椿、喜树、桤木、樟等，双侧单行配置，小穴整地，规格为穴径为0.6 m，深度为0.5 m，株距为2.5 m。

(2) 景观护路林模式

该模式适用于库区道路两侧，主要功能一方面是保障道路安全，包括路况良好、路基及边坡稳定，防止出现大面积边坡裸露区域；另一方面是自然景观功能，增强库区植被的景观效益。

①樟+紫穗槐模式。樟双侧单行配置，大穴整地，规格为0.6 m×0.5 m×0.5 m，株距为4.0 m；紫穗槐双行带状配置，水平沟整地，规格为带宽0.5 m，深0.5 m，种植间距为3.0 m×0.4 m。

②针阔混交模式。阔叶树种选择枫香树、乌桕和漆树等，这类植物秋季叶色变红、变黄和马尾松、柏木等常绿针叶树种混交，穴状整地，规格为0.7 m×0.7 m×0.7 m，株间混交，以落叶树种为主，常绿树种与落叶树种混交比例为1∶3。

③观光果园模式。选择经济价值高，春季开花或秋季结果有观赏价值的果树品种，包括板栗、油桃、脐橙和甜柿等，在库区主干道两侧开阔地营建观光果园。注重选择优良品系和经营管理，穴状整地，规格一般为0.5 m×0.5 m×0.5 m，种植间距一般为4.0 m×4.0 m。

④护岸林模式。该模式主要选择具有一定景观价值和经济价值且根系发达（尤其是须

根发达)的树种如枫杨、樟、雷竹和柑橘等。枫杨、樟双行带状配置,大穴整地,规格为 0.8 m×0.4 m×0.4 m,株行距 3.0 m×4.0 m;雷竹、柑橘 5 行带状配置,大穴整地,规格为 0.8 m×0.6 m×0.6 m,株行距 3.0 m×4.0 m。

8.3.2 山丘区水土保持经济林营造典型案例

麻风树(*Jatropha podagrica* Hook.)正名佛肚树,又名膏桐、麻疯树、小桐子(四川)、臭油桐(贵州)、黄肿树(广东)、芙蓉树、假花生(广西),为大戟科麻风树属半肉质落叶小乔木或大灌木。多为药用栽培植物。原产于美洲,现广泛分布于亚热带及干热河谷地区,我国主要分布在南方地区的云南、四川、贵州、广东、广西、福建、海南及重庆。一般生长在干热河谷的路边、田舍边、江河边或山坡草地处。

8.3.2.1 苗木管理

(1)实生繁殖

①种子选择。育苗用的种子应选择处于结实盛期、产量高、含油率高的母树采种,育苗种子应在果实充分成熟时采集,最佳采集时间为果实黄熟且开始变硬、变褐时。

②圃地选择及整理。苗圃地应选择地势平坦、交通便利、排灌方便的地方,并根据地势和水源情况整理成高床、平床、低床 3 种,苗床宽度一般为 1.0~1.2 m,长度依实际地形而定。播种前每平方米床面施用经混合均匀的复合肥 25~80 g、多菌灵 5~30 g,并翻拌均匀,深度约 10 cm,然后平整好床面。

③种子处理。选择粒大、饱满、净度高的种子,为提高种子的出芽率,可将种子放入 40 ℃温水中浸泡 24~48 h,在播种前用 0.5%的高锰酸钾水溶液或 50%的多菌灵 500 倍液浸泡 20~30 min 进行消毒处理。

④播种方式。点播:株行距 10 cm×15 cm,深度 2~3 cm,点播后覆土厚度为种子直径的 2 倍左右;条播:行距 10 cm×15 cm,粒距 5~7 cm,深度为种子直径的 2~3 倍,播后覆盖细土;撒播:直接在已整平的苗床上均匀撒播种子,播后覆盖细土,覆土厚度为种子直径的 2 倍左右。

⑤播种时间。根据当地的气候条件确定播种期,麻风树种子成熟时间不同,在亚热带干热河谷地带其播种时间不受季节限制,可采取随采随播的方式。

⑥播种量。300~450 kg/hm^2,为保证苗木质量,以 300 kg/hm^2 为宜。

⑦田间管理。播种后要及时浇水,并在苗床上覆草或铺设塑料薄膜保湿。经 5~10 d 种子即可发芽。幼苗出土后,要及时撤除覆盖物,以免妨碍苗木生长。出土幼苗生长极为迅速,这期间应注意及时施肥,但要遵循"薄施勤施"的原则,以施复合肥及尿素为主。一般施肥以 1 次/月为宜,施肥的时间尽量选择在阴天或晴天傍晚的时候进行,每次施肥后及时用清水浇苗,以免苗木遭受肥害。叶面喷肥则以晴天无雨的傍晚为宜,且需于翌日清晨用清水浇苗。苗期还应及时除草,应做到除早、除小和除了,以保证幼苗的正常生长。

(2)扦插繁殖

①插穗采集。扦插的插穗应在良种采穗圃采集,如无专门的采穗圃,则一定要选择生长健壮、无病虫害、产量高、含油率高的作为采穗母树。在采穗母树上选择当年生已半木质化的枝条或直径 1 cm 的 1~2 年生硬枝,要求生长健壮且无病虫害。

②插穗处理。将采集的枝条剪成15~20 cm长的插穗，在干旱地区或疏松土壤插穗宜长，湿润地区或土壤较黏重插穗宜短。此外，粗壮枝条可短些，细弱枝条可长些。插穗上端切面要剪成平口，并用溶蜡涂封，下端剪成斜面，制穗用的刀具一定要锋利，要求切口平滑、不劈裂。尽量做到随采条、随制穗、随扦插，如制备好的穗条不能及时扦插，应注意穗条保湿。扦插前可用50%多菌灵800倍液浸泡水消毒10 min，捞起晾干后再放置于100~200 mg/L的生根粉或萘乙酸溶液中浸泡2 h，待用。麻风树扦插容易成活，插穗也可不用药剂处理，但必须消毒。

③扦插时间。不同时期扦插成活率差异较大，最适宜的扦插时期为每年的湿热季节，一般可在每年的7~8月扦插。

④扦插方法。插苗时，可采用直插或斜插方式进行扦插，插入深度为穗条长度的1/3~1/2，穗条地上部分一般保留2~3个芽，株行距为15 cm×20 cm。扦插时要把土压实，使土壤与插穗入土部分紧密接触，插完后及时浇水淋透苗床土层，并在苗床上搭建拱棚以保温保湿。

⑤田间管理。扦插后未生根前，视天气情况每隔一定时间要对苗床喷水，使苗床土壤始终保持湿润状态，棚内湿度应保持在80%~85%，喷水后将拱棚压盖严实，并适度遮光，一般用70%左右的遮光网即可。棚内温度控制在20~35 ℃，最高不超过35 ℃，若超过35 ℃，应揭膜通风透气，降低温度。待插条生根后，可逐步去除遮光网，增加光照时间。同时注意及时排涝、除草和病虫害防治。扦插苗长出2~3片小叶后，每隔10~15 d可用0.1%~0.2%的尿素喷施1次，移植前还可用0.2%左右的磷酸二氢钾水溶液进行根外追肥，移植前10 d左右开始控苗炼苗。

8.3.2.2 建园及管理

(1) 林地选择

适宜种植于年均温16 ℃以上，≥10 ℃的有效积温在5000 d·℃以上，最低气温不低于-4 ℃，年日照时数在2200 h以上，海拔1800 m以下，土层厚度30 cm以上，土质疏松、排水性、透气性良好的土壤。

(2) 整地

通常种植于次生林地、荒山荒坡及其他条件较差的不能种植作物的地块。造林前要对林地的杂草、灌木进行必要的清理，林地清理通常采用以种植穴为中心的块状清理和水平带状清理。整地通常可采用鱼鳞坑、反坡水平阶、等高水平沟和种植塘4种整地方式。整地时间宜在上一年的雨季初期进行，一般在10月至翌年4月，其中以10~12月最为适宜，种植穴规格通常为40 cm×40 cm×40 cm、50 cm×50 cm×50 cm、60 cm×60 cm×60 cm。

(3) 苗木定植

选择在雨季造林，一般以6月前后为宜，但各地因雨季时间有差异，特别是干旱地区，如雨势河谷地区则可适当推迟，待进入雨季且雨下透后即可开始栽植。而在亚热带以南地区不受季节限制，幼苗移植造林全年均可进行。定植时如遇晴天，应在早上或下午比较凉爽时进行栽植。

(4) 幼林抚育管理

幼林一般需要抚育3年,每年抚育1~2次,主要是进行补植、松土、除草、施肥、定干和除萌抹芽。苗木定植后应及时检查成活并进行补植;在定植当年雨季结束时和翌年雨季前后各进行1次松土和除草;在定植翌年雨季前后各进行1次施肥,雨季前株施20~40 g氮肥,雨季后株施100~500 g复合肥;待麻风树长至近1 m时,在离地约60 cm处截干,并及时抹除树干基部的萌芽,在树干0.4~0.6 m的高度范围内保留3~5个生长健壮的饱满芽即可。

(5) 成林管理

①肥水管理。在干旱季节或地区,应根据具体情况适时灌溉。但在春梢停长后到秋梢停长前要注意控水,以控制新梢后期的生长。雨季则应注意及时排涝。麻风树成林地每年需抚育2次,6月底至7月中旬进行第1次,主要是除草和松土,在除草松土时深度不超过8 cm;12月底到翌年1月进行第2次,主要是中耕松土,以不伤害苗木根系,挖翻深度20~25 cm,第2次宜结合施肥进行抚育,每株施用农家肥20~25 kg,或复合肥1.0~1.5 kg。另外,每年4月中下旬至5月应追施花果肥,株施氮肥100~200 g、过磷酸钙300~400 g、采果后株施100~200 g三元复合肥。

②整形修剪。苗木定植后头3年是培养树形的关键时期,修剪时间宜在早春萌芽时进行,也可在冬季进行。定干后要培养3~5个主枝,并在选留的上一级次枝条0.4~0.6 m处通过截枝培养二级、三级分枝,在三级分枝上0.4~0.6 m处再进行截枝,诱导生成结果枝,树形宜采用自然心形。

(6) 采收与贮藏

①采收。麻风树有边开花边结果的特性,从开花到种子成熟约需3个月,生产中应根据果实的成熟情况分批适时采收。当果实外部由黄熟渐变为黑褐色时即达到最佳采收期,此时采收的种子含油率最高。采收时对结果部分比较低的可进行手工采摘,而对于结果部分比较高的则可借助高枝剪等工具采摘或用木棒打落后收捡,成熟果和干果要分开装。采摘果实时应尽量避免损伤树体并加强自身防护,以免麻风树的汁液对皮肤和眼睛等造成刺激和伤害。果实采收后,应及时晾晒或烘干,然后脱壳、除杂。

②贮藏。经脱壳、除杂等处理的种子应于阴凉、通风、干燥的地方贮藏。贮藏过程中应注意防止种子受潮霉变及防止虫害、鼠害的发生。不同批次及不同产地的种子应分别存放,育苗用的种子贮藏时间不宜超过1年。

本章小结

水土保持林是人类改造大自然的伟大工程之一,它对社会及生态环境有多方面的影响。山丘区水土保持林业生态工程的实施具有重大的现实意义。从全方位的角度进行分析,考虑水土保持林对生态系统中其他因子的关系,才能形成完整的森林防护体系。本章系统讲述了南方山丘区林业生态工程的体系,并且对体系内分水岭防护林、坡面水土保持林、梯田地坎(埂)防护林、沟道水土保持林和水库河岸(滩)水土保持林的防护、用材、能源、经济功能及其营造技术(从树种选择、配置技术要点和抚育管理)进行了详细的介绍,最后辅以具体案例。

复习思考题

1. 什么是水土保持林业生态工程?
2. 简述坡面水土保持林业生态工程配置的总原则。
3. 护坡林树种选择有哪些特点?
4. 什么是护岸护滩林?简述其功能。
5. 河川护滩林和河川护岸林的配置特点分别是什么?
6. 营造水库防护林的目的是什么?
7. 水库防护林的配置包括哪些部分?
8. 简述经济林的概念。
9. 简述我国营造经济林的技术要点。

第 9 章

南方典型区域林业生态工程

9.1 沿海防护林

我国历来十分重视沿海防护林建设工作,自 20 世纪 50 年代初期我国沿海各省份(北至辽东半岛,南达海南岛)相继开展沿海防护林造林绿化技术的试验研究工作。经过几十年的发展,沿海防护林的功能、结构、规模和科技创新都得到不断发展。从单林种向复合型多林种防护林体系发展,从单一生态型防护林向多功能型综合防护林体系发展,从纯林向多树种多层次的复层混交林发展,从纯林业模式向林、农、牧、渔相结合的综合治理模式发展。

9.1.1 沿海防护林的概念和类型

(1) 概念

沿海防护林简称"海防林",是指沿海以防护为主要目的的森林、林木和灌木林。其中,沿海基干林带,即沿海国家特殊保护林带,具体划定为:沙岸 200 m、泥岸 100 m、岩岸临海一面坡面。

目前,沿海防护林体系是建立一个符合沿海地区自然条件和经济规律,集生态、经济和社会效益为一体,自然和人工相结合,以木本植物为主体的生物群体。这个群体的结构,其外延包括农、林、牧、渔各业之间的相互地位、相互关系,即相互协调与合理布局;其内涵包括内部各组成要素的相互连接和相互作用,即体系自身的格局、结构和效益,做到防护林与用材林、经济林等多林种布局,带、片、网等多种模式配置,乔、灌、草等多树种结合,从整体上形成一个因害设防、因地制宜的综合防护林体系。

(2) 类型

具体来说,依据防护目的与造林位置分类,典型的沿海防护林体系由以下类型组成:①前缘促淤造陆消浪林。在潮上带和潮间带营造耐盐、耐湿、耐瘠薄的先锋植物,目的是消浪、促淤、造陆、保堤。②海堤基干林。海堤基干林带是沿海防护林体系的主体,目的是固土护堤、防潮抗灾,同时兼有防风、防飞盐、防雾、护渔、避灾功能。③片林。海堤向内陆部分垦区,营造速生丰产林、果园、银杏园等商品林,不仅具有很高的经济效益,而且具有区域性的防风、防飞盐、防雾、保健等功能。④农田林网。可以改善农田生态环境，保障农作物丰产稳收。⑤围村林。在居民点的房前屋后植树造林形成围村林，具有保护人民生命财产安全和生活安定的功能。

沿海防护林除了按照海岸类型规划以外，也可以按照不同的林种来分类，不同林种的林带结构与配置特点也有所不同。沿海防护林常见的林种主要有：防浪林、沿海水源涵养林、沿海水土保持林、沿海农田防护林和沿海"四旁"绿化林等。

9.1.2 沿海防护林生态工程模式

林带结构决定着林带的生态稳定性及功能性。防护林的结构性常用疏透度作为区别结构优劣的重要标志之一。围绕着最适疏透度，国内外学者利用林带、野外模型和风洞等条件进行了大量的研究。结果表明，具有最适疏透度的疏透结构林带往往具有较为理想的防护效益。

9.1.2.1 防浪林的结构与配置

防浪林是指在潮间带的盐渍滩涂上造林，以达到防浪护堤和促淤为主要目的的一个特殊的林种，同时兼有防风、防飞盐、防雾、护渔、避灾等功能。适宜在盐渍滩涂上生长的树种和草本，可用于营造防浪林。

在海岸线以下造林，在涨潮涌浪时，由于林冠的阻挡，可防御海浪冲毁堤坝，同时也可以促使淤泥在林下淤积。我国暖温带至亚热带沿海地区主要是在潮间带种植大米草，热带和南亚热带沿海的潮间带，则以营造红树林为主，在广东、海南沿海也分布有水松林。

防浪林的宽度一般均在百余米至千余米，应根据海岸线以下适宜造林的宽度和防浪护堤的需要而定。水松林一般营造在高潮位线与海岸线之间。

9.1.2.2 沿海水源涵养林和水土保持林的结构与配置

由于我国沿海地区丘陵山地和海洋岛屿坡度普遍较大，土壤比较干燥，以及易降暴雨等原因，水土流失比较严重，据统计，平均每年水土流失约 $3000\ t/km^2$。又由于沿海地区人口密度大、人为活动频繁、植被稀少、城市集中、工业发达、经济繁荣，所以淡水资源普遍比较短缺。一些沿海城市和海岛上的居民，饮水也十分困难。因此，搞好沿海山丘坡地的绿化是沿海防护林体系建设的重要内容。

营造水源涵养林和水土保持林应选择根系发达、树冠繁茂，较耐干旱瘠薄的树种。其整地方式一般以采用块状整地比较好，原有植被尽可能保留，造林密度要求适当大一些。造林后要加强幼林的管护，促使提早郁闭成林。适宜撒播造林的树种尽可能采用撒播造林，这样可减少因整地造林对植被的破坏。

9.1.2.3 沿海农田防护林的结构与配置

营造沿海农田防护林应该根据当地自然条件、灾害情况来考虑，同农田水利基本建设、交通道路建设、村镇建设规划同步进行。在江南沿海水网平原地区，一般可沿江、河、渠、堤、路及村庄农舍来规划设计营造农田防护林。做到既绿化了"四旁"，又不占或少占耕地，并起到较好的防护作用。康立新等(1997)研究表明，以农林比例 5∶1，株行距采用小株距、大行距(4 m×12 m)配置形式的综合经济效益最高。

沿海农田防护林规划同一般的农田防护林规划设计内容相同，也包括林带方向、带间距离、林带宽度、造林密度及种植点配置、树种选择、林带结构等，但在具体的设计上有所不同。

(1) 林带方向

林带方向也称林带走向，一般主林带的走向与当地主风方向的夹角越大，其防护效能也越佳。从理论上来说，主林带走向在与主风方向垂直时，其防风效果最佳。但是沿海平原地区的主风方向往往不是固定不变的，尤其是在台风的主风方向是呈旋转性的。干冷风的主风方向是从西北、偏北至东北，大致呈90°夹角。所以林带走向如果同西北风方向相垂直，那么同东北风方向就是相平行了。而夏、秋季节的主风方向则往往是从东南至西南，也大致呈90°角旋转。所以沿海地区的主风方向比较难以确定。因此，还要根据防护区内主要作物的种类来考虑林带的走向。一般作物的花期和果熟期易遭受风害，所以还必须通过了解花期和果熟期的主风方向来确定林带的方向。

如上所述，沿海平原地区的主风方向不确定，不同季节有不同的主风方向，同一季节其主风方向也是变化不定的。所以林带一般可沿路、河、沟、堤、渠设计，既可做到少占耕地，又达到绿化"四旁"的目的。

林网最好采用正方形，也可根据实际需要扩大为1∶2或1∶3等长方形网格。

(2) 带间距离

带间距离是指农田防护林网中相平行两条林带之间的垂直距离。带间距离直接关系森林防护效能和耕地生产力的发挥。带间距离要根据林带的有效防护距离来确定。林带的主要树种壮龄时的平均树高称作林带高度，林带高度减去保护区内农作物(或果树)的平均树高即为林带有效高度。主林带的带间距离一般为林带有效高度的15~20倍，副林带的带间距离为林带有效距离的20~30倍。例如，浙江玉环沿海平原的文旦防护林，其主要树种是木麻黄，设计林带平均树高15 m，文旦高3 m，那么林带有效高度12 m。由于文旦需要防冬季的干冷风，更主要是防御台风，所以主风方向难以确定。林网设计部分主林带与副林带，带间距离确定为林带有效高度的15倍，那么带间距离为180 m。如果保护区内的农作物为水稻，水稻高度为1 m，木麻黄林带的有效高度就是14 m，带间距离确定为林带有效高度的20倍，那么水稻区的带间距离就是280 m。

(3) 林带宽度

林带两侧边行之间的距离再加每边各1 m的林缘称作林带宽度。合理的林带宽度就是要求在最大限度地发挥林带防护效果的前提下，尽可能少占用土地。根据各地的经验，以窄带小网格的农田防护林网的防护效果较为理想，林带占地比较少。如浙江玉环解放塘农场的文旦防护林，主副林带均由2行木麻黄组成，行距1.0~1.5 m，株距1.5~2.0 m，即林带宽度为3.0~3.5 m。一般沿路、河配置，林带基本上不占耕地，而且胁地少，又可起到护岸、护路及行道树的作用，而且防护效果较理想，林网内的风速降低率达50%以上。

常受强风袭击的滨海外缘基干林带立地条件特殊，当台风侵袭时，还受浪潮冲击，致使沙土流失，威胁林带本身的巩固。外缘基干林带一般宽30~70 m，复杂地段可宽50~100 m而且要密植造林，植距1.0~1.5 m。永久性主林带的宽度需要植树6~8行，副林带不少于4行，以保证林带能够抗击台风和维持林带的稳定性。

(4) 造林密度及种植点配置

造林密度应根据林带宽度、树种和立地条件来确定。在路、河、渠、沟、堤旁营造防护林带，一般可利用路旁及河、沟、渠、堤旁的斜坡来配置林带，可以不占用耕地和极少占用耕地。造林密度要根据斜坡的宽度来确定。一般斜坡较窄的可设计窄林带，即在斜坡的上侧及距下侧 0.5 m 左右的地方各种植一行，行距一般为 0.5~1.5 m，株距 1.5~2.0 m，种植呈三角形配置。斜坡宽度不足 1 m 的，只宜种植一行乔木，株距 1.0~1.5 m 即可。如果林带宽度在 3 行以上，即行距一般为 1.5~2.0 m，株距可与行距相同，也可大于或小于行距，应根据不同树种而定。种植点呈三角形配置为好。

(5) 树种选择

选择农田防护林树种，不仅要考虑林带的防护作用，而且必须考虑树种的生物学特性和经济价值。所以，农田防护林树种必须选择速生、高大，树冠较窄而浓密，寿命长，抗风力强，不易风折和风倒，主根深长，侧根不远深，能适应当地的土壤和气候条件，并具有较高经济利用价值的树种。

在沿海盐碱土、潮土地带，宜选择木麻黄、桉树、榆树、落羽杉、水松、杂交柳、杂交杨、女贞、柏木、乌桕、棕榈、刺槐、绒毛白蜡、紫穗槐等。

平原农区可选择荔枝、蒲葵、柑橘、柿、梨、桑、文旦、苹果等果树，可极大提高防护林的经济效益，减小林农争地的矛盾。由于果树的经济效益比一般的农作物高，可以得到农户的精细管护，生长良好，也就可以更好地发挥防护效益。

(6) 林带结构

林带结构主要有紧密结构、透风结构和疏透结构，它是由林带宽度、林带断面形状、造林密度、树种、种植点配置和管护措施决定的。从防护作用来看，一般以疏透结构林带较为理想。

农田防护林一般以窄带小网络为好，林带较窄，透风系数就较高，所以应该适当提高造林密度，栽植点呈三角形配置，可以提高防护效能，而且农田林网主体带完整度越高，抗灾效果越大，以主林带无断带，林木保存率大于 90%的林网抗倒能力最大，水稻倒伏率及倒伏减产率最小，修复技术主要是植苗补植和林带自株移植。

根据"因害设防，因地制宜"的原则，在沿海受台风危害且树木易破坏的地区，由于存在台风路径多、风向旋转和风力大等因素，防风林特别是海堤基干林带宜营造单株树受风压最小的林带(如屋脊形)；在强风发生较少地区，宜多营造通风而低矮的梯形断面林带。改变林带断面形状是提高基干林带防风效应的有效途径。

9.1.2.4 沿海"四旁"绿化林的结构与配置

"四旁"绿化是沿海防护林体系的重要组成部分，不但要以绿起来为目的，而且要求达到绿和美的统一，既要绿化，又要求达到美化；既要有较好的生态效益，也要有较好的社会效益和一定的经济效益。

沿海"四旁"绿化可根据立地条件、土地资源状况、民俗风情等情况进行造林。树种应选择抗性广泛、适应性强、病虫害少的乡土树种。城市通道的"四旁"绿化树种应选择树干通直、冠幅较大、生长健壮的高大乔木；村镇"四旁"绿化树种的选择和结构设计应符合区域地理人文环境、展现地域的自然景观、稳定植物景观；沿海风口地区的"四旁"绿化树种应具有耐贫瘠、抗风能力强的特点；立地条件好的"四旁"绿化应考虑栽植珍稀树种，提升整体质量。

9.1.3 沿海防护林营造技术

沿海地区自然环境和立地条件繁杂多样，因此，必须全面灵活地应用森林培育的原理和方法，因地制宜，多林种、多树种造林，造、封、管、护并举，才能保证造林成功，获得良好效果。

9.1.3.1 沿海沙地特性与树种选择

不同地区的沿海沙地种类和性质不尽相同，以下根据距海远近、风和海水等作用的情况，将沙地分为潮积滨海沙土、风积滨海沙土和残积滨海沙土等类型。

(1)潮积滨海沙土与树种选择

潮积滨海沙土主要分布在海滩的高潮线以外和潮水沟两侧，范围不宽，一般100 m至数百米。这种沙土母质是由潮水涨落带来的矿物质粒（主要为石英砂）和海生动物残体（如破碎的贝壳）所组成。由于长期受潮水侵袭的影响，潮积滨海沙土土壤含盐量高，一般在0.2%以上，局部高达0.6%~1.2%，土壤碱性，pH值7.5~9.0，可分为沙质滩涂和泥质滩涂。沙质滩涂的土壤质地较疏松，由于含沙量较多，透气透水性能较好，土壤含盐量也较少；泥质滩涂，土壤淤泥黏性大，透水性差，易板结，不易脱盐，土壤含盐量比沙质滩涂高，碱性强。潮积滨海沙土造林宜选择适应盐碱沙地生长的抗风、固沙、耐旱、耐贫瘠、耐潮汐盐渍的树种，如木麻黄、相思树、黑松、刺槐、垂柳、旱柳、臭椿、苦楝、毛白杨、榆树、桑、梨、杏、紫穗槐、柽柳、红树等。

(2)风积滨海沙土与树种选择

风积滨海沙土是潮积滨海沙土形成后的延续产物。由于潮水涨落差的连续作用和夏季风向吹扬，在海滩的内缘地带重新堆积而形成的风积沙土，其地貌有沙丘、垄岗状沙丘、丘间低地、平沙地、沙堆、沙滩、沙堤等。各类风积滨海沙土质地粗细不一，肥力也不同，宜选择不同的造林树种、草种。如沿岸沙丘和沙滩，宜选择抗风蚀、耐刈割、沙埋，耐海水浸渍的木麻黄、湿地松、桉树、大叶合欢、露兜树、夹竹桃、黄槿、柽柳等，或采用桉树×木麻黄、大叶合欢×木麻黄等；在山东、河北及辽西的风积滨海沙土区以刺槐、紫穗槐最为适宜。福建沿海常用大叶合欢、刺桐、麻风树、黄槿、苦楝、台湾相思等树种。

(3)残积滨海沙土与树种选择

残积滨海沙土的特点是上层为沙，下层为母岩，此类沙土面积不大。由玄武岩残积的沙土多数已改良开垦为农业用地，质地较细，较肥沃。可选择抗风、固沙的湿地松、桉树、相思树、大叶合欢、麻风树、龙眼、荔枝、苹果、梨等树种。

9.1.3.2 造林技术

(1)整地

①沙荒地。整地时间不宜提前，可随造林随整地。流动沙地、沙丘、沙堤等，植穴宜小，避免风蚀；固定沙地，可进行带状或大穴整地；地下水位过高时，要深翻沙土，开沟

排水，堆沙起垄，进行高垄、高台整地。结合整地可客土施肥，改良土壤肥力。

②滩涂地。为了降低土壤盐分，应适当提早整地，一般在造林前一年的秋冬季完成，有利于土壤经过一段时间的风化、雨淋，降低土壤中含盐量。常用的整地方法有：全面翻犁或隔行翻犁，在平坦有机耕条件的地区，可全面翻犁作畦或隔行 1~2 m 翻犁作畦，畦宽 1.4 m，畦高 50 cm 左右；筑大畦起垄，适宜在低洼地，畦宽 2.4 m，畦高 60~70 cm；筑堆，一般堆高 70~80 cm，堆径 100~140 cm，每公顷 4500 堆。上述各种方法，挖穴都宜浅（一般 20 cm 左右），结合整地应施足基肥。

③侵蚀丘陵山地。根据山地坡度、土壤侵蚀、造林目的等来选择。整地方法主要有：水平带状整地和水平阶整地，适宜坡度较小，土壤侵蚀程度轻，营造果树、速丰林、经济林等；鱼鳞坑整地，适宜水土流失严重、坡度较大的山地。筑鱼鳞坑时，先用生土培埂，熟土回坑，筑成半圆形坑穴和土埂，埂面宽 20~30 cm，坑距 2 m×2 m、1 m×1 m，成"品"字形排列；水平沟整地，适宜在土壤侵蚀严重的山地，如切沟侵蚀。水平沟一般深度 50~60 cm，外筑地埂，在沟间每隔 30~50 m 修一个土墩，以防止水土流失。

（2）造林密度

①沙荒地、风口地段。应合理密植，加大造林密度，据树种、立地条件确定。一般株行距 1.5 m×1.0 m、1.0 m×1.0 m、0.5 m×1.0 m，每公顷栽植 6000~20 000 株。

②滩涂地。据树种确定，株行距为 2.0 m×1.0 m、1.0 m×1.0 m，每公顷栽植 5000~10 000 株。

③侵蚀丘陵山地。据侵蚀程度和树种、坡度等因素确定，株行距 2.0 m×1.0 m、1.0 m×1.0 m、0.5 m×1.0 m，每公顷栽植 5000~20 000 株。

（3）栽植技术

①沙荒片林。选择春、夏雨季造林。选用优良品种，Ⅰ、Ⅱ级壮苗或容器苗、大苗作为造林材料。如木麻黄裸根苗要求苗高 80~100 cm，地径 1 cm，根系完整，侧须根发达。造林方法可采用植苗造林、截干造林、扦插造林等。栽植时可合理修剪苗木枝条和根系，以减少水分蒸腾，施足基肥，并适当深栽（比原根际高出 15 cm），踩实踏紧。

②沙荒风口地段造林。沙荒风口特指沙质海岸线上风沙、海潮危害严重地段形成的治理十分困难的缺口。沿海地区人民经过长期探索，采取工程措施和生物措施相结合的综合治理办法，如设置以挡风竹篱为主的综合治理方法、以挡风石墙为主的综合治理方法、以先种草固沙为主的综合治理方法、以筑石堤为主的综合治理方法等。造林苗木应选用容器苗或大土球苗，选择雨季，适当密植，施足基肥，深栽踏实，搞好防护，做到 1 年造，2~3 年补植，4 年见成效。

③滩涂地防护林。据不同地类合理确定栽植深度。在陆地、堤岸或浅滩沙地，栽植宜深些，一般比原土痕深 10~15 cm；在泥质滩涂地栽植，则宜浅栽培土，一般比原土痕高 1~2 cm。造林苗木选用优良品种容器苗、大苗，以植苗穴植为主，施足基肥，分层踩实踏紧。选择春、夏雨季，阴天进行。

（4）营造混交林

长期以来，我国沿海防护林普遍存在树种单一、结构简单的问题，很多海岸基干林带、农田防护林网，都是单一树种的纯林，没有形成多树种、多林种的林分结构，生态系统稳定性差，致使防护功能先天不足。为提高沿海防护林的防护效能，实现从一般性生态防护功能，向以应对海啸和风暴潮等突发性生态灾难为重点的综合防护功能的扩展，应从沿海的实际情况出发，合理安排好林种布局，提倡营造多林种、多树种、多层次、多功能的混交林。

①混交树种。各地可根据适地适树和造林目的的要求合理选择混交树种。如福建沿海地区海岸基干林带以木麻黄为主要树种，选择大叶相思、大叶合欢、湿地松、窿缘桉、柠檬桉、黑松等为混交树种。

②混交方法。沿海防护林常用带状混交、块状混交、株间混交、林网网格混交等。林网网格混交是以防护树种营造成防护网格，并在网格间的空地上栽植各类经济树种。

③混交比例。可据树种、立地条件、混交方法等合理确定，一般混交树种的比例应比主要树种小。

9.1.4 沿海防护林营造典型案例

9.1.4.1 区域概况

本案例沿海生态防护林位于浙江余姚约 3.5 km 的沿海地段。余姚地处宁绍平原中心，总体地貌呈南部低山丘陵，中部水网平原和北部滨海平原。全市林地面积 60 470 hm^2，占土地总面积的 46.54%，森林覆盖率 45.05%，其中生态公益林面积 22 628 hm^2，商品林面积 37 841 hm^2。主要植被类型为亚热带针叶林、亚热带竹林、常绿落叶阔叶林、灌木草丛等，主要经济林种类有杨梅、茶、葡萄和绿化苗木等。气候属于北亚热带季风气候，四季分明，年平均气温 16.2 ℃，年日照时数 1792 h，空气相对湿度 78%，全年无霜期 230 d，初霜从 11 月中旬开始。终霜在 3 月下旬，年平均年降水量 1425 mm。沿海地土壤呈强碱性（pH 值平均为 8.61），含盐量较高（平均达 0.46%），土壤质地为砂土（砂粒含量为 91%）。根据第二次全国土壤普查土壤养分分级标准，该区域土壤有机质、全氮、全磷和全钾含量低，均处于 5 级水平。周边土地利用方式主要为农业用地，以渔业和种植业（榨菜）为主，其余为荒地。

9.1.4.2 结构配置

(1) 树种选择

乔木：意杨，胸径 3 cm；栾树，胸径 3 cm；国槐，胸径 3 cm；女贞，胸径 3 cm；无患子，胸径 4 cm；绒毛白蜡，胸径 3 cm；金丝垂柳，胸径 4 cm；中山杉，胸径 3 cm；红叶石楠，地径 3 cm；珊瑚朴，胸径 6 cm。灌木：夹竹桃，株高 150 cm，三分叉；海滨木槿，地径 3 cm。

(2) 配置模式

树种配置模式整体为多树种混交，多层次复合，以乔木为主体搭配灌草，注重考虑生物多样性和结构完整性，兼顾生态功能和景观功能。主要采用以下几种配置模式：

①意杨(2 行)、栾树(2 行)、国槐(2 行)、女贞(2 行)、意杨(2 行)、夹竹桃(1 行)，株距 2.0 m，行距 2.5 m。

②夹竹桃(1 行)、意杨(4 行)、女贞(2 行)、栾树(2 行)、女贞(2 行)、栾树(2 行)、

意杨(2行)、金丝垂柳(1行)、夹竹桃(1行),株距2.0 m,行距2.5 m。

③夹竹桃(1行)、意杨(1行)、女贞(2行)、无患子(2行)、绒毛白蜡(2行)、女贞(2行)、中山杉(2行)、意杨(2行),株距2.0 m,行距2.5 m。

④夹竹桃(1行)、栾树(1行)、意杨(1行)、女贞(1行)、意杨(1行)、女贞(2行)、栾树(2行)、无患子(2行)、意杨(4行),株距2.0 m,行距2.5 m。

⑤红叶石楠(4行)、珊瑚朴(4行)、海滨木槿(2行)、夹竹桃(1行),株距1.5 m,行距1.5 m。

⑥夹竹桃(2行)、红叶石楠(6行)、夹竹桃(2行),株距1.5m,行距1.5 m。

9.1.4.3 营造技术

(1)土壤改良(整地)技术

①物理改良。合理布局沟渠,填洼抬地,降低地下水位,以利于洗盐和排盐,快速降低土壤含盐量。

沟渠设计标准和参数:以每100 m为一个标准段,每5 m横向设置一条二级排水沟,规格为上宽×深×下宽=40 cm×30 cm×30 cm;每间隔100 m纵向开一条一级排水沟,规格为上宽×深×下宽=80 cm×60 cm×40 cm。

地形处理:在地垄(规格长100 m×宽5 m)上除草和整地,将清理后的杂草翻入底层作为阻隔层防止返盐。同时根据实际地形进行土地平整,利用开沟的土方在每一块种植地因势造型做成龟背状以利排水。客土改良:利用邻近329国道复线工程中的农耕地表土进行造林地客土改良。

②化学改良。施用化学酸性肥料(如过磷酸钙和磷酸二氢钾)以活化和提高土壤中的钙质,降低土壤的pH值。

③生物改良。套种绿肥(如田菁、大麦、野豌豆或天蓝苜蓿)等以培肥土壤,绿肥在土壤中的降解可有效降低造林地土壤的碱性。种植穴内施用腐熟有机肥或砻糠作为底肥兼作隔离层。

(2)苗木定植技术

①挖穴和施肥。种植穴规格,乔木为50 cm×50 cm×50 cm,灌木为40 cm×40 cm×40cm。种植穴改土,种植穴底部施入砻糠(2.5 kg/穴)或有机肥(乔木为5 kg/穴,灌木为2.5 kg/穴),同时注意有机肥与植物根部定植时不能直接接触。种植穴适当客土(土壤资源来源于其他工程用地表土)。

②苗木定植。适时造林,分别在2008年和2009年的秋冬季(11月以后)和早春(4月以前)营造防护林。苗木修剪,苗木定植前,全部进行疏枝摘叶,截干处理,以减少水分蒸发。适当密植,乔木树种密度(株行距)为2.5 m×2.0 m,灌木树种密度为1.0 m×1.0 m。适当浅栽,定植时,根球上沿与地相平以避免过深遭受盐害,根部用客土堆起高出地面10 cm左右,压实。支架支撑,先用竹竿在迎风向斜插入泥土中1.0 m深,然后用布条或细麻绳绑紧,使树木不能晃动,再在树林的纵向和横向用竹竿连成一个整体,以增强抗风能力。

③抚育管理。地面覆盖,初期利用砻糠和秸秆直接覆盖,中后期利用地被植物(天蓝苜蓿、田菁、狗牙根或芦苇等)的刈割残体进行地面覆盖,以保墒增湿,提高树木的成活率。每年刈割杂草3~4次,并及时松土,补施有机肥或生理酸性肥料(如过磷酸钙或磷酸

二氢钾），定期进行病虫害监测和防治等。做好特殊时期的管理维护工作，如雨季及时排水。旱季及时浇水灌溉，台风季节支撑架加固等。

总的来看，浙江沿海土壤属于砂土，强碱性，土壤水肥缓冲能力弱，养分贫瘠，造林难度大，成本高，对造林所用苗木的规格以及环境适应性提出了较高的要求。在防护林构建的实践中发现，夹竹桃、绒毛白蜡、中山杉和金丝垂柳耐盐性高，对盐碱地环境的适应性高，在盐碱地的生态修复和高效利用中有较大的利用价值；而栾树、女贞和无患子当年存活率很高，但树高和胸径年生长率低，表明栾树、女贞和无患子为很强的抗逆树种。栾树、女贞、无患子和国槐等虽然都是有针对性选择的抗逆树种，但移栽过程对盐碱环境的适应性较弱，容易导致移栽成活或成林率低。

植物对生长环境具有适应性，植物移栽过程中对新环境的适应过程越快和能力越强，移栽的成活或成林率就越高。提高植物对新环境适应性的措施有：植物带土球移栽、截干处理、地表覆盖、穴土改良和固定支撑等；开展造林地原地或邻近地育苗。因此，为增强树种对滩涂盐碱环境的适应性，提高移栽成活率，建议除了采取常规造林技术外，积极开展造林地原地或邻近地育苗。

9.2 石漠化地区林业生态工程

9.2.1 石漠化地区林业生态工程概况

石漠化是石质荒漠化的简称，是指在热带、亚热带湿润、半湿润气候条件和岩溶极其发育的自然背景下，受人为活动干扰，地表植被遭受破坏，导致土壤严重流失，土地生产力衰退或丧失，基岩大面积裸露或砾石堆积的土地退化现象，是荒漠化的一种特殊形式。石漠化已经成为我国现阶段面临的突出生态环境问题之一，是西南岩溶地区的灾害之源、贫困之因、落后之根，严重制约着石漠化地区的经济社会发展。我国是全球三大岩溶集中分布区之一，面积达 $54\times10^4\ km^2$，居住人口约1亿，其中滇、黔、桂、湘碳酸盐岩出露面积 $37\times10^4\ km^2$，占该区总面积的36%。截至2021年，我国石漠化土地面积为 $722.32\times10^4\ hm^2$，占岩溶面积的14.92%。石漠化治理已成为这些地区生态环境建设和经济发展的亟待解决的重要难题。

云南是我国石漠化的主要分布区之一。2005年以来，云南通过综合治理，将生物措施、工程措施、农业技术措施等综合运用于石漠化治理，使土地植被覆盖率增加，水土流失减少，生态环境转好，经济得到发展，促进了当地经济、社会、环境的可持续发展。

石漠化的产生与发展主要是自然因素和人为因素共同影响所致。岩溶地区的碳酸盐岩易淋溶、成土慢、出露广泛、抗侵蚀能力低是石漠化产生的主要自然因素；人类对生态的破坏和土地的不合理利用，如过度樵采、不合理耕作、过度开垦、乱砍滥伐、过度放牧等，成为石漠化形成过程中的主要人为因素。

9.2.2 石漠化地区林业生态工程的功能

石漠化地区林业生态工程一般分为人工造林和封山育林。封山育林是培育森林资源的一种重要营林方式，具有用工少、成本低、见效快、效益高等特点，疏林地、灌丛地、灌木林地、具备封育条件的荒山荒地等经过 5~10 年的封育，大多成为有林地。封育起来的林分，植被种类丰富，对涵养水源、改良土壤、水土保持的功能大大增强，为改善工农业生产条件起到了重要的作用，使粮食产量和农业产值得到稳步提高。实施石漠化地区林业生态工程建设可以使石漠化面积减少、程度减轻；增加区域植被盖度，改善生态状况；增强固土保水功能，减少水土流失。

9.2.3 石漠化地区林业生态工程模式

石漠化地区林业生态工程配置模式主要包括单物种治理模式、乔木与灌木配置模式、灌木与草本植物配置模式、灌木与藤本植物配置模式、多种植物配置等。

(1) 单物种治理模式

贵州关岭碳酸盐分布广泛，岩溶发育，主要成土母岩为白云岩和石灰岩，主要土壤为石灰土，山高坡陡，基岩裸露度达 60%~90%，石漠化程度深，水土流失严重，生态环境十分恶劣。喜树为岩溶地区的适生树种，为落叶乔木、深根性强、适应性强，生长迅速，外表美观，能促进石漠化土地的恢复，是集生态、经济效益于一体的生态经济型树种，通常用于营造纯林。该模式适合在亚热带石漠化地区推广。

云贵高原向广西低山丘陵过渡的斜坡地带，年均气温 16~22 ℃，最冷月均气温 10~14 ℃，最热月均气温 28~29 ℃，年均降水量 1300 mm，土壤为山地黄壤、黄棕壤、红壤，呈中性至微酸性，以岩溶山地为主，石漠化分布较广。任豆是落叶大乔木，耐干旱、贫瘠，生长迅速，根系穿透力强，具根瘤，易萌蘖，故又名"砍头树"。大面积推广任豆种植可加快石漠化地区植被恢复进程。同时，任豆叶可作饲料、绿肥，树干可作人造板和家具用材，具有一定的经济效益。该模式适合在珠江流域的岩溶山地、河谷地带推广。

广东罗定东部为典型的岩溶地貌，峰林耸立，溶洞分布，石漠化较为严重。属南亚热带季风气候区，夏长无严冬，气温偏高，热量丰富，春秋暖和，降水变幅大，年均气温在 18.3~22.1 ℃，年均降水量在 1260~1600 mm。赤桉适应性强，适宜在石漠化区域生长，且生长迅速，郁闭成林早，干形好，既能做工业原料，又具有很强的萌芽更新能力，是优良的薪材。该模式适宜在年均气温在 18 ℃ 以上，降水充沛的热带、南亚热带泥质石漠化区域推广。

云南建水面甸镇红田村属南亚热带季风半干旱气候，年降水量约为 800 mm，年蒸发量 2400 mm；成土母岩为石灰岩，基岩裸露度为 30%~70%，植被盖度低，水土流失严重，土壤为红色石灰土，石漠化现象突出。遵循因地制宜，适地适树的原则，利用基岩裸露较少的石漠化荒山荒地山脚与低洼地、部分无灌溉条件的低产石旮旯地，营造小径材短轮伐期桉树林。此模式适宜在滇东南半干旱石漠化地区推广。

(2) 乔木与灌木配置模式

云南易门属中山山地，沟谷错落，山高坡陡，岩溶地貌典型，基岩裸露度大，石漠化土地分布广，石漠化与非石漠化土地交错分布；土壤多为山地红壤，地表植被稀少，水土流失严重；属亚热带季风气候，年均降水量 800 mm，年均气温 16.8 ℃，雨热同期，季节性缺水问题突出。应选择石漠化地区适生的圆柏与车桑子进行配置。车桑子生长迅速，能较快覆盖地表，防止水土流失；圆柏早期生长较慢，耐干旱贫瘠，圆柏、车桑子能相互促进，较快形成稳定乔灌、针阔混交林，促进岩溶生态系统修复。本模式适宜在滇中乃至云南大部分干旱地区中度及以上石漠化区域推广。

大丼流域位于云南易门龙泉镇，地貌多为中山山地，沟谷错落，相对高差大，石漠化土地分布广，各程度石漠化交错分布；土壤多为山地红壤，地表植被稀少，水土流失严重；属亚热带气候，年均降水量 800 mm，年均气温 16.8 ℃。以影响生态环境的石漠化土地为治理重点，选择适宜岩溶环境、速生的旱冬瓜与车桑子，对潜在石漠化和轻度石漠化土地实行造、管并举，不断扩大森林植被面积，遏制水土流失和石漠化扩展，实现生态、经济、社会效益统一协调发展。该模式适宜在滇中乃至云南大部分潜在石漠化和轻度石漠化山地、重要水源涵养林地推广。

广西凤山地势由西北向东南倾斜，山多地少，属典型的喀斯特岩溶地貌，基岩裸露率在 30%~70%，石漠化分布广，以轻度、中度石漠化宜林地、无立木林地及旱地为主，生态环境脆弱。木豆是木质化多年生常绿灌木，生长快，当年可成材，根系发达，根瘤能固氮增加土壤肥力，是一种生态经济型木本粮食树种；核桃耐干旱瘠薄、喜钙质土壤，两者进行混交可形成复层混交林，能提高森林涵养水源、保持水土功能。该模式适宜在南、北盘江河谷地带沙漠化土地上推广。

四川宁南东南部的大同乡为金沙江干热河谷典型区域，属亚热带季风气候，旱、雨季分明，年均降水量不足 900 mm，年均蒸发量大于 1600 mm，区域内海拔高差大，海拔 680~2250 m，气候垂直递变规律明显；岩溶地貌典型，石灰岩遍布，基岩裸露率高，水土流失严重，石漠化比重高。根据模式区自然生态环境，以人工造林为核心，造、封、管多措并举，尽快提高植被盖度，遏制水土流失和石漠化。选择耐干旱、耐瘠薄、根系发达、水源涵养能力强、生长快、具有一定经济效益的银合欢、余甘子等树种造林。该模式适宜在金沙江干热河谷地区推广。

湖北丹江口库区石灰岩山地的原生植被破坏后，基岩（地表）裸露，水土流失加剧，土层逐年变薄，普遍为茅草覆盖，杂草、灌木难以生存，属生态系统十分脆弱的重度、极重度石漠化区域。针对当地土层浅薄、基岩裸露度大的情况，选用适宜当地生长的川柏造林，尽量保存林下原有灌木和草本或适当栽植灌木，恢复植被，并形成复层林相，提高防护效益，改善生态环境。本模式适宜在丹江口库区上游的汉江两岸以及石灰岩山地类似立地类型推广。

(3) 灌木与草本植物配置模式

贵州兴义北盘江河谷海拔 600 m 以下地段，年均气温 18 ℃左右，年均降水量 800 mm 左右，生长期 270 d 以上，属典型的干热河谷气候。石漠化土地分布集中，成土母岩多为灰岩，以石灰土为主，基岩裸露率高，土被破碎。该地段生态环境恶劣，造林非常困难，应以先绿化后提高为指导原则，通过选择耐干旱瘠薄的车桑子、金银花，增加地表盖度，逐步改变小生境，同时可为农户解决薪材，依托药材实现农民增收。本模式适宜在车桑子、金银花适生的干热河谷区域推广。

(4) 灌木与藤本植物配置模式

湖南隆回北部高海拔山区，成土母岩为石灰岩、白云岩等碳酸岩类，基岩裸露较高，石漠化以中度、重度石漠化为主，生态环境极为恶劣；土壤为红壤或石灰土，土层瘠薄。

金银花属藤本植物，除能绿化和减少水土流失外，还是一种中药材，与灌木树种混交，能充分利用光热条件，快速实现地表覆盖，具有较好的生态效益，还兼顾经济效益与社会效益。结合当地产业结构调整，可发展成优势产业。该模式适宜在湖南、贵州等高海拔地区石漠化土地推广应用。

广西，年均气温在22℃左右，年均降水量1100~1600 mm，最热月平均气温28℃左右，最冷月平均气温12℃左右，绝对低温-4℃，岩溶山地的中、下部土层深厚的轻度、中度石漠化宜林地、无立木林地及旱地。任豆是落叶高大乔木，耐干旱瘠薄，生长迅速，根系穿透力强，萌芽更新能力强，是石漠化地区优良速生树种。吊丝竹是石灰岩地区造林绿化最好的竹类之一，为丛生竹，适合土窝生长。充分利用当地的水热条件，通过"见缝插针"的办法种植在任豆和吊丝竹，形成混交林，加速岩溶山地植被恢复。该模式适宜在南亚热带岩溶洼地区域推广。

(5) 多种植物配置

湖南慈利中部零阳镇夜叉泉小流域，为澧水一级小流域，属亚热带湿润季风气候区，年均降水量1390.5 mm，年均蒸发量1410.7 mm。海拔90~1050 m，成土母岩为石灰岩，土壤为石灰土；基岩裸露程度大，石漠化现象严重，植被群落结构简单，森林覆盖率低。根据石漠化土地特性，选择对土壤要求不严、能相互促进的马尾松、枫香树形成针阔混交林，实现地表较早覆盖，形成相对稳定的岩溶生态系统。该模式适宜在湖南省以石灰岩为主的地区推广。

湖南桑植北部苦竹坪乡，境内山脉连绵，山高谷深。一般海拔500~1000 m，成土母岩为板页岩、石灰岩，石漠化土地交错分布，生态环境脆弱；年均气温从河谷17℃向山地递减到14℃，无霜期由240~200 d，年均降水量1800 mm。石灰岩发育的土壤透水性差、土质黏重、易板结，造林绿化属于"三难地"。柏木、枫香树、马尾松等树种，耐干旱瘠薄，适应性广，天然更新快，在基岩裸露的石缝里都能生长。枫香树、马尾松喜光，柏木幼龄耐阴，3个树种具有互补性，有利于林木生长和林分稳定。该模式适宜在湖南岩溶地区石漠化地区推广。

湖北咸丰低山龙潭河河谷地区，兼有北亚热带季风气候和南温带季风气候特征，沟壑纵横，基岩裸露率高，石漠化地广泛分布，生态环境脆弱。杜仲是一种经济价值较高的中药材，对土壤的要求不太高；柏树耐干旱瘠薄，成活率、保存率高，是治理石漠化土地的先锋树种，两者混交种植具有较强的互补性。适宜在海拔500 m以下的低山河谷地段，水热相对充足，基岩裸露率50%以下的中度、重度石漠化地区推广。

9.2.4　石漠化地区林业生态工程技术措施

9.2.4.1　林业技术措施

加强植被保护与恢复是石漠化治理的核心，是区域生态安全保障的根基。采取封山育林育草、人工造林、森林抚育等多种措施，能够加强岩溶地区植被的保护与恢复，提高植被盖度与生物多样性，促进岩溶地区生态系统的修复，防治土地石漠化。

(1) 封山育林育草

封山育林育草是充分利用植被自然恢复能力，以封禁为基本手段，辅以人工措施促进植被恢复的措施，具有投资小、见效快的特点。对具有一定自然恢复能力，人迹不易到达的深山、远山和中度以上石漠化区域划定封育区，辅以"见缝插针"方式补植补播目的树种，促进石漠化区域植被进展演替，增强生态系统的稳定性。植被综合盖度在70%以下的低效林、灌木林等石漠化与潜在石漠化土地均可纳入封山育林范围，原则上单个封育区面积不小于10 hm²。主要建设内容包括：划定管护责任范围，设立封山育林育草标志、标牌，落实管护人员和管护措施；采取补植补播、松土等有效的人工促进植被修复措施。

（2）人工造林

科学的植树造林是石漠化地区生态系统恢复最直接、最有效、最快速的措施。依据国家批准的新一轮退耕还林还草总体方案，摸清符合退耕还林还草条件的石漠化土地面积与空间分布状况，将岩溶地区25°以上坡耕地和重要水源地15°~25°坡耕地纳入退耕还林还草工程之中，加快转变石漠化区域的生产方式。根据不同的生态区位条件，结合地貌、土壤、气候和技术条件，针对轻度、中度石漠化土地上的宜林荒山荒地、无立木林地、疏林地、未利用地、部分以杂草为主的灌丛地及种植条件相对较差的坡耕旱地、石旮旯地，因地制宜地选择岩溶地区乡土先锋树种，科学营造水源涵养林、水土保持林等防护林。根据市场需要和当地实际，选用"名、特、优"经济林品种，积极发展经济林果、林草、林药、林畜、林禽等特色生态经济型产业，开展林下种养业，延长产业链。根据农村能源需要，选择萌芽能力强、耐采伐的乔灌木树种，适度发展能源林。

（3）森林抚育

森林抚育是森林经营的重要内容，是指从幼林郁闭成林到林分成熟前根据培育目标所采取的各种营林措施的总称，包括抚育采伐、补植、修枝、浇水、施肥、人工促进天然更新，以及视情况进行的割灌、割藤、除草等辅助作业活动。通过调整树种组成、林分密度、年龄和空间结构，平衡土壤养分与水分循环，改善林木生长发育的生态条件，缩短森林培育周期，提高木材质量和工艺价值，发挥森林多种功能。对幼龄林采取割灌修枝、透光伐措施；对中龄林采取生长伐措施；对受害木数量较多的林分采取卫生伐措施；对防护林和特用林采取生态疏伐、景观疏伐措施；对低效林采取树种更新等改造措施，确保实施森林抚育后能提高森林质量与生态功能，构建健康稳定、优质高效的森林生态系统。

9.2.4.2 草业技术措施

发展草食畜牧业是兼顾生态治理、农民增收和调整农业产业结构，促进农业产业化发展的重要举措。石漠化地区整体气候湿润，降水充沛，雨热同季，黑山羊、黄牛等牲畜养殖历史悠久，且部分中高山地区及土层瘠薄地区仅适合于草本植物的生长与繁衍，通过因地制宜地采取草地改良、人工种草等措施恢复植被，提高草地生产力；按照草畜平衡的原则，充分利用草地资源以及农作物秸秆资源，合理安排载畜量，加强饲料贮藏基础设施建设，改变传统放养方式，发展草食畜牧业。

（1）草地建设

草地建设主要包括人工种草、改良草地。对中度和轻度石漠化土地上的原有天然草地植被，通过草地除杂、补播、施肥、围栏、禁牧等措施，使天然低产劣质退化草地更新为优质高产草地，逐渐提高草地生产力。同时，根据市场需求和土地资源条件，依托退耕还林还草工程，科学选择多年生优良草种，合理发展林下种草或实施耕地套种牧草，建设高效人工草场，为草食畜牧业发展提供优质牧草资源。

(2) 草种基地建设

草种是石漠化地区草地恢复的重要保障，对于提高草地质量、改善石漠化地区植被状况具有重要作用。建设草种基地，可提供草地建设需要的优质草种，提升草场生产水平，为草食畜牧业发展提供保障。按照石漠化地区草场建设实际情况，选择适宜地区开展草种基地建设，为草地建设提供种子资源。

(3) 青贮窖建设

青贮是复杂的微生物发酵的生理生化过程，依托其自身存在的乳酸菌进行发酵，产生酸性环境，使青贮饲料中所有微生物都处于被抑制状态，从而达到保存饲料的目的。青贮饲料可保持青绿多汁的特点。为充分发挥高产饲料作物的潜力，做到全年相对均衡地饲喂家畜，保证饲料质量且避免草料损失，根据草地建设规模与生物量、养殖的牲畜种类及数量、青草剩余量等科学测定青贮窖的规模，确保青贮窖使用率。棚圈有利于石漠化地区牲畜越冬，改善饲养条件，各地可结合其他专项资金积极推进建设。

9.2.4.3 农业技术措施

根据区域粮食供给状况，针对轻、中度石漠化旱地(坡耕地或石旮旯地)适度开展以坡改梯为重点的土地整治，降低耕作面坡度，改善土壤肥力，建设坡面水系、生物篱等综合配套措施，减少水土流失，实现耕地蓄水保土，建设高效稳产耕地，保障区域粮食供给。

(1) 坡改梯

针对坡度平缓、石漠化程度较轻、人多地少矛盾突出的村寨周边，选择近村、近路、近水的地块实施以坡改梯工程为重点的土地整治，通过砌石筑坎，平整土地，降缓耕作面坡度；实施客土改良，增加土壤厚度，提高耕地生产力；加强坡改梯后耕地地埂绿篱或生态防护林带建设，提高植被盖度，改善耕地生态环境，保证坡改梯后土地承载能力的提升。

(2) 小型水利水保配套工程

根据坡改梯区域实际地形、水源分布与自然灾害特点，合理配套建设引水渠、排涝渠、拦沙谷坊、沉沙池、蓄水池等坡面及沟道水土保持设施，拦截水土，改善农业耕作条件，提升耕地的保土蓄水功能，将低质低效石漠化旱地建成高效稳定的优质耕地。

此外，各地还可结合其他专项资金积极推进石漠化地区植被管护等建设内容。

9.2.5 石漠化地区林业生态工程典型案例

9.2.5.1 区域概况

滇池流域岩溶地面积 105 999.5 hm^2，占流域面积的 36.30%。其中石漠化土地面积 13 130 hm^2，占流域岩溶区土地面积的 12.39%，潜在石漠化面积 7281.7 hm^2，占流域岩溶区土地面积的 6.87%。

滇池流域自然地貌从外到内依次为中山山地、丘陵、淤积平原和滇池水域4个层次。滇池流域属亚热带低纬高原山地季风气候，多年平均气温 14.7 ℃，极端最高气温 31.5 ℃，极端最低气温-7.8 ℃;年温差小,昼夜温差大,一天内昼夜温差可达 20.0 ℃;冬季霜冻较严重,全年平均无霜期 285 d;年平均降水量 953 mm,蒸发量达 1409~2088 mm。其主要土壤类型有山地红壤、紫色土等。原生植被主要为中亚热带半湿润常绿阔叶林,地带性植被类型有元江栲、高山栲、滇青冈、黄毛青冈等乔木林群落。在长期人类活动影响下,原生植被基本上已经受到破坏,发育成为以云南松和稀疏灌草丛为主的次生植被类型,代表植物有铁仔灌丛、火棘灌丛、杜鹃花灌丛;旱茅、白茅、黄茅、火绒草等草丛,盖度小于 25%。

9.2.5.2 植被恢复技术

滇池流域岩溶区原生植被破坏严重,植被类型已退化呈现矮灌、草本植物,由于流域特殊的气候条件,植被自然恢复能力极弱,采取人工造林措施是恢复该区域植被最有效、最快途径,选择适宜的造林树种及造林技术措施是造林成功的前提与关键。

(1) 树种选择

树种选择的原则应注意以下几个方面:以乡土树种为主,适当选用外来树种;生态效益与景观效益兼顾;植被恢复与绿化景观协调;多树种不规则近自然混交,丰富植物多样性。在选择该区域造林树种时,应具备以下生态习性:

①喜钙性。滇池流域岩溶山地土壤含钙较高,且土壤大多属中性偏碱(土壤 pH 6.5~7.5),因此,所选树种应当具有适应钙质或偏碱性土壤生长的生态特性。

②耐旱性。滇池流域干湿季分明,雨季集中于 6~10 月,降水时空分布不均,且雨季间歇性干旱严重,同时由于植被破坏严重,地表覆盖物少,土壤水分蒸发较强,小环境常常处于干旱缺水的状态。因此,所选的造林树种耐旱性相对较强。

③生长迅速,根系发达,渗透力强。岩溶地土层浅薄,只有具备发达根系、渗透力强、生长迅速的树种才能从土壤中吸收水分和养分,促进其生长及提高抗性。

④抗逆性强,耐低温霜冻。滇池流域地质地貌复杂多样,不同地貌类型其小气候差异较大,所选树种应具有较强的抗逆性。

该区域主要造林乔木树种有云南松、华山松、云南油杉、旱冬瓜、川滇桤木、滇青冈、麻栎、藏柏、冬樱花、球花石楠、黄连木、三角槭、墨西哥柏、滇合欢、刺槐,灌木树种有清香木、火棘、车桑子、马桑、苦刺等;藤本植物有金银花、地石榴、野蔷薇等。

(2) 配置模式

在树种配置方面,选择多树种、不同季相树种,以不规则点状混交模式配置。该混交模式有利于形成近自然森林,促进生物多样性,不易因林木成片死亡而导致大面积林窗。造林时根据土层深浅及岩石裸露情况,宜乔则乔、宜灌则灌、宜藤则藤,形成乔、灌、藤复层林分。

①针阔混交。云南松、华山松、墨西哥柏、藏柏等针叶树与川滇桤木、旱冬瓜、冬樱花、滇合欢、球花石楠、麻栎、滇青冈等阔叶树混交。

②阔阔混交。川滇桤木、旱冬瓜、冬樱花、滇合欢、球花石楠、麻栎、滇青冈、黄连木等阔叶树混交。

③乔灌混交。云南松、墨西哥柏、藏柏、川滇桤木、冬樱花、滇合欢、球花石楠等乔木与清香木、车桑子、火棘、马桑、苦刺等灌木混交。

④乔、灌、藤混交。墨西哥柏、川滇桤木、冬樱花、滇合欢、球花石楠、麻栎、滇青冈、黄连木等乔木与清香木、火棘、马桑、苦刺、金银花、野蔷薇等灌木、藤本植物混交。

(3) 主要造林技术措施

①造林密度。根据多年来在滇池流域岩溶山地及其他岩溶区造林的成功经验，在岩溶山地造林应充分利用石沟、石缝、石槽和石坑中残存的土壤，按 2500~4400 株/hm² 的造林密度，"见缝插针"式适当密植，形成林木间竞争优势促进生长，尽早郁闭。

②林地清理。岩溶山地植被恢复困难，原生植被稀少，清理林地时切忌大面积清除杂草、灌木以及火烧清林，应充分保留原生植被，仅将定植点周边 1 m² 左右的杂草进行小面积清理，避免造成水土流失，所保留的杂灌草还可为新造林提供遮阴，减少土壤水分蒸发，增加区域生物多样性。

③造林整地。滇池流域间歇性干旱严重，整地方式宜以穴状为主，陡坡地按鱼鳞坑"品"字形整地，塘穴规格根据土层深浅，宜深则深，宜浅则浅，一般为 60 cm×60 cm×50 cm 或 50 cm×50 cm×50 cm，采取大塘种植，深栽浅埋，可有效增加降水汇集存储，提高造林成活率，促进幼林生长。

④苗木标准。岩溶山地造林对苗木质量要求较高，壮苗有利于提高造林成活率，增强苗木对恶劣立地条件和气候环境的抵抗能力。在苗木质量选择方面，苗龄太小，苗木过于幼嫩，木质化程度低，抵御恶劣环境能力差，造林成活率不高；苗龄太大，苗木过于高大，起苗根系损伤严重，且苗木冠幅大致蒸腾作用加大，导致成活率不高，同时苗木根系恢复较慢。通过对 1 年生、2 年生及 3 年生以上不同苗龄的容器苗造林成活率、3 年后的保存率和生长量调查分析，2 年生苗木的保存率、树高及径生长量均显著高于 1 年生和 3 年生以上苗木，同时从造林经济成本核算综合评价，确定 2 年生、容器规格 15 cm×18 cm 的容器苗木最适宜滇池流域岩溶地区造林使用。

⑤保水技术。缺水是岩溶地区植被恢复的瓶颈，特别是滇中地区冬春干旱严重，降水时空分布不均，采用保水技术及措施增加定植坑内土壤水分，提高其保水性，减少土壤水分蒸发十分重要。主要的保水技术措施包括：

a. 营林技术。大塘深栽预留苗池，扩大雨水汇集区域，增加雨季降水收储，提高种植坑内水分存贮量；同时尽量保留原生杂灌草对幼苗遮阴，对降低地表温度效果明显。

b. 简易滴灌。旱季 3~5 月选用市售 5 kg 塑料袋装水 5 L，用细针刺一微孔，微孔眼正对树根，以 200 mL/h 流量作简易滴灌或将袋装水半埋于土表降低地温；实施 1 次滴灌对造林保存率和生长量影响不明显；而间隔 20 d 后实施 2 次滴灌可显著提高造林保存率和生长量。

c. 施用保水剂。造林时将保水剂按每株 50 g 剂量，充分吸湿后埋于苗木根区周围，对提高幼苗保存率和生长量有一定效果。

d. 建简易蓄水池。在有条件的造林地修建简易蓄水池，雨季收集降水，在冬春干旱期用于节水微灌。

e. 疏枝摘叶。春旱期适当修枝、摘叶，减少枝叶水分蒸腾，同时在树盘周围覆盖杂草、石块等遮盖物，降低地表温度，减少土壤水分蒸发。

f. 树盘覆盖。春旱期浇水后,覆盖地膜保湿,对保持土壤水分、减少蒸腾效果明显。苗木定植后,在坑面上盖上杂草等遮挡物,降低地温,减少土壤水分蒸发,可提高造林成活率和保存率。

(4) 客土造林

对土壤稀少的局部区域,为保证幼林成活和正常生长对土壤、水分需要,采取必要的客土造林措施。其方法是挖坑、用石块堆砌围成穴状,大小规格与种植塘相同,回填肥土,然后将幼苗植入穴中。

(5) 造林时间

滇中地区以雨季造林为主,一般 6~7 月造林,最好是雨季来临雨水下透后及时造林,造林 30 d 后检查成活情况,如达不到要求及时进行补植。

(6) 造林方法

以植苗造林为主,定植时去掉塑料容器,忌将袋土弄散,苗木栽植后用脚将土踩实,再覆上一层松土。造林 1 个月后 7~8 月沿塘周边环施复合肥 50~100 g/株,施肥后盖一层土,并覆盖杂草、石块,提高抗旱保水效果。为提高造林成效,在部分造林困难地雨季可结合造林点播滇合欢、冬樱花、车桑子、马桑、苦刺。

(7) 幼林抚育、施肥

造林后连续抚育 3 年,每年 5~6 月抚育除草一次,改善土壤通透性,避免杂草与幼树争水、争肥、争光。同时结合除草、松土,施肥一次,施肥时沿幼树周围挖 10 cm 左右的环状沟,坡地沿坡上缘开沟,将肥料均匀施在沟内。追肥以速效复合肥和缓施肥混合施用,50~100 g/(株·次),施肥后盖土。

人工造林措施是滇池流域岩溶地区植被恢复的最有效和见效最快的途径,而选择适宜的造林树种是造林成功的前提与关键。经过多年造林实践,云南松、华山松、云南油杉、旱冬瓜、川滇桤木、滇青冈、麻栎、冬樱花、球花石楠、黄连木、三角槭、藏柏、墨西哥柏、滇合欢、刺槐、清香木、火棘、车桑子、马桑、苦刺、金银花、野蔷薇、地石榴 23 种乔、灌、藤树种是该流域植被恢复的适宜树种,选择 2 年生容器苗可提高造林保存率和生长量。在造林技术中,小块状整地、充分保留原生植被,深栽留出汇水区,并采取客土、滴灌、覆盖、保水剂等措施,对提高造林保存率及提高林木生长量效果明显,在滇池流域面山造林结果表明第 3 年造林保存率平均为 91.7%。

9.3 干热河谷区林业生态工程

9.3.1 干热河谷区林业生态工程概况

干热河谷的概念最早来源于云南当地所称的"干坝子"。当地农民将凡是农事缺水的盆地(云南称坝子)称为干坝子。干热河谷是指地处湿润气候区以热带或亚热带为基带的干热灌丛景观河谷。尽管干热河谷在欧洲阿尔卑斯山区、美国科迪勒拉山区等地也有零星分布,但我国西南地区是世界干热河谷分布最为集中的区域,尤以横断山区中南段最为典型。干热河谷独特的自然环境及相对便利的交通条件,自古以来就是各族人们生存繁衍的场所和交通要道。但随着人类活动强度的持续增大,干热河谷地区森林覆盖率不断降低、生物多样性锐减、土地退化、水土流失加重、土壤肥力下降、地质灾害、气象灾害频发，生态环境问题日益凸显，造成的损失越来越大。

中国科学院青藏高原综合考察队经过1981—1984年的4年考察后，按照降水量和温度的不同将干旱河谷分为3种亚类型：干热河谷、干暖河谷和干温河谷。干热河谷地区最冷月的平均气温高于12 ℃，最暖月的平均气温为24~28 ℃，日均温≥10 ℃的天数大于350 d，主要的土壤类型为燥红壤，当地的农业种植为双季稻加甘蔗；干暖河谷地区的热量条件比干热河谷稍低，最冷月的平均气温为5~10 ℃，最暖月的平均气温为20~24 ℃，日均温≥10 ℃的天数为251~350 d，主要的土壤类型为褐红壤，当地的农业种植为水稻、小麦加甘蔗。干温河谷地区的热量条件比干暖河谷更低，最冷月的平均气温为5~10 ℃，最暖月的平均气温为16~22 ℃，日均温≥10 ℃的天数为151~250 d，主要土壤类型为褐土，当地的农业种植为水稻、玉米和小麦。

9.3.2 干热河谷区林业生态工程功能

干热河谷区林业生态工程可以加强生态保护和治理，主要依靠天然林资源保护、退耕还林、公益林管护等大的林业生态工程。森林分类经营和生态补偿机制不断完善，公益林生态补偿标准逐步提高，国家级公益林补偿和管护全覆盖得以实现。实施天然林资源保护、退耕还林等多项生态建设工程，以热带水果种植为主加快林业产业建设，实现林业发展"三大"转变，即造林从荒山荒地向道路、水网和"四旁"用地转变；造林质量从传统数量型向质量效益型转变；从单纯建设林业生态屏障向发展产业、生态并重转变，从而推进当地森林的覆盖面，提高森林覆盖率。在金沙江干热河谷进行的试验造林工程已初见成效。位于金沙江畔的三堆子样板林面积为214 hm^2，栽种的银合欢、相思树、苦楝等林木已达240多万株。

9.3.3 干热河谷区林业生态工程模式

干热河谷区由于自然条件的限制，造林绿化的难度很大，特别是在土壤贫瘠、土层薄，石砾含量高的荒山荒坡，造林成功的例子不多。干热河谷的生态恢复和重建应遵循自然规律，找出干热河谷生态环境演变趋势及其主要因子，建立生态恢复治理的长效机制，推广实施以乡土植物为主体，乔、灌、草（藤）结合的生态防护区、恢复区，与农村社会经济协调、健康发展的可持续致富区，面对不同区域干热河谷区的生态环境恶化状况和自然条件、经营条件，有计划、有步骤地实施退耕还林工程、巩固退耕还林成果建设项目，构建多树种、多层次、异龄化的林分结构，乔、灌、草不同的种植模式与不同生态类型的树种搭配种植，形成多功能的模式效应。干热河谷退耕还林建设采用的技术模式，按照效益和结构可分为经济林模式、生态林模式、用材林模式和林草混交立体模式4种模式类型。

（1）经济林模式

该模式适合于干热河谷土层厚度≥45 cm的壤土，坡度在8°~20°的坡耕地。该模式有以下几个特点：①林分以纯林为主，种植密度高，1665~3300株/hm^2，株行距(1~2) m×3 m。单作模式便于经营管理，单位面积内产品经济产值高，可规模经营。②该模式的主要经营措施是充分利用干热河谷区光热资源，以种植早熟鲜食水果为主，获取较高的经济效益，退耕后农户以退耕政策补助和林果收入维持生计。③林分经营周期长，一般水果经营期达15~30年，干果一个经营期可达20~60年。④土壤要求深厚肥沃的壤土，pH值5.0~7.5中性或中微酸土壤。⑤经营方式以高产出、高投入的规模经营为主。

（2）生态林模式

该模式主要目的在于保持水土、涵养水源、恢复植被、防止金沙江流域区土壤流失，建立生态保护屏障。主要针对坡度>15°~25°（甚至>25°）、土层厚度<40 cm的金沙沿岸生态脆弱区。模式特点：①选择主根深、侧根发达的阔叶树种和落叶丰富、萌发力强的高大乔木树种，以及抗旱、抗瘠薄、适应较强的乡土树种造林；②造林密度高，1667~2500株/hm^2，针阔混交、乔灌混交比例适中；③高标准营造人工混交工程林为主，种植乔灌、乔草带状混交或块状混交林，同时开展封山育林、封山护林，达到封育促抚，实现树种多样、群落稳定、功能互补、经济效益良好与生态环境健康稳定的治理目标。主要造林树种有滇榄仁、黄荆、金合欢、黄檀、相思类、银合欢、山合欢、山毛豆、余甘子、车桑子、仙人掌、大翼豆、龙须草等。

（3）用材林模式

该模式主要培育本地的农用材和装饰材，主要类型：①赤桉、柠檬桉和旱冬瓜。在金沙江干热河谷海拔1300~1600 m的燥红壤、褐红壤、红壤地块生长良好。旱冬瓜生长快，生长量和生物量较高，6年间伐，产木材80 m^3/hm^2，总产值8.0万元/hm^2。同时，旱冬瓜林分对调节气候、改良土壤物理性质、保持水土等都具有较明显的气候水文生态效应。②云南松。海拔1500~2600 m的地方均能较好地生长。立地条件一般的地方，可选择人工培育的营养袋苗；工程造林、立地条件好的地方可选择直播造林。云南松适应性强，能耐干旱、瘠薄，保水性能好。20年主伐，产木材80 m^3/hm^2，总产值10万多元。

（4）林草混交立体模式

该模式充分利用金沙江河谷的土壤、光照、水资源，选择利用生物群落内各层生物的不同生态特性的共生关系，分层利用营养空间，达到乔木、灌木与草本共同形成经济功能多样、生态效应稳定的复合混交林分。该模式乔木经济价值高，作为退耕农户以后长期的经济来源；灌木生长迅速，盖度高，成为修复、稳定生态建设的快速树种；草本以牧草为主，以短养长，长短结合，有利巩固退耕还林建设成果。

9.3.4 干热河谷区林业生态工程技术措施

9.3.4.1 立地类型划分

干热河谷的地形因子和气候条件是影响植物生长的主要因子，坡位和坡向为干热河谷立地类型划分的主要依据。地形能对光照、水等基本生态因子实行再分配，不仅反映了气候条件，同时也表现出土壤的厚度及水分条件的不同。阳坡日照时间长，辐射强度大，所获得的辐射总量大于阴坡，使阳坡具有温度高、湿度小、蒸发量大、干热矛盾突出的特点。同时，土壤的物理风化和化学风化都比较强，因而，阳坡土壤干燥、贫瘠、地表温度高。阴坡与之相比，土壤较为潮润，有机质积累多，植物个体较高，种类也较丰富。故坡位和坡向能明显反映金沙江干热河谷不同立地水分条件的差异，能够直观而可靠地表现干热河谷立地自然分域状况。根据上述立地类型特点，将金沙江干热河谷的立地类型划分为4种类型(表9-1)。

表 9-1　金沙江干热河谷立地类型表

Ⅰ.坡上灌丛区	I₁. 阴坡类型	北坡、西北坡、东坡、东南坡、东北坡
	I₂. 阳坡类型	南坡、西坡、西南坡
Ⅱ.坡下草丛区	Ⅱ₁. 阴坡类型	北坡、西北坡、东坡、东南坡、东北坡
	Ⅱ₂. 阳坡类型	南坡、西坡、西南坡
Ⅲ.坡足冲积区		
Ⅳ.谷底平坝区		

①坡上灌丛区。坡上灌丛区是干热界限以下至坡下草丛区上限之间的区域。处于干热区中的最高地带，水分条件最好；受人畜破坏也不如坡下频繁和剧烈；植被为次生性旱生灌丛，其中有不少萌生栎类，是干热河谷稀树灌草群落向亚热带针阔叶林的过渡地带。

②坡下草丛区。是坡上灌丛区下限至坡足冲积区或谷底平坝区边界之间的区域。此区地表冲刷严重、土壤瘠薄、燥热、受人为干扰破坏程度较大。植被为旱生性中高草丛，灌木稀少，一般以黄茅为主。群落季相变化明显：旱季一片黄，雨季一片绿，这是典型的疏灌草丛地带，水湿条件一般不如坡上灌丛区。

③坡足冲积区。干热河谷区森林覆被率低，旱季、雨季分明，降水集中，河谷面山植被稀少，地表径流强烈，受雨水冲刷，大量冲击物被冲至坡足堆积，形成大面积的坡积裙、冲积扇或泥石流滩。例如东川的小江仓房至小江河口段为小江中下游，全长 78.8 km。在该河段内 50 余条泥石流沟犬牙交错，泥石流泛滥，形成了庞大的泥石流堆积扇群。此区除有极少量的旱地外，其余大部分为不能耕作的荒地，土壤的石砾多、大孔隙所占比例大、胶体物质少、黏性差、通气透水性能好、保水保肥能力差。常见植物有牛角瓜、小桐子、黄茅等。

④谷底平坝区。主要是指金沙江河谷谷底的平坝农田区、"四旁"地及附近浅丘，是干热河谷立地条件最好的类型。土壤层厚，质地较细，土壤肥力高，灌溉条件好，是粮食作物和经济作物的主要生产区。但与非干热河谷区相比，年蒸发量却远大于降水量，气候干热。本区生长的树种多为喜热耐旱的树种，主要有木棉(攀枝花)、滇刺枣、酸角、小桐子、刺球花(白日晒)、凤凰木、赤桉、红椿、番木瓜、番石榴、白头树等。

9.3.4.2　植被恢复造林措施

(1)典型植被恢复措施

①坡改梯经济林恢复措施。在退化较轻的坡地，经坡改梯后种植经济林(龙眼)，株行距 4 m×5 m。林下种植柱花草。完成后，常年进行果树的常规管理，并辅助人工灌溉。主要植被包括龙眼、笔花豆、黄茅、孔颖草。

②冲沟内生态林恢复措施。在退化严重的冲沟内，坡度>20°，植被盖度<25%，按 4 m×5 m 开坑隙，坑半径 50 cm，用 20 kg 农家堆肥隙客土后，沟内种植金合欢、酸角等，林下和林间自然生长杂草，主要草种有黄茅等。完成后，靠天然降水维持植被生长。主要植被有：金合欢、酸角、假杜鹃、银合欢、黄茅、大叶千斤拔、田菁、羽芒菊、叶下珠。

③沟头坡面生态林恢复措施。在退化严重的劣坡，即坡度>10°，植被盖度<25%，按 4 m×5 m 开坑隙，坑半径 50 cm，同样用 20 kg 农家堆肥隙客土后，沟内种植木棉等，种植后坑深约 20 cm，林下和林间自然生长杂草，主要草种有黄茅等。完成后，靠天然降水维持植被生长。主要植被有：木棉、羊蹄甲、凤凰木、黄茅、大叶千斤拔、田菁。

(2) 乔灌草结合的人工生态恢复模式

①生态林恢复模式。以分类经营为指导，合理配置林草结构和植被恢复方式。在水土流失和风沙危害严重，15°以上的斜坡陡坡地段、山脊等生态地位重要地区，全部营造生态林。配置乔灌草模式，造林以乔木树种银合欢或赤桉为主，在中间带状撒播或穴状点播车桑子、木豆、黄荆。乔灌互相弥补了对方造林成效的不足，成林形成复层林冠，结构稳定，抗性强，能充分发挥森林的生态效益。造林地应加强封育保护，禁止采割践踏，促进林地植被恢复。剑麻栽种在林地周围，2~3 年即可形成生物围栏，具有生态效益、机械保护等双重功能。这样，乔、灌、草、生物围栏，即银合欢（赤桉）—车桑子（黄荆、木豆）—山草—剑麻相结合，可营造最佳人工生态恢复模式。

②经济林生态恢复模式。在 15°以下地势平缓、立地条件适宜且不易造成水土流失的地方发展经济林、用材林和能源林。在有灌溉条件的地段可发展滇刺枣、石榴、甜橙等经济林果。经济林要适当稀植，个体间要有良好的通风透光条件和充足的营养生长空间。在中间套种皇竹草、黑麦草、玫瑰茄等。皇竹草、黑麦草饲养牛羊，厩肥施入林地能促进经济林木的生长发育，形成种植、养殖相结合的最佳经济生态恢复模式。

(3) 特殊造林恢复措施

①地块相对平整，土层厚度≥40 cm 以上，且具备水源条件的地区选择种植经济林，树种以葡萄、龙眼、杧果、滇刺枣、金丝小枣等名、特、优、稀早熟水果为主，种植模式采用复合高效的林农矮秆作物套种模式。

②地块坡度≤20°以下的缓坡地，土层厚度≤40 cm，且不具备水源条件的地区选择培育生态林，树种选择赤桉、柠檬桉、酸豆、木棉、银合欢、黄檀、印楝、车桑子等，种植模式一般采用乔+灌（如赤桉+车桑子）。

③地块坡度≥25°陡坡地带，土层厚度≤20 cm 以下，土地质量差，区域性植被相对较好，干旱侵蚀突出的地区树种选择山合欢、银合欢、余甘子、云南松、剑麻、车桑子、金合欢等。种植模式采用灌+草（如银合欢+剑麻）或乔+灌+草（如云南松+银合欢+剑麻）等模式。

④地块坡度≥25°以上陡坡地带，土层厚度≤20 cm 以下，土地质量差，主要以金沙江沿岸一、二层面山和金沙江一级支流的陡坡水土流失严重地区，树种选择余甘子、金合欢、银合欢、滇榄仁、车桑子、剑麻等，种植模式采用灌+草（如金合欢+剑麻）或乔+灌+草（如滇榄仁+车桑子+剑麻）等模式。

9.3.5 干热河谷区林业生态工程典型案例

9.3.5.1 区域概况

(1) 基本特征

攀枝花西部地区干旱河谷和干热河谷的气候分别属典型中亚热带和南亚热带干湿季分明的季风气候,金沙江流域即雷波至攀枝花段,因河谷走向与西南暖流方向垂直,焚风效应明显,形成降水稀少、蒸发强烈的干热河谷。土壤分布有明显地带性,由于气候由北至南逐渐变干变热,土壤呈现由酸至微酸、中性、微碱。在金沙江干热河谷 1000~1300 m 以下形成燥红壤,而安宁河、雅砻江下游 1000~2000 m 地段形成红壤、黄壤。金沙江干热河谷植被在海拔 1300 m 以下形成稀疏灌草丛。由于长期适应干热环境,大多具有耐热抗旱的旱生形态结构:根系发达、叶面积小、硬质、多刺、被毛或饱含浆汁等。其主要植被种类有木棉、番木瓜、山黄麻、榄仁(牛筋树)、酸豆、番石榴、红椿、滇合欢、黄连木、清香木、黄杞、木蝴蝶、小桐子、余甘子、车桑子、牛角瓜、羊蹄甲、白刺花、黄茅、芸香草。

(2) 退化现状

金沙江、安宁河及雅砻江流域历史上曾是热带、亚热带常绿阔叶林和落叶混交林带,植被繁茂,近几十年来,人类活动加剧,在人为因素(伐木毁林、开山造田、过度放牧)和自然因素(如火灾、干旱)影响下,该区域森林资源锐减,生态系统功能退化,主要表现在森林结构单一,生物多样性退化;水土流失加剧,土壤退化;草地生产力下降,草场退化;生物物种数量少,珍稀生物物种多;干热河谷延长,河谷变热。

9.3.5.2 恢复与重建对策

该区干旱干热河谷面积巨大,生态环境复杂,气候类型多样,立地条件千差万别,同时该区经济条件和经营条件差,恢复和重建系统时应科学规划,合理布局,把系统恢复与经济目标和生态功能目标相结合,利用生态学和经济学原理,有计划、有步骤、分阶段地恢复与开发,使恢复和重建后的系统经济功能和生态功能强大,系统稳定,物种数量和多样性增加。

(1) 封山育林

金沙江流域现有 18 万亩灌木草地,有 34 万亩云南松次生林,应合理规划,对坡度大的河谷两岸实行全封育林,对放牧任务重的区域应轮封育林。把封山与造林、抚育相结合。在立地条件差的干热河谷区,先培植草本、灌木,在草、灌郁闭后再造乔木,禁止人为破坏。

(2) 退耕还林还草

该区有 30 万余亩坡耕地,合理规划,分步骤、分阶段地实施退耕还林,可大大改变该区森林结构。在退耕还林时,应考虑选择经济价值高、适应性强的树种,确保退耕还林不反弹,在干热河谷区主要选择印楝、银合欢、杧果、甜橙、巨尾桉、余甘子、桑、石榴、荔枝等经济林树种;在干旱河谷主要选择板栗、核桃、直干桉、南抗杨、花椒、红树莓、枇杷等经济林木;主要草种有黑麦草、紫花苜蓿、白三叶。

(3) 荒山造林

该区现在 40 余万亩宜林荒地，有较大人工造林空间，通过大面积人工造林，提高林业用地的利用率，增加生物物种数量，提高生物多样性。造林时利用生态学原理，多营造混交林，做到乔灌草结合，深根树种与浅根树种、喜光树种与耐阴树种相搭配。混交方式以带状混交和块状混交为主。在造林技术上积极推广应用容器育苗、雨季造林、使用抗蒸腾剂和保水剂等技术。

(4) 加强森林抚育

通过对现有实行次生林科学抚育和低效林分改造，提高现有林分质量和立地生物产量。据调查，金沙江流域云南松天然林年生长量仅为 $1.5\sim2.4\ m^3/hm^2$，大多数林分是低效林，通过采取改变造林树种、林冠下造林、抚育间伐等措施改变林分组成，提高林分质量；同时，加强病虫害防治，安宁河流域云南松毛虫危害严重，应注重生物防治与化学方法相结合。

(5) 改变耕作方式

采用免耕和少耕、增施有机肥、间作绿肥、生物培肥等措施，改善农耕地理化性质，提高土壤肥力。在河谷流域的二半山区，传统的"陡坡种植、火烧炼山"耕作方式必须禁止。改变山区农民种植结构，增加牧草种植面积，减小农作物比例。

9.4 崩岗区林业生态工程

9.4.1 崩岗区林业生态工程概况

崩岗通常是指发育在红土丘陵地区冲沟沟头部分经不断地崩塌和陷蚀作用而形成的一种围椅状侵蚀地貌。崩岗的命名具有发生学和形态学方面的双重意义，"崩"是指以崩塌作用为主要的侵蚀方式，"岗"则是指经常发生这种类型侵蚀的原始地貌类型。在国外，此类地形被称为陡脊、壁龛脊、崩坡或围椅状崩坡。崩岗侵蚀是我国南方地区一种特殊的侵蚀类型，在广东分布普遍，湖南南部、江西南部及福建、贵州、广西等地也较常见。

崩岗作为一种严重的水土流失类型，冲刷土壤产生水土流失，破坏生态环境，同时也破坏了原有环境的有序性，塑造出一种新的地形地貌。崩岗的危害主要表现在以下几个方面：①产沙量大，泥沙淤塞河道水库，毁坏桥梁等，缩短工程的使用寿命；②产生的泥沙压埋农田，影响粮食生产；③侵蚀切割地形，毁坏土地，加剧了生态环境恶化；④沟内的泥沙常常与山洪汇合形成高含沙水流，对人民生命财产造成威胁。崩岗区林业生态工程建设可以有效地减缓和避免上述灾害的发生。

9.4.2 崩岗区林业生态工程功能

针对崩岗的特点与发展规律，应采取预防与治理并重的方针，对可能产生崩岗的荒坡采取预防保护措施；对已产生的崩岗，应采取林业生态工程综合治理措施。

预防保护措施包括：①对风化花岗岩山坡，严禁挖草根、铲草皮的破坏地面植被行为，并应通过封育尽快恢复地面植被；②对坡面的天然水(路)网，应及时兴修截水沟、排水沟和蓄水池等各类小型蓄排工程，拦蓄、分散地表径流，防止下泄进入崩口导致的崩岗发生和发展。

崩岗治理应符合以下要求：①将每个崩口视为一个集水区，因地制宜，采取综合治理措施；②治标与治本结合，既要控制崩口下泄的洪水、泥沙对下游农田的危害，又要防止崩岗发展；③治理与开发结合，利用崩岗内外的土地资源，发展竹、茶、林、果等经济植物。

根据以上崩岗预防和治理技术原则，崩岗林业生态工程的生态功能主要体现在：①可以减少产流产沙量，防止泥沙淤塞河道水库，增加工程的使用寿命；②可以有效调节区域小气候，降低风速、调节温度、提高空气和土壤湿度、减少蒸发量，增强抵御干热风、冰雹、霜冻等自然灾害的能力；③可以通过减少泥沙量，有效防止泥沙压埋农田，从而增加作物产量；④可以有效地防止侵蚀切割地形，毁坏土地，充分发挥森林的生态功能，减少或消除各种自然灾害对工农业生产和生态环境造成的危害，实现社会经济自然环境的可持续发展。

9.4.3 崩岗区林业生态工程模式

崩岗是红壤区典型的侵蚀最严重、危害最大的土壤侵蚀方式，其本身就是一个复杂的系统。崩岗由崩壁、崩积堆、洪(冲)积扇3部分组成。在崩岗发育的过程中，有些部分会消失，有些部分则会出现。如当崩岗侵蚀越过分水岭时其集水坡面就会消失，崩壁离崩岗口的距离比较近时，水流对崩积体的冲刷还没有形成沟道就已经把泥沙带出崩岗口，但随着崩壁向前推进，沟道就会慢慢形成。

崩壁是崩岗最主要的组成部分，它是风化壳土体在重力与水的作用下发生倾倒、滑塌等失稳变化而产生的近于垂直的陡壁，由于有崩壁的存在才有重力崩塌过程的继续及崩积堆的产生。

崩积堆是崩壁崩塌后形成的松散堆积体，通常具有较大的休止角，不具有分选性。

洪(冲)积扇是流水作用将崩积堆中较细的物质冲刷、搬运经再沉积后形成的扇状堆积地貌，其顶部物质较粗，整体地势较平缓，具有一定的流水沉积结构。

在崩岗侵蚀地貌中，崩壁、崩积堆、洪(冲)积扇三者自上而下依次排列，它们共同组成崩岗侵蚀地貌系统。

根据崩岗侵蚀的特点，应把崩岗作为一个系统进行综合治理。根据崩岗侵蚀系统中物质与能量运输的特点，可以采取一定的治理措施提高其负反馈机制的作用、减小正反馈机制的作用使崩岗系统达到稳定状态，从而使崩岗得到有效的治理。

9.4.3.1 崩岗综合防治技术

(1)崩岗侵蚀治理传统技术

我国对崩岗侵蚀的治理技术已进行了一系列探索，总结了一些治理措施，取得一定的治理成效，探索出一套较为完整的包括生物措施和工程措施的崩岗立体综合治理技术，概括为"上截、下堵、中绿化"。"上截"是指在崩岗沟头及其四周修建天沟排水，防止径流冲入崩口；"下堵"是指在崩岗沟口修筑谷坊，拦蓄径流泥沙，抬高侵蚀基准面，稳定沟床，防止崩壁底部淘空塌落；"中绿化"是指在崩积堆上造林、种草或种植农经作物等，以稳定崩积堆的措施。

但这种传统防治措施依然存在一定的不足。"上截、下堵、中绿化"的防治思路未能把崩岗作为一个整体进行系统整治,难以根治崩岗侵蚀的危害。传统的治理方法往往只把崩岗作为灾害来看,缺少从资源的视角来考虑崩岗治理。目前,崩岗整治多属政府行为,政府出资、政府组织、政府实施,缺少社会公众的主动参与。

(2)崩岗综合防治新理念

崩岗防治区划是在崩岗综合调查的基础上,根据崩岗侵蚀的发育状况、侵蚀特点、形成过程以及侵蚀地貌等因素,并考虑崩岗防治现状与社会经济发展对生态环境的需求,在相应的区域划定有利于崩岗侵蚀治理与水土资源合理利用的单元,为崩岗治理措施的布设提供重要依据。

针对传统崩岗治理方法的不足,提出"治坡、降坡、稳坡"的崩岗侵蚀综合治理新思路,即在崩岗治理的过程中,将崩岗作为一个系统整体,以崩岗口为单元,采取生物、工程等措施分区综合治理沟头集水区、崩塌冲刷区、沟口冲击区等各个子系统,疏导外部能量,治理集水坡面,稳定崩壁,固定崩积体,同时在沟道修筑谷坊与拦沙坝,抬高侵蚀基准面,稳定坡脚,全面控制崩岗侵蚀。

9.4.3.2 经济开发型崩岗综合治理

经济开发型崩岗治理即用系统论原理、系统工程的方法,把崩岗分成沟头集水区、崩塌冲刷区、沟口冲积区,分别采取"治坡、降坡、稳坡"三位一体的措施,用合理、经济、有效的方法与技术,分区治理,全面控制崩岗侵蚀,达到转危为安、化害为利的目的。

(1)沟头集水区治理

沟头集水区的治理措施主要包括工程措施和生物措施。工程措施包括斜坡固定工程、护坡工程等,通过实施工程措施增强坡体稳定性。生物措施主要通过种植作物,实施封禁来稳定集水坡面,增加雨水入渗、降低流水对坡面冲刷。

(2)崩塌冲刷区治理

崩塌冲刷区治理原则在于提高沟壁—崩积体负反馈机制作用并减小正反馈机制作用。传统方法是:对崩积体进行整治,采用机械或分工的方法降级整地成平台,自上而下开挖宽阶梯水平台地,减小原有临空面高度,有利于沟头和崩壁的稳定,防止沟壁溯源侵蚀,同时也为水平台地内挖穴配置种植经济类作物提供了条件。为保证这些经济类作物生态群落的稳定性与多样性,可在崩积体较稳定的地表营建果园。

(3)沟口冲积区治理

沟口冲积区的治理主要采取工程措施与生物措施相结合,提高其与崩积体之间的负反馈机制。工程措施主要是在沟道建立谷坊拦截崩岗内泥沙;生物措施是在山脚种植树木、草灌以及经济型农作物。这样不仅可以快速覆盖、阻止洪积扇泥沙,更重要的是与沟头集水区的经济林以及崩塌冲刷区的果园开发形成了一套立体式的崩岗系统经济开发型治理模式,三者互为补充、互相依存。

9.4.3.3 生态修复型崩岗治理技术

生态修复是指恢复被损害的生态系统并使之接近被损害前自然状况的管理过程,即重建该系统干扰前的结构与功能及有关的物理、化学和生物学特征的过程。生态修复型崩岗侵蚀治理的思路和目标是发挥生态系统自我修复能力，配合人为的预防监督、强化保护措施，使生产建设与防治水土流失同步，使受损的生态系统恢复或接近被损害前的自然状况，恢复和重建一个具有良好结构和功能且具有自我恢复能力的健康生态系统。

(1) 沟头集水区治理

沟头集水区的治理主要包括截(排)水沟工程和集水区植被生态恢复工程两部分。其中截(排)水沟是集水区重要的防护工程之一，其作用在于拦截坡面径流，防止坡面径流进入崩岗口造成侵蚀。而沟头集水区的生态修复工程则是对崩岗集水区进行生态恢复治理，通过恢复集水区的生态系统功能，增大集水区土壤、植被对水分的吸收，从而减缓集水区径流的产生，避免加剧崩岗侵蚀。

(2) 崩岗冲刷区治理

崩壁侵蚀是崩岗产沙的重要来源。针对不同崩岗类型，需要使用不同的控制技术。对较陡峭的崩壁，在条件许可时削坡开级，从上到下修成反坡台地(外高里低)或修筑成等高条带，使之成为缓坡、台阶地或缓坡地，同时配套排水工程，减少崩塌，为崩岗的绿化创造条件。

(3) 堆积冲击区治理

崩岗的堆积区是崩塌区侵蚀产生的泥沙堆积在崩岗底部的松散土体。通过二次侵蚀，大量泥沙被输送出崩岗，从而造成危害。而沟头和沟壁崩塌下来的风化壳堆于崖脚，降低了原有临空面高度，利于沟头和沟壁的稳定。崩积体土体疏松，抗侵蚀力弱，侵蚀沟纵横，立地条件差，特别是土壤养分缺乏且阴湿。控制崩积体的再侵蚀是防止沟壁不断向上坡崩塌的关键。

(4) 沟口泥沙控制工程

通过对崩岗沟头集水区、崩塌区和堆积区的综合治理，崩岗的输沙特征将发生明显的变化。在此基础上，可于沟底平缓、基础较好、口小肚大的地段修建谷坊，以拦蓄泥沙、节制山洪、改善沟道立地条件。由于修建谷坊工程量大，需动用大型机械，因此只在关键部位修建谷坊，沟底的治理应以生物措施为主。谷坊按 10 年一遇 24 h 暴雨标准设计，生态型治理崩岗一般选用土谷坊，设计高度为 1~5 m。建好谷坊后，可在其上种植香根草等根系较发达的植物，以稳固谷坊。在崩岗沟底种植植物，均需客土，以增加有机质，提高成活率。

9.4.4 崩岗区林业生态工程典型案例

9.4.4.1 区域概况

在我国红壤山地的部分地区，由于人为和自然等诸多因素的影响，造成严重的水土流失。经过多年的努力，原地貌未遭严重破坏的水土流失区域采用封山育林、禁牧等自然修复和种草、种树等人工治理，取得了一定成效。而由于洗矿、雨水汇流冲刷等因素形成的崩岗，采用常规植树种草的方法无法从根本上解决问题，其上种植的植被在形成固定根之前，常常就已经被水冲走。崩岗对生态环境的破坏力十分巨大，会造成山体塌陷、地表生物毁灭、原生地貌变迁、淤泥阻塞等。案例选择的崩岗区开展了以生物技术为主的治理，通过在崩岗区表面种植速生植物，固土护坡，防止雨水冲刷地表，从而快速形成高密度植被。

该区崩岗面积 40 hm²，土壤为花岗岩侵蚀性红壤，几乎无植被覆盖，由于长期侵蚀，使得表土冲刷殆尽，地表粗砂颗粒含量高，基岩裸露。

9.4.4.2 治理技术方法

(1) 坡面平整

将崩岗形成的凹凸不平的坡面修整成斜坡平面。以科学的计算方法，确定省工省力的最佳相对平面宽度范围，在此范围内以凹陷最深处为基准，将凸出部位的土壤挖掉，使其形成一个平面，平面的坡度控制在 75°以内，每隔 2 m 高度向坡内收进 100 m，形成一个台阶。

(2) 装土料网袋护坡

选用 40 cm×50 cm 的尼龙编织网袋，其网孔直径不大于 0.5 cm。将坡面凸出部分所挖下来的土壤作为原料，拌入 1/5~1/4 的猪粪、鸡粪或鸭粪等有机肥料，将混好有机肥料的土壤装入尼龙编织网袋内，八分满，扣紧袋口。随后将网袋靠坡面叠垒，将网袋扁而平地放在坡面底下，袋的底部朝外，袋口处朝内。每一层的袋与袋之间需靠紧，上下层之间的袋子要按缝隙错开，即上层网袋的中间对准下一层两个网袋之间的缝隙。网袋要摆放均匀整齐，形成一个平稳的坡面。护坡基部挖深 50 cm，开始叠垒网袋，使崩岗根基部更加稳固。每摆放一层网袋，用尼龙绳的一端将相靠的两袋系在一起，另一端拴在固定桩上，固定桩用直径 5 cm、高 120 cm 的竹竿，直径 4 cm、高 120 cm 的木棍和直径 3 cm、高 150 m 锥管为材料制作。固定桩一端为尖形，另一端为平面，将固定桩打入坡面内，打桩的间隔为 100 cm×100 cm，上排桩与下排桩错位 50 cm，在护坡基部紧靠网袋打下一排固定桩，每个网袋外侧中部固定一根，旨在稳固护坡根基。

(3) 崩岗治理区植物品种选择与种植技术

①品种选择与搭配。根据夏季牧草与冬季牧草间作，草本与木本植物组合，高大植物与矮生植物搭配，禾本科、豆科等多科属的植物混播的原则，选择具有生长速度快、根系发达、生命力旺盛、植被覆盖密度大而广、适应性强、有较强的防冲刷力等特点的品种，主要品种有：宽叶雀稗、百喜草、狗牙根、香根草、苎麻、银合欢、截叶胡枝子、多花木兰、紫花苜蓿、黑麦草、三叶草、大翼豆、扁豆、木豆等。

②种植技术。网袋叠垒好后，在其网袋靠外的一面扎孔，孔的深度为 3~5 cm，直径 3 cm 左右，孔与孔间距为 10 cm×20 cm，随后将几个品种的种子均匀混合好后播入袋孔中，进行挤压覆土。播种选择无雨天气，每隔 5~7 d 喷灌 1 次，播后 1 个月内根据旱情适当进行喷灌。

(4) 排水系统

①护坡排水管布置。在叠垒的网袋间放置塑料水管，管长 50 cm，直径 3 cm。塑料排水管的同一侧分别锯有 5 个小口，小口的深度为排水管直径的 1/3，摆放时小口向下，防止排水管堵塞。排水管摆放间隔为 100 cm×200 cm。

②护坡顶部排水。根据崩岗治理坡面顶部的雨水流量，沿着护坡面顶部边缘挖一条排量足够大的排水沟。排水沟相对水平，有落差的地方安装水泥管，水泥管出水口超出落水坡面，落水处建水泥池接水，防止雨水冲击地面形成水坑，避免再次造成水土流失。

③护坡底部排水。在护坡根基外侧筑高 50 cm、宽 100 cm 的护台，护台外侧挖排水沟，排水沟的宽度要能满足护坡雨水的排放量。

④排水沉淀池。根据崩岗区面积，在其下游挖一口与其规模相适应的水池，将护坡顶部和护坡底部的泥水引流到池子内，泥水在池内沉淀后自行排出。定期清理沉淀池内的泥沙。

⑤生态排水沟。在护坡顶部和底部、排水沟的沟底和沟外侧种植匍匐矮生的牧草，如狗牙根、百喜草、宽叶雀稗等。播种后用尼龙编网袋覆盖排水沟，沟底用石块分散压住网袋，沟边用土埋住网袋。在沟边扦插狼尾草、皇竹草等，其发达的根系形成坚固的沟渠保护网。

由于崩岗面修整得有一定坡度和斜平面，使叠垒在坡上的尼龙袋，在地球引力作用下，护坡层紧贴坡面形成一体，十分牢固。尼龙网袋将肥料和土壤紧紧裹在袋内，保护表土和肥料不被雨水冲刷流失，从而保证了植物种子的成活率。尼龙袋内的土壤肥力高、保水保肥能力好，为植物的生长提供了充足的养分，使种子能够很快地发芽、生长、扎根。在尼龙网袋还未腐烂化解之前，速生植物的根系已经纵横交错牢牢地扎入了土坡深处，形成茂密的保护层，牢固地维系在土坡之上。这样就可以完全发挥植被的蓄水缓流作用，阻挡住因雨水冲刷而造成的表层土壤流失，从而达到生态治理崩岗的效果。

崩岗治理区快速形成高覆盖率的茂密植被，不仅能有效阻止崩岗的进一步发展，避免水土流失对农田的破坏和水源的污染，而且能够极大地增加生物产量和生物多样性，丰富水土流失治理区生态系统的种质资源，进一步推动生态系统内动植物群落的发展。只有生物多样性得到保护，整个生态系统才能处于平衡状态。护坡植被起到增加土壤有机质含量、提高土壤肥力、增加土壤微生物含量的作用，能够改善土壤的理化性质，促使土壤团粒结构的形成。豆科植被还具有固定土壤中氮素的作用，可为植物生长提供大量的氮素。这一植物系统能够改变地表反射率，进而改变地表温度、湿度，净化空气，使整个生态系统处于平衡状态，为人类提供更加多样化的服务。

本章小结

本章主要介绍了几种南方典型林业生态工程的基本特征、功能、结构和技术措施，并在每小节用案例介绍了如何使用不同林业生态工程治理某一区域生态环境。沿海防护林是沿海以防护为主要目的的森林群落，它不仅具有防风固沙、保持水土、涵养水源的功能，对于沿海地区防灾、减灾和维护生态平衡起着独特而不可替代的作用。石漠化会导致水土流失加重、耕地减少、植被覆盖率和土壤涵养水源能力降低、生态环境恶化，给当地人民的生产、生活及经济发展带来了严重的影响。实施石漠化林业工程可使石漠化面积减少，程度减轻，区域植被盖度明显增加，生态状况逐步改善，固土保水功能增强，水土流失减少。干热河谷区林业生态工程可以加强生态保护和治理，主要依靠天然林资源保护、退耕还林、公益林管护等大的林业生态工程。崩岗是指发育在红土丘陵地区冲沟沟头部分经不断地崩塌和陷蚀作用而形成的一种围椅状侵蚀地貌，实施崩岗区林业生态工程可以有效地减缓和避免灾害的发生。

复习思考题

1. 什么是沿海防护林？沿海防护林分为哪些类型？各类型有什么特点？
2. 沿海防护林的功能有哪些？
3. 沿海防护林中不同林带结构配置的技术要点有哪些？
4. 沿海防护林造林技术措施有哪些？
5. 石漠化地区有哪些特征？石漠化地区林业生态工程的功能有哪些？
6. 石漠化地区林业生态工程结构配置的技术要点有哪些？
7. 石漠化地区林业生态工程造林技术措施有哪些？
8. 干热河谷典型的气候特征是什么？干热河谷区林业生态工程的功能有哪些？
9. 干热河谷区林业生态工程结构配置的技术要点有哪些？
10. 干热河谷区林业生态工程造林技术措施有哪些？
11. 崩岗现象是指什么？崩岗区林业生态工程的功能有哪些？
12. 崩岗区林业生态工程结构配置的技术要点有哪些？
13. 崩岗区林业生态工程造林技术措施有哪些？

第 10 章

林业生态工程项目管理

10.1 林业生态工程项目管理程序

10.1.1 林业生态工程的特点

　　林业生态工程与其他工程相比有其自身的特点：第一，它涉及面很广，包括育种、苗木培育、整地、抚育管理等不同阶段。第二，林业生态工程涉及的单位较多，包括政府部门、调查设计单位、科技咨询单位、施工执行单位、成果经营单位等不同权益和功能单位。第三，林业生态工程的所属形式较多，包括国有、集体、个人等不同所有制形式。第四，林木栽植时直接参与的劳动力范围比较广，种类比较多，有的涉及项目区的全体居民。劳动力的种类既包括专业劳动力，又包括群众义务劳动力、县、乡国家干部职工的劳动力等。第五，林业生态工程的性质与其他工程有着本质区别，其他工程大多要求尽快产生直接经济效益，林业生态工程则是维护和改善生态环境条件、增加国家后备资源、增强林业可持续性发展的能力。因而，要搞好林业生态工程，必须协调好各方面的关系，把握好各个生产环节，以取得总体优化的效果为目标。由此可见，林业生态工程实质是一项系统工程，是把森林为主体的植被建设纳入国家基本建设计划，运用系统观点、现代的管理方法和先进的培育技术，按国家的基本建设程序和要求进行管理和实施的项目。

10.1.2 项目的概念

　　"项目"一词，在我们日常工作和生活中并不少见，如建设项目、科研项目、技术推广项目等，它的基本含义是事物分成的门类。但是，在项目管理中"项目"一词则有着更丰富的含义。

　　①项目是一项投资活动，并要求在规定期限内达到某项规定的目标。项目与投资是分不开的，没有投资就没有项目，但一个项目必须要事先计划，使投资活动始终围绕一个既明确又具体的目标进行。项目不是笼统的、抽象的，而是十分明确和具体的，有明确的界限和特定的目的。一个项目应当有一个特定的地理位置或明确集中的地区，这是空间界限；一个项目还应当有明确的建设起始年份和完成年限，并具有投资建设、建成投产、获益的顺序，这是时间界限。项目的一般目的是要形成新增固定资产，用以提高生产能力，

但每一个具体项目都必须有特定的目标,只有规定了特定的目标才能构成项目。不形成固定资产,但却能提高新增生产能力的投资,也是项目所必需的。项目不仅指为达到某项规定目标的投资方案,而且还包括实施这一方案、取得预期效益的整个投资建设过程。因此,可以把项目看成是一个运用资金以形成新增固定资产和新增生产能力,再由它们在一段时间内提供效益的投资活动。

②项目是一种规范和系统的分析和管理方法。作为一个项目,应当合乎逻辑、现实可行、效益明显,为此,项目包含了一套规范的程式与科学的系统分析和管理方法,包括规划、可行性研究、初步设计、施工管理、竣工验收与后评价等内容。按照这种项目程式、方法确定的项目,将能保证有效地、节约地使用资金和达到预期效果,能避免出现考虑不周、仓促制定、现场拼凑起来的项目,能排除效益不高或不好的项目,同时,这种程式和方法也为管理人员和计划人员提供了控制项目执行过程的良好准绳。

③项目是一个独立的整体,是便于计划、分析、筹资、管理和执行的单位。项目不仅提出了投资方案和预期目标、效益,而且本身就是一个实施单位。规划、可行性研究、初步设计、施工管理、竣工验收与后评价等项目管理内容都要由项目本身承担,因此,项目必须有具体的管理机构和实施项目的责任者,项目必须实行独立的经济核算。没有专门的项目管理机构和实施责任者的项目是不完善的项目,对这种项目,投资者不应给予立项。

到目前为止,关于"什么是项目"还没有一个经典的定义。W. C. 鲍姆和 S. T. 托尔伯特在合著的《开发投资——世界银行的经验教训》一书中,把项目定义为"包括投资、政策措施、机构以及其他为在规定期限内达到某项或某系列发展目标所设计的活动在内的独立的整体"。J. P. 吉廷格在《农业项目的经济分析》一书中,把项目表述为:"项目就是花费一定资金以获取预期收益的活动,并且应当合乎逻辑地成为一个便于计划、筹资和执行的单位。"这些都是不错的定义,反映了项目的实质和含义。不过对于林业工程项目,我们还是试图综合上述内容给出项目的定义:项目是运用一种规范的系统和方法所确定的,在规定期限内达到特定目标的包括投资、政策措施、机构、技术设计等在内的经济活动。

10.1.3 林业生态工程实行项目管理的意义

从总体上来讲,林业生态工程是一项投资大、见效慢,但效益好的系统工程。所需资金除国家投资、自筹资金和银行贷款外,还包括利用外资的形式。目前,我国能够用于林业生态工程建设的投资有限,因此,必须用好这些资金,以少的投入获得更高的效益。

经济效果是一切建设项目投资的出发点,也是它的归宿。从我国情况来看,也存在不注意经济效果的历史教训。有些项目由于决策依据不足、决策程序不严、决策方法不当,而导致决策失误,造成项目建设与实施后生产经营中的浪费,给国家带来很大的损失,这方面的教训很多,也很深刻。我国林业生态工程投资管理中,还存在许多问题:

①不能认真做好投资前的准备工作,盲目性大,投资决策和管理人员常常把主要精力放在制订广泛的计划上,而对投资项目了解和分析很肤浅,导致项目准备不完善,造成投资的低效益,甚至资金的浪费。

②分散使用资金对于林业生态工程建设项目缺乏综合协调，在安排项目投资时，往往按单位分经费搞部门平衡或经常按地方切块搞平均主义。这种分散使用资金，"撒胡椒面"的做法，使项目缺乏内在联系，重单项工程，轻综合治理；强调局部利益，忽视整体利益。因建设项目不能综合配套，难以形成综合生产力，出现事与愿违的事例也不在少数。

③缺乏科学的决策和管理程序。不少林业生态工程建设项目仓促上马，朝令夕改，甚至一句话就决定了资金的命运；审批、管理不完备，往往是先拨款后立项，只投入不回收，不注重经济效益，甚至不了了之，造成人力、物力、财力的极大浪费。

④产出计划与投入措施"两张皮"。长期以来，我国林业生态工程建设侧重于生产指标计划，只提出具体的生产指标，至于如何保证指标的实现，只列出一些原则性的、笼统的措施意见，没有定量的分析，更谈不上定位的安排，实际上是互不相关的"两张皮"。还有些项目是为争取投资而提出的，因此，在可行性上很难找到充足的理由。

历史经验表明，在一切失误中，决策失误是最大的损失。实行项目管理是实现项目决策科学化的必需途径。通过项目立项前的认真详细的可行性研究与评估，将是减少决策盲目性、避免投资决策失误的关键环节。在项目实施过程中，通过一系列必要的项目管理手段，能保证项目按设计要求顺利进行，并取得预期的经济效果。因此，实行项目管理，无论是对加强投资宏观管理，还是以提高每一个投资项目的投资效益，都有十分重要的意义和作用。因此，为了搞好林业生态工程建设，必须认真总结我国经验，借鉴国外先进技术，尽快使林业生态工程项目管理工作走向科学化、程序化和制度化，以保证建设项目选择得当，计划周密、准确，并保持项目管理工作的高效率。

10.1.4　林业生态工程项目管理的程序

林业生态工程项目从提出到实施再到建成产生效益是需要一定时间、一定程序的过程。在这过程中，我们把它分成几个工作阶段，以利于项目管理，这几个阶段是相互密切联系并遵循合乎逻辑的前进程序，只有做好了前一阶段的工作，才能开始下一阶段的工作。

林业生态工程项目分为前期工作、项目实施和竣工验收3个阶段，项目机构应按程序进行工作并严格管理。

10.1.4.1　前期工作

项目前期工作是重要的项目阶段，通过一系列规范系统的分析、研究决策以保证林业生态工程建设资金用于有效的地区，完善的建设方案，达到预期的开发目标和好的投资效果。各级项目机构必须高度重视项目准备工作，这是改变以往先拨款后立项，不注重效益等弊端的强有力手段。

林业生态工程建设项目的前期准备工作主要包括林业生态工程规划、项目建议书（大项目一般均有此项）、可行性研究、初步设计等内容，它们不是平行的、同时进行的，而是有着严格的先后顺序，前一项工作是后一项工作的必要条件，没有做好前一项工作就不能进行后一项工作。图10-1展示了各项准备工作之间的关系。

项目的前期准备开始于林业生态工程规划，其一般由业务部门提出，经上级（投资者）批准后，再编写项目建议书，项目建设建议书批复后，上级部门下达可行性研究计划任务书。然后，项目提出单位就可以组织力量进行可行性研究，并编写可行性研究报告，并报送上一级单位。投资单位在接到可行性研究报告后应开始论证评估，决定能否立项。评估结果可能出现4种情况：同意立项、需修改或重新设计、推迟立项和不予立项。项目正式成立后，项目的准备工作并没有结束，项目执行单位还需做好项目的初步设计工作。初步设计完成后就等待列入国家的投资计划。一旦列入投资年度计划后，项目即进入了实施建设阶段。

在项目准备阶段的各项工作中，项目评估和立项是由上一级机构(投资机构)组织进行的；项目规划、可行性研究和初步设计则是由项目执行单位负责进行的。

图10-1 项目准备工作程序

(1) 林业生态工程规划

林业生态工程建设项目的产生来自林业生态工程规划，可分长期(10~20年)、中期(5~10年)和短期(3~5年)3种。项目规划的主要内容包括：该项目建设的必要性、项目的地域范围和规模、资源条件、工程任务量和投资额的初步估计、投资效果的初步分析。在项目规划报告中，应该突出说明在这一地区进行该建设的必要性和作用，分析资源潜力，项目实施后新增生产能力和社会效益进行初步预测。

项目规划报告是一个申报文件。当它经投资单位筛选审批同意后，提出项目规划报告的单位即可着手组织项目的可行性研究。

(2) 项目建议书

项目建设书是根据已审批的规划内容，从中提出近期可实施的项目，进行论证研究后编制而成，一般只是规划的部分内容，有时规划内容少，也可一次全部提出。如项目较小，也可不做项目建议书，由上级部门直接下达可行性研究任务书。项目建议书的内容和编制方法与可行性研究基本相同，只是线条更粗一些。

(3) 项目可行性研究

可行性研究是项目准备的核心内容，其目的是从技术、组织管理、社会生态、经济等各有关方面论证整个项目的可行性和合理性。如果可行，还要设计和选择最佳的实施方案。

①可行性研究是一项政策性、技术性很强的工作，工作量很大。一般来说，一个项目的可行性研究时间最短要3个月时间，最长则要2年或2年以上的时间。可行性研究所需资金也较多，通常约相当于整个项目成本的5%。应该保证这笔资金，因为做好了可行性研究后，将能成倍地节约项目成本或增加项目效益。

②项目的可行性研究应委托经过资格审定的技术咨询、设计单位或组织有关的技术、经济专家小组承担。他们应对工作结果的可靠性、准确性承担责任。有关主管部门要为可行性研究客观公正地进行创造条件，任何单位和个人不得干涉或施加影响。

③可行性研究完成后要编制可行性研究报告。可行性研究报告一般应包括以下 8 方面的内容：项目建设的目的根据；建设范围和建设治理规模；资源、经济、社会、技术条件分析；治理技术方案和建设治理内容，各项工程量；建设工期；投资估算；达到的综合效益；项目可行的理由，指出可能存在的风险。

④项目的可行性研究报告经同级政府审定后即可报上一级的投资批准单位。

(4) 项目评估

评估是项目准备中的关键环节，是能否立项的重要步骤。项目评估的任务有两个：一是对可行性研究报告的可靠程序作出评价；二是从国家宏观经济角度，全面系统地检查项目涉及的各个方面，判断其可行性和合理性。项目评估与可行性研究有着密切的关系：没有项目的可行性研究就没有项目评估；不经过评估，项目可行性研究报告也不能成立，是无效的。

项目投资决策部门在收到可行性研究报告后，应及时进行审查，组织评估工作。通常组织一个由农业、林业、水保、土壤、经济等领域专家组成的评估小组，到项目所在地区会同项目可行性研究小组和当地主管部门，着重就项目的技术、财务、经济、组织等方面进行论证，对可行性研究报告进行审查、评估。评估要特别注重项目的总规模、布局和工程设计是否合理，所用技术是否适合当地条件，执行计划的进度是否切实可行，达到预计目标是否可能，投资估算是否正确，有无保证项目有效执行的资金配套能力和组织管理机构等问题。评估小组完成评估工作以后，应对项目提交评估报告和评估意见。评估意见可分同意立项、需修改或重新设计、推迟立项和不予立项 4 类。专家评估小组应持客观、公正、科学的态度，对所评估项目的技术可行性和经济合理性负责。

(5) 项目的确立

经过评估，对项目可行性的确认是立项的先决条件。但可行的项目是否立项或是否马上立项，还受当时的财力、物力等因素的限制，国家将择优审批。

林业生态建设项目评估和决定立项应遵循的原则：突出开发重点，综合连片建设，投资与效益挂钩；要有独立、健全、有效的项目管理机构，能保证按项目评估报告的要求实施各项管理；评估论证确认可行的项目，经投资决策部门审查批准后正式立项。

(6) 初步设计

林业生态工程建设项目立项以后，项目的前期准备工作还没有结束，项目执行单位还必须根据已批准的可行性研究报告和评估报告，按国家基本建设管理程度，组织编制项目的初步设计文件。尽管可行性研究报告和评估报告的内容已经较为详尽，但对项目的实施仍缺少详细的规定，不可能直接用于制订项目的实施计划。初步设计的工作就是解决这一问题的。

初步设计主要包括以下内容：①项目总体设计，包括指导思想、骨干工程规模、设计标准和技术的选定，主要设备的选用，交通、能源、苗木及产、供、销的安排等。②主要建筑物及配套设施的设计以及主要机器设备购置明细表。③主要工程数量和所需苗木、化肥等的数量。④项目投资总概算及技术经济指标分析。⑤项目实施组织设计，包括配套资金筹措、材料设备来源、施工现场布置、主要技术措施及劳力安排等。⑥项目概算，包括定额依据和条件、单价和投资分析等。

初步设计是一件技术性极强的细致工作，应委托经过资格审定的设计单位进行编制，并按国家基本建设程序报批。未经审查批准的初步设计，不得列入国家投资建设计划。

初步设计经批准并列入国家投资建设计划后，项目就进入实施阶段。而初步设计是项目实施阶段中制订年度工程计划、安排投资内容和投资额、检查实施进度和质量、落实组织管理、分析评价项目建设经济效益的主要依据。

10.1.4.2 项目实施和竣工验收

（1）项目实施

林业生态工程建设项目完成初步设计报告并列入国家投资年度计划后，就进入了项目实施阶段。项目实施必须严格按照设计进行施工，加强施工管理，并在具体培育过程中采用科学、合理、先进的栽植、抚育技术措施。

（2）竣工验收

竣工验收是项目管理的第三个阶段，是在项目完成时全面考核项目建设成效的一项重要工作。做好竣工验收工作，对促进林业生态工程建设项目进一步发挥投资效果，总结建设经验有重要作用。竣工验收实际上是对项目的终期评价，是在项目实施结束后对项目的成绩、经验和教训进行总结评价，并要编写竣工验收报告。验收后，领取竣工验收证书。竣工项目经验收交接，应办理固定资产交付使用的转账手续，加强固定资产管理。验收中发现遗留问题，应由验收小组提出处理办法，报上一级有关部门批准，交有关单位执行。

10.2 林业生态工程规划

10.2.1 林业生态工程规划概述

林业生态工程是一项涉及面很广，投资较多，延续时间较长的大范围的劳动生产活动。对于扩大国家和地区的森林覆盖率、增加森林资源、维护和改善生态环境、促进林业可持续性发展及美化人民生活环境等具有重要意义，是一项造福子孙后代的伟大事业。因而林业生态工程在相当程度上具有基本建设工作的性质，特别对于一些规模较大的重点林业生态工程，具有和其他各行各业建设工程一样的性质，必须作为建设工程项目一样来对待，施工以前要完成立项程序，进行全面调查、整体规划、可行性研究、初步设计，施工中认真对待和完成，施工后还必须进行检查验收，进行效益估算和效益评估。

林业生态工程规划是一项基本性工作，其内涵就是查清工程实施区域的自然条件、经济情况和土地情况；根据自然规律和经济规律，在合理安排土地利用的基础上，对宜林荒山、荒地及其他绿化用地进行分析评价，按立地类型安排适宜的林业生态工程，真正地做到适地适树。通过林业生态工程规划可以加强林业生产的计划性，克服盲目性，避免不必要的损失浪费。经验表明，只有真正搞好林业生态工程规划，才能为下一步决策、设计及施工提供科学依据。

10.2.1.1 林业生态工程规划的发展与现状

新中国成立以来，我国由造林规划走向林业生态工程规划，大体经历了以下4个阶段：

(1) 初创与摸索阶段(1949—1953)

这一时期我国尚无统一的造林规划规程和办法，专业调查设计队伍也很少。随着造林事业的发展，造林规划逐渐开展起来。1949年年初，华北人民政府农业部成立的冀西沙荒造林局，开展造林规划；1950—1951年，当时的东北人民政府调查包括东北西部和内蒙古东部广大风沙危害区，提出了《关于营造东北区西部防护林带的决定》；1951年，林垦部组织有关院校进行华南橡胶垦殖调查，提出北纬22°线以南地区橡胶种植场的规划；1953年，林业部成立了调查设计局，下设两个直属森林调查大队，并于1954年年初到陕北地区长城一带进行固沙防护林规划。这些林业调查与规划为以后各省开展营林调查及制定统一全国营林调查方法奠定了一定的基础。

(2) 造林规划(1954—1965)

1954年，林业部调查设计局发布了《营林调查设计规程试行方案》，为全国开展营林调查设计业务，在技术方法方面打下了基础。1956年，林业部成立了造林设计局，其后各省份陆续成立了营林调查设计队伍，开始了正规的造林规划。为了把造林规划建立在科学的基础上，特别重视造林规划的基础工作，组织更多的林业研究部门和院校，研究宜林地立地条件类型的划分和应用。1958年，聘请苏联专家咨询，进行不同类型试点，开展造林类型区区划，从而为我国的科学造林规划设计进一步奠定了基础，促进了造林事业的发展。这一时期，在林业部组织和苏联专家协助下，完成了黄土区、铁路固沙区，北方山地以及南方低山区用材林的造林规划，制定了4个相应的造林调查规划工作办法；完成了包兰铁路宁夏中卫沙坡头段铁路防护林的规划和营造；重点对南方山地营造大面积用材林进行了有计划的调查与规划，并在广东、广西、福建、湖南、江西等省份山地营造了大面积的杉木和马尾松速生用材林。

(3) 停滞阶段(1966—1976)

造林调查规划基本处于停滞状态。

(4) 恢复与发展阶段(1977—)

1977年后，造林规划进入恢复和迅速发展的时期。1977年，农林部组织北方13个省份调查队的部分人员，在山西蒲县进行了以造林为重点的山、水、田、林、路综合治理规划。1978年，林业部在山西偏关县召开了三北防护林规划现场会。1979年6月，编发了三北防护林规划办法，同时又制定了黄土区、风沙区造林规划办法，使三北防护林地区的造林规划有了统一的依据。1979年以后，全国开展了以县、乡或村为单位的山、水、田、林、路综合治理的规划。同时，在南方地区进行了用材林、木本粮油林基地县的造林调查规划。1979—1981年，根据全国农业区划委员会的统一部署，林业部在全国组织开展了林业区划与规划，1979—1988年，基本完成了县级林业区划，制订了林业发展规划。1984年，林业部颁布了《造林调查规划设计规程(试行)》和山地、沙区、平原区、黄土区、速生丰产林5个造林调查规划工作方法，同时开展了一些重点林业建设项目的总体规划，除三北防护林体系二期工程规划和总体规划外，还有以县为单位进行的太行山绿化规划，南方亚热带山区建立速生丰产林基地综合考察、宜林地评价和总体规划，以及柴达木盆地宜林地资源考察、长江流域、黄河流域林业发展规划等。这个时期造林规划的特点是在林业区域的宏观控制下，广泛使用新技术、新手段。例如，在外业调查中普遍使用地形图和航空相片进行调绘、划分小斑、绘制基本图并进行规划，在内业中大多使用计算器或微型计算机。在造林规划中普遍划分了立地类型，作为造林设计的依据。在南方速生丰产用材林基地规划中，使用了地位指数表，对林地进行评价，预估林地生产力，作为造林设计的重要科学依据。

20 世纪 90 年代后，开始突破造林规划范畴，向乔灌草相结合的林业生态工程规划发展。但林业生态工程规划至今尚无规范，其规划内容往往就是造林规划，不能很好地反映林业生态工程的实质和内涵。实际工作中仍然存在有规划、无可行性研究、不立项、不设计的现象。

10.2.1.2 林业生态工程规划的理论基础

林业生态工程规划主要理论依据是与林草培育（主要是造林）有关知识，如造林学、牧草（或草坪）学、森林生态学、景观生态学和测树学等。实际工作中，需要数学、测量学、"3S"技术等。为了给林业生态工程规划提供依据，必须调查项目区的自然条件，因而需要调查人员掌握土壤学、植物学、气象学、地质学等方面的知识，还需具备一些社会经济方面的知识，了解农业、牧业、副业生产，以及土地利用规划相关知识。所以，进行林业生态工程规划，需要多方面的人才，组织各种专业调查研究，如土壤调查、植被调查、立地分类等，编制造林典型设计、地位指数和进行必要的社会经济调查等，供林业生态工程规划应用。实践表明，林业生态工程是一项涉及面广，需要运用多种学科知识的体系。

10.2.1.3 林业生态工程规划的任务、内容和工作程序

(1) 任务

林业生态工程规划的任务，总体来讲，一是制定林业生态工程的总体规划方案，为各级领导部门制定林业发展计划和林业发展决策提供科学依据；二是为进一步立项和开展可行性研究提供依据。具体来讲，①查清规划区域内的土地资源和森林资源、森林生长的自然条件和发展林业的社会经济情况。②分析规划地区的自然环境与社会经济条件，结合我国国民经济建设和人民生活的需要，对天然林保护和经营管理、可能发展的各类林业生态工程提出规划方案，并计算投资、劳力和效益。③根据实际需要，对与林业生态工程有关的附属项目进行规划，包括灌溉工程、交通道路、防火设施、通信设备、林场和营林区址的规划等。④确定林业发展目标、林草植被的经营方向，大体安排工程任务，提出保证措施，编制造林规划文件。

(2) 内容

林业生态工程规划的内容是根据任务和要求决定的。一般来说，其内容主要包括：查清土地和森林资源，落实林业生态工程建设用地，搞好土壤、植被、气候、水文地质等专业调查，编制立地类型（或生境类型），进行各项工程规划，编制规划文件。但是，由于工程种类不同，其内容和深度是不同的。

①林业生态工程总体规划。也称区域规划，主要为各级宏观决策和编制林业生态建设计划提供依据。内容较广泛，规划的年限较长，主要内容是提出林业生态建设发展远景目标、生态工程类型和发展布局、分期完成的项目及安排、投资与效益概算，并提出总体规划方案和有关图表。总体规划要求从宏观上对主要指标进行科学的分析论证，因地制宜地

进行生产布局,提出关键性措施,规划指标都是宏观性的,并不作具体安排。

②林业生态工程规划。也单项工程规划,是针对具体的某项工程进行规划,其是在总体规划的指导下进行,是为下一步立项申报做准备。不同类型的林业生态工程,如水土保持林业生态工程规划、天然林保护规划、城市林业生态环境建设规划等,随营造的主体林种或工程构成不同,其内容也有差异。例如,三北防护林业生态工程规划要着重调查风沙、水土流失等自然灾害情况,在规划中坚持因地制宜、因害设防,以防护林为主,多林种、多树种结合,乔、灌、草结合,带、网、片结合;而长江中上游林业生态工程,则是以保护天然林、营造水源涵养林为主体进行规划。内容主要包括工程项目构成(相当于林种组成)和布局、各单项工程实施区域的立地类型划分与评价、工程规模、预期安排的树种草种、采用的相关技术及技术支撑、配套设施(如机械、路修、管理区等)、工程量、工程投资及效益分析。

林业生态工程总体规划指导单项规划,同时单项工程规划是总体规划的基础。总体规划的区域面积大,涉及内容广,一般至少以一个县或一个中流域为单元进行。单项工程的规划面积可大可小,但内容涉及面小。在一个大区域内,多个单项工程规划(面积不一定等同)是一个总体规划的基础资料和重要依据。

(3)工作程序

林业生态工程规划是工程实施的前期工序,它可估算出工程规模、工程完成年限及投资额等。一般来说,首先应在当地林业生态环境建设规划(无此项规划的地区可以林业区划为依据)基础上,结合国家经济建设的需要和可能,对项目区进行初步调查研究,提出规划方案,以确定该项工程的规模、范围及有关要求。然后,对工程进行全面调查规划,提出工程规划方案,作为编制林业生态工程项目可行性报告的依据。

10.2.1.4 林业生态工程规划的基本经验

我国林业生态工程建设在发展过程中取得了很大的成绩,也积累了丰富的经验,其中有几点值得借鉴:①保持造林调查规划队伍的稳定,不断提高技术人员的素质。②推广"工程造林",坚持按基本建设程序管理林业建设,保证林业生态规划成果的实施。③统一规划,综合治理,在合理安排农、林、牧、副各行业用地的基础上,进行林业生态工程规划。④不断总结经验,改革创新,提高林业生态工程质量。

10.2.2 林业生态工程规划的步骤

总体规划与单项工程规划在步骤上是基本相同的,只是调查内容上有所不同。调查规划手段和方法因区域面积而不同,大区域范围的规划采用资源卫星资料、小比例尺图件,并进行必要的实地抽样调查等。小区域范围内则采用大比例尺图件,并进行全面实地调查。在收集资料的粗细程度、内容要求方面,总体规划更宏观。

10.2.2.1 基本情况资料收集

(1)图面资料

图面资料是林业生态工程规划中普遍使用的基本工具,大区域规划(至少县级以上,中流域以上)采用资源卫星资料、小比例尺航空照片[1:(25 000~50 000)]和地形图(1∶50 000以上);小区域规划(县级以下,中流域以下),采用近期大比例尺地形图和航空照片[1∶(5000~10 000)]。此外,还应收集区域内已有的土壤分布图、植被分布图、土地利用现状图、林业区划(规划)图、水土保持专项规划图等相关图件。

(2) 自然条件资料

通过查阅林业生态工程建设项目所在地区(或邻近地区)气象部门、水文单位的实测资料及调查访问其他有关单位,收集所在地区(邻近地区)的下列资料:

①气温。年平均温度、年内各月平均气温、极端最高气温及极端最低气温(出现的日期);气温最大年较差、最大日较差、≥10 ℃的活动积温、无霜期天数;早(晚)霜的起止日期、土壤上冻及解冻日期、最大冻土深度、完全解冻的日期等。

②降水。年平均降水量及在年内各月分配情况、年最大降水量(出现年);最大暴雨强度(mm/min、mm/h、mm/d)、≥10 ℃的积温期间降水量;年平均相对湿度、最大洪峰流量、枯水期最小流量、平均总径流量、平均泥沙含量、土壤侵蚀模数。

③土壤。成土母质、土壤种类及其分布、土壤厚度及土壤结构和性状、土壤水分季节性变化情况,以及地下水深度、水质及利用情况等。

④植被。天然林与人工林面积、林种、混交方式、密度及生长情况等,果树及经济树种种类、经营情况、产量等,当地主要植被类型及其分布、盖度,如包含城市,还应调查城市绿化情况等。

应该特别说明,在进行林业生态工程建设项目规划设计时,必须收集新中国成立以来,特别是近年来林业生态工程建设项目所在地区的自然区划、农业区划、林业区划以及森林资源清查、土壤普查、城市绿地规划、风景名胜区规划、村镇规划(大村镇)等资料,以便借鉴和利用,因为这些资料虽然各有其主要目的,但都是建立在实际调查研究的基础上,从不同角度对当地的自然条件做的描述和分析。

(3) 社会经济情况资料

收集林业生态工程建设项目所属的行政区及其人口、劳力、耕地面积、人均耕地面积、平均亩产量、总产量、人均粮食、人均收入情况;作物种类,农、林、牧在当地经济中所占的比例(重);农业机械化程度及现有农业机械的种类、数量、总功率;群众生活状况、生活用燃料种类和来源;大牲畜及猪、羊数量;居民家庭副业及其生产情况;集体副业、企业等凡与规划设计有关的情况。

(4) 资料的整理、检查

以上资料收集完毕后,应进行整理,检查是否有漏缺,对规划有重要参考价值的资料应收齐。

10.2.2.2 土地利用现状调查

进行林业生态工程建设项目规划的目的之一是解决项目区土地的合理利用问题。因此,在规划之前,应首先摸清项目区的土地资源及当前的利用情况,以便对"家底"有全面的掌握,使规划(以及其后的设计)建立在可靠的基础上。

(1) 土地利用现状调查和统计

①土地利用现状调查。可按土地类型分类量测、统计。土地类型的划分可根据国家土

地利用分类及城市用地分类等标准,并根据当地实际情况和规划要求增减。以黄土地区(未涉及城市绿化)为例,土地类型常分为:

耕地:旱平地、坡式梯田、水平梯田、沟坝地、川台地。

林地:有林地(郁闭度≥0.31,还可按林种细分)、灌木林地、疏林地(郁闭度≤0.3)、未成林造林地、苗圃。

园地:经济林地(现多单列一项)、果园(现多单列一项或与经济林合并)。

牧业用地:人工草地、天然草地、改良草地。

水域:河流水面、水库、池塘、滩涂等。

居民点及工矿用地:城镇、村庄、独立工矿用地。

交通用地:铁路、公路、农村道路等。

难利用地:地坎、荒草地以及其他暂难利用地。

②土地单元分级。土地单元分级的数量依项目区面积来定,县级以上或中流域以上可用大流域(省、自治区)→中流域(省、自治区)→小流域(县、乡)→小区(镇、村),一般不到地块,具体用哪几级根据实际情况确定。县级以下或小流域时,可用流域(镇、乡)→小区(村)→地块(小班)3级划分方式。地块(小班)是最小的土地单元。小流域林业生态规划,可依据具体情况将项目区划分为若干个小区,每一小区又可划分为若干个地块,小区的边界可以根据明显地形变化线(如侵蚀沟沿线、沟底线、道路、分水岭等)或地物划定,也可以行政区界(如村界)划分,便于以后管理。地块划分应尽可能连片。地块划分的最小面积根据使用的航片比例尺而定,一般为图面上 $0.5 \sim 1.0 \text{ cm}^2$。

③地类边界勾绘。用目视直接在地形图上调绘,采用航片判读。大流域则利用资源卫星数据进计算机判读,并抽样进行实地校核;小流域应采用 1:(5000~10 000)的地形图或航片,直接实地调绘。

勾绘程序:首先勾绘项目区边界线,并实地核对。然后划分小区并勾绘其边界,也应实地核对。当小区界或地块界恰好与道路、河流界重合时,小区或地块界可用河流、道路线代替,不再画地块或小区界。再以小区为一个独立单元,小区内再划土块,并编号,编号可根据有关规定进行(如"Ⅱ-4"表示第二小区的第四个地块)。小区和地块编号一般遵循从上到下,从左到右的原则,各地块的利用现状用符号表示。最后将所勾绘的地块逐一记载于地块调查规划登记表现状栏(可根据有关规范制表)。

应当注意:如果在一很小利用范围内,土地利用很复杂,地块无法分得过细时,可划复合地块,即将两种或两种以上不同利用现状的土地合并为一个地块时,应在地块登记表中将各不同利用现状分别登记,并在图上按其实际所处位置用相应符号标明,以便分别量算面积。为简便起见,复合地块内不同利用现状最好不要超过3个。地块坡度可在地形图上量测或野外实测,有经验可目视估测。坡耕地的坡度可分为6级(0°~3°、3°~5°、5°~8°、8°~15°、15°~25°、>25°)或根据需要合并;宜林地的坡度也可分为6级[0°~5°(平)、6°~15°(缓)、16°~25°(斜)、26°~35°(陡)、36°~45°(急)、>45°(险)]。道路、河流(很窄时)属线性地物,常跨越几个地块以至小区,当其很窄不便于单独划作地块时,它通过哪个地块,就将通过部分划入哪个地块中。

④调查结果统计。地块勾绘完毕后,即可进行调查结果的统计。首先采用图幅逐级控

制进行平差法，量测统计项目区→小区→地块面积。然后采用 GIS 进行统计。应注意：道路、河流（很窄时）属线性地物，面积可不单独量测，而是折算从地块上扣除出来；计算净耕地面积应扣除田边地坎面积。最后，统计列出土地利用现状表（表格形式参照有关规范），并对底图进行清绘、整饰、绘制成土地利用现状图。

（2）土地利用现状分析

土地利用现状是人类在漫长的过程中对土地资源进行持续开发的结果，它不仅反映了土地本身自然的适应性，而且也反映了目前生产力水平对土地改造和利用的能力。土地利用现状是人类社会和自然环境之间通过生产力作用而达到的动态平衡的现时状态，有着复杂而深刻的自然、社会、经济和历史的根源。土地利用现状的全理性是土地利用规划的基础。只有找到了土地利用的不合理所在，才能具备提出新的利用方式的条件。因此，对土地利用现状的分析是十分必要的，通常对土地利用现状可以从以下几方面进行分析。

①土地利用类型构成分析。农、林、牧（各部门）土地利用之间比例关系的分析；各部门内部比例关系的分析，如林业用地各林种间用地比例的对比分析。

②土地利用经济效益的对比分析。对相同类型的土地不同利用经济效益的分析或不同类型土地同一利用形式下的经济效益分析。

③土地利用现状合理性的分析。一般地说，一个地区土地利用方向由3个因素决定：土地资源的适宜性及其限制性（即质量因素）；社会经济方面对土地生产的要求；该地区与周围地区的经济联系。

④土地利用现状图的分析。土地利用现状图的分析主要指对现有土地利用形式在布局上是否合理的分析。因此，不要轻易地断言某个地区利用现状合理或者不合理，只有建立在全面、深刻的分析之上的结论，才具说服力，才是后来的规划立论稳靠的依据。通过分析，找出当前土地利用方面存在问题，说明进行规划的必要性及改变这种现状的可能性。

10.2.2.3 土地利用规划

（1）农牧用地规划

根据土地资源评价，将一级和二级土地作为农地；如不能满足要求，则考虑三级或四级土地加工改造后作为农地。牧业用地包括人工草地、天然草地和天然牧场，规划中各有不同要求，根据实际情况确定，要特别注意封禁治理、天然草场（草坡、牧场）改良措施与林业的交叉重叠。农牧业（尤其是农业）在整个项目区的经济结构中占极大比重，所以它们与项目区域土地资源的利用密切联系，脱离农牧而单纯进行林业规划是不现实的。因此，项目区林业生态工程规划设计应对农牧用地只作粗线条规划，即只规划出它们的合理用地面积、位置，对于耕作方式、种植作物种类等不做进一步规划。

（2）林业用地规划

林业用地规划是林业生态工程规划的核心，应根据前述的基本原理，在综合分析项目区自然、社会条件的基础上，结合项目区目前的主要矛盾及需要，做出规划。如山区、丘陵区水土保持林业生态工程（含具有水土保持功能的天然林和人工林）的面积应占较大比例，一般可达30%左右。经济林与果园则应根据土地资源评价和市场经济预测确定。为了促进区域经济的发展，有条件的其面积应达到人均 0.07 hm^2 左右。

10.2.2.4 林业生态工程建设项目规划方案编写

林业生态工程建设项目的规划方案编写提纲：

> （一）项目区概况
>
> 包括地理位置、地理地貌特征、地质与土壤、气候特征、植被情况、水土流失状况和社会经济情况。
>
> （二）土地资源及利用现状
>
> 包括土地资源、土地结构及利用现状分析、存在的问题及解决的对策。
>
> （三）林业生态工程建设规划方案
>
> 1. 指导思想与原则。
> 2. 建设目标与任务。
> 3. 建设规划包括土地利用规划、各单项工程（或林种）布局、造林种草规划、种苗规划、配套工程规划（农业、牧业、渔业、多种经营）。
>
> （四）投资估算
>
> （五）效益分析
>
> （六）实际规划措施

10.3 林业生态工程可行性研究

可行性研究是林业生态工程建设项目前期准备工作的核心内容和重要环节。项目规划完成后，就要着重于进行认真、负责的可行性研究工作，对项目进行技术经济论证，以确定所提项目的可行性，并作多方案比较，选择最佳方案，指出可能存在的风险，并编制项目可行性研究报告，以此作为项目初步设计的依据。

10.3.1 可行性研究的概念和作用

10.3.1.1 可行性研究的概念

可行性，顾名思义是指能够得到或行得通的意思。可行性研究是在具体采取某一行动方案以前，对方案的实施进行能否做得到或是否行得通的研究，也就是回答行与不行的问题。作为科学方法的可行性研究，主要用于投资项目决策，即在一个投资项目决定上马以前，先对其实施的可行性及潜在的效果，从技术上、财务上、经济上进行分析、论证和评价，求取优化，以防决策失误，从而保证投资能取得预期效益。20世纪30年代，美国为开发田纳西流域，将此种方法引入开发前期工作，作为项目开发的重要阶段，从而起到了很好的作用。

林业生态工程建设项目可行性研究的任务：根据林业生态工程规划的要求，结合自然和社会经济技术条件，对该项目在技术上、工程上和经济上的先进性和合理性进行全面分析论证，通过多方案比较提出评价意见，为项目决策提供科学依据。通过可行性研究，必须回答：本项目建设是否有必要，在技术上是否可行，推荐的方案是否最优，生态效益与社会效益如何，需要多少资金，如何筹集，建设所需物质资源是否落实，如何建设，建设时间等。总之，必须回答项目是否可行的所有根本问题。

　　林业生态工程项目可行性研究的主要特点：①林业生态工程项目可行性研究的客体是一个区域空间概念，是自然、经济、社会诸要素在一定地域范围内的有机组合体，区域分异性（一个区域内自然条件、生态系统和社会经济技术条件不尽一致）决定了研究客体是区域性项目，而其分析评价则主要是项目区全局性、综合性的生态环境建设问题。②林业生态工程建设项目可行性研究的对象具有系统整体性，它不是一个单面工程，而是一组具备内在联系的复合工程。在工程组合中，既有经营性的，可获得直接经济效益或见效快的项目，如经济林基地建设；又有非经营性的，只能取得生态效益或见效慢，但受益期长、受益面广、影响深远项目，如水源涵养林。③林业生态工程建设项目可行性研究的工作是一项复杂的多层次、多学科、多部门的综合论证工作。④林业生态工程建设项目可行性研究的做法，是用系统思想、辩证观点、实事求是、因地制宜地分析评价。

10.3.1.2　可行性研究的作用

　　①作为项目投资决策、编制和审批可行性研究报告的依据。可行性研究是项目投资建设的首要环节，项目投资决策者主要依据可行性研究的成果，决定项目是否应该投资和如何投资。它是项目建设决策的支持文件。在可行性研究中的技术经济研究内容，都要在可行性研究报告中写明，报告作为上报审批项目、编制设计文件、进行建设准备的主要依据。

　　②作为政府拨款、银行贷款和筹集其他来源资金的依据。世界银行等国际金融组织，都把可行性研究作为申请项目贷款的先决条件。我国的银行在接受项目建设贷款时，也首先根据可行性研究报告确认项目具有偿还贷款能力、不承担大的风险时，才能同意贷款。政府审批立项、核拨项目建设资金或筹集其他来源资金也是如此。

　　③作为项目主管部门对外洽谈合同、签订协议的依据。根据可行性研究报告，项目主管部门可同国内外有关部门或单位签订项目所需的苗木、基础设施等方面供应的协议。

　　④作为项目初步设计的主要依据。在可行性研究中，对项目建设规模、技术选择、总体布局等都进行了方案比选和论证，确定了原则，推荐了最佳模式。可行性研究报告经过批准正式下达后，初步设计工作必须据此进行，不能另做方案比选和重新论证。

　　⑤对项目拟实行的新技术，也必须以可行性研究为依据。如引种、经济林改造、天然残次生林改造等必须慎重，经过可行性研究后，证明这些新技术确实可行，方能拟定实施计划，付诸实施。

　　⑥为地区经济发展计划提供更为详细的资料。林业生态工程项目的可行性研究，从技术到经济，从生态到社会的方方面面是否可行做了详细的研究分析，为制订和落实国民经济计划提供了林业有关的详细资料。

　　林业生态工程是一项长期建设任务，可行性研究一定要超前进行，并具有一定的储备；要舍得拿力量，舍得拿时间，舍得下功夫。只有未雨绸缪，才能避免临渴掘井；只有扎扎实实地做好可行性研究，才能保证工程项目严格有序地进行，取得良性高效的生态经济效益。

10.3.2 可行性研究的程序

林业生态工程建设项目的可行性研究应以批准后的项目规划方案为依据，根据项目规划，对该项目在技术、经济、社会和生态各方面是否合理可行进行全面的分析论证。

10.3.2.1 可行性研究的程序

可行性研究的工作程序可分为以下 6 个步骤：

(1) 筹划准备

项目建议批准后，项目的主管单位(或业主)即可委托有资质的咨询设计单位进行可行性研究。双方通过签订协议或合同，明确规定研究任务和责任，阐明研究工作的范围、前提条件、进度安排、费用支付办法及协作方式等。承担可行性研究的单位在接受任务时，需获得有关项目背景及指标文件，明晰委托者或组织者目标、意见和要求，明确需要研究的内容及通过可行性研究解决的主要问题，制订工作计划。

(2) 收集资料

由于可行性研究必须在掌握详细资料的基础上才能进行，所以收集调查资料便成为可行性研究的首要工作。调查要以客观实际为基础，需了解和掌握有关的方针、政策、历史背景、环境、资源条件、社会经济状况，以及有关建设项目的信息等。要通过调查进一步明确项目的必要性和现实性，同时取得确切的与项目有关的各项资料。

(3) 分析研究

在收集整理调查资料的基础上，根据协议或合同规定的任务要求，按照可行性研究内容，结合项目的具体情况，开展项目规模、技术方案、组织管理、实施进度、资金估算、经济评价、社会效益和生态效益分析等研究工作。研究时要实行多学科协作，可设计几种可供选择的建设方案，进行多次论证比较，从中对比选优。涉及项目建设和方案选择的重大问题要与委托或组织单位讨论商定。在分析研究中，常涉及许多决策问题，例如，决定目标和机会、决定资金的筹集与利用、判断方案的优劣、决定长期战略方向和短期战略措施等，这就需要运用专门的决策分析方法，进行正确的估算和判断，以便对所研究的问题做出科学的决定。

(4) 编制报告

经技术、经济分析论证，证明项目建设的必要性、技术上可行性和经济上合理性后，即可编制提出可行性研究报告，交委托或组织单位作为项目投资决策的依据。

(5) 审定报告

委托或组织单位在收到可行性研究报告以后，可邀请有关单位和专家进行评审；根据评审意见，会同可行性研究的承担者对报告修改定稿。

(6) 决定选定

修改定稿后的可行性研究报告由委托或组织单位进行复审，最后做出决策，决定可行或不可行。

10.3.2.2 可行性研究的要求

(1) 应具有科学性和严肃性

可行性研究是一项政策性、技术性和经济性很强的综合性研究工作。它可实现投资建设项目决策科学化，减少和避免投资失误，为此，一定要坚持实事求是，认真按程序进行工作，决不能草率从事。要防止主观臆断和行政干预，切忌事先定好调子、划框框，为"可行"而"研究"，为争投资、争项目取得"通行证"而进行"可行性研究"。可行性研究是一种科学方法，为保证可行性研究的质量，承担单位应保持独立和公正的立场。

(2) 广度和深度应达到标准要求

虽然对不同项目可行性研究的内容和深度各侧重，但其基本内容要完整，研究的广度和深度应达到国家规定的标准，以求保证质量，发挥可行性研究应有的作用。

(3) 承担单位应具备一定的条件

可行性研究是一项涉及面广、内容深度要求高的技术、经济论证工作。为保证质量，对承担任务的单位应有一定的条件要求，即必须是技术力量雄厚，拥有必要的装备和手段，具有丰富经验的专门单位。

对承担林业生态工程建设项目可行性研究的单位，必须通过业务水平及信誉状况的资格审定。未经资格审定的单位，不能承担可行性研究任务。承担可行性研究的单位，要对其工作成果的可靠性、准确性负责。有关单位要为可行性研究工作的客观性和公正地顺利进行创造条件。承担单位的成员应包括林业、水土保持、农业、畜牧、水产、水利、土壤、机械、土木建筑、经济以及财会等各方面的专家。

(4) 应有必要的经费保障

可行性研究工作量很大，应保证其必要的经费支撑。在项目建设建议书经审批同意后，由审批单位发文通知申请单位进行可行性研究，并下拨一定的可行性研究费用。如项目立项，这笔费用列入项目总经费中；如不能立项，其可行性研究费用由审批单位支付。可行性研究的费用标准，应视不同地区、不同项目规模和项目内容，按工作量具体制定不同定额，报国家主管部门审定。在没有制定定额前，可暂按承担单位的实际开支或按项目投资的一定比例计取费用。

(5) 应编制符合规格的可行性研究报告

报告应遵循一定的模式，应有编制单位的总负责人和经济、技术负责人的签字，并对报告的质量负责。报告上还应有可行性研究承担单位及其负责人、资格审查单位的签章。

10.3.3 可行性研究的内容

林业生态工程建设项目的可行性研究一般要从技术、财务、经济、组织管理、社会、生态等方面去进行。可概括为三大部分：第一部分是基本条件评价，这是项目确立的重要依据。基本条件分析包括对林业自然资源和自然条件、社会经济技术条件和生态环境状况的评价。在此基础上，从林业生态工程的生态环境建设的必要性分析和某些经济产品供需进行预测，说明该项目的必要性和可能性，这是项目可行性研究的前提。第二部分是建设方案设计、技术评价，以及项目实施组织与投资安排，这是可行性研究的技术基础。它决定开发项目在技术及组织实施上的可行性。第三部分是项目的效益评价,包括经济效益评价、社会效益评价和生态效益评价,这是项目可行性研究的核心部分,是决定项目能否上马的关键。整个可行性研究,就是从这三大方面对林业生态工程项目进行优化研究,并为项目投资决策提供科学依据。

10.3.3.1 基本条件评价

(1) 林业自然资源和自然条件评价

林业自然资源是指在林业生产及其相关领域内可以利用的自然因素、物质、能量的来源,例如,光、热、水、动植物和土地等。林业自然条件是指自然界为林业生产提供的天然环境因素,如地形、地理位置、自然灾害、生态环境等,也包括作为林业自然资源的自然条件,如森林。林业生态工程建设必须对林业自然资源和自然条件进行评价。评价的基础是资源调查。评价的基本原则是:保护和改善生态环境,发挥资源优势,发展林业商品经济,达到林业资源可持续发展。评价的内容包括:

① 土地资源评价。包括土地质量评价和土地经济评价。土地质量评价的主要依据是土地生产力,而土地生产力一般通过土地的适宜性和限制性来体现。通过评价,主要解决土地适宜性及各类土地的限制性因素、限制程度、改造的可能性、改造的难易程度、提高土地生产力的措施,以此确定适宜林业生态工程建设方向及布局、项目需要的投资、预期效果。土地经济评价是指运用经济指标对土地所进行的评价,目的在于为制定土地利用规划、林业建设布局、土地资源合理开发利用和生态环境提供科学依据。

② 气候资源评价。通过对气候资源的分析,用定量指标对气候与林业的关系予以评价,揭示时空分布规律,说明某特定地域的气候特征,作为研究确定林业发展方向、布局,分析林业生产潜力、合理开发利用气候资源的科学依据。应在分析光能、热量、水分、气候灾害等单项气候因素的基础上,对气候资源进行综合评价。

③ 水资源评价。研究地表水、地下水的数量、质量、分布和变化规律,不同区域、不同时期水资源供需平衡和土壤水分变动以及对林业生态工程建设布局的影响,如灌溉的可能性、土壤水分利用潜力等。

④ 生物资源评价。生物资源包括人工培育及野生的各种植物和动物。分析评价首先要研究其引种、培育的历史和适生范围。其次研究其主要特征、特性,分析其经济性状和生态价值。三要研究其生产现状、生产和加工潜力,评价其在未来生产发展中的位置和能力。四要分析其培育特点及在当地生产布局的地位与配比关系。通过评价,为林业生态工程的合理布局及建设规模提供依据。

(2) 社会经济技术条件评价

不仅要切实做好项目区内部社会经济技术条件的评价,还要对外部社会经济技术条件进行评价和趋势预测。评价的包括:

① 人口、劳力资源条件评价。人口因素是决定林业生产和布局乃至农村产业结构的基本因素,也是研究生态改善的必要性和林产品需求量的重要依据。林业生态工程建设与人口、劳力资源条件紧密相关,一定要强调人口增加与生态环境资源承载能力相互适应、相互协调。评价人口、劳力资源,既要评价其数量,又要评价其质量、结构组成、分布以及动态变化。

②林业物质技术条件评价。包括林业技术装备、基础设施和林业现代化水平等。通过研究分析，要对现有水平、利用状况、利用效果进行评价，揭示建设需要与现有状况的矛盾，提出利用的可能性与限制性，为制订建设目标和方案提供依据。

③交通运输条件评价。评价林业生态工程建设所必备的交通运输条件，提出改善交通运输条件的建设项目和配套措施。

④经济区位、城镇和工业条件评价。评价经济区位、大中城市及工业对林业生态工程建设区的影响及城镇对林业的需求。

⑤科技发展前景分析评价。对项目区能够利用的各种林业技术、科技设施、能够引进的新技术及其运用的可能性、能够推广应用的先进适用技术、可能达到的规模和效益进行分析和预测，为制订建设目标和方案提供依据。

⑥政策因素分析评价。对国家在林业相关的计划、信贷、价格、物资等方面的调整进行必要的预测和评价。既要掌握对林业建设的有利因素，也要对可能出现的不利因素作出充分的估计，并据此研究采取必要的对策和措施。

(3) 生态环境状况评价

在林业建设中，影响林业生态环境的主要问题是水土流失、环境污染。因此，必须进行水土流失与水土保持评价，包括与林业生态建设相关的水污染与地面水环境质量评价、大气污染与大气环境质量评价、土壤污染与土壤质量评价等。

10.3.3.2 生态经济型工程的产品供需研究

(1) 产品方案研究

对于生态经济型的果园与经济林建设，要从国家定购任务、市场需求、出口创汇等方面考虑需要投资发展的产品及其规模；分析研究其成本，并从可利用的基本条件论证发展这些产品的可能性。同时，还要进行主要林产品的商品量、上调量预测。

(2) 投入物的选择与采供

主要是对建设所需的各种生产资料(苗木、能源、设备)在不同时期所能提供的品种、数量、规格、质量，以及运输渠道、价格、成本等进行实事求是的分析，以保证工程建设项目的顺利进行。通过评价，要提出正确的对策和措施。

10.3.3.3 方案制订及技术评价

(1) 方案制订

方案是建设的总体部署，是可行性研究的主要内容。方案制订必须经过反复调研，综合分析，审慎提出。未来的建设工作将以方案为依据。

①方案制订的基本原理和原则。林业生态工程建设是一项综合性、区域性、开拓性很强、规模宏大、结构复杂的系统工程。制订林业生态工程方案必须掌握指导林业生态工程建设的一些基本原理，包括林业生态经济原理、生产力合理配置原理、生产要素优化组合原理等。同时，在方案设计中，还必须坚持做到统筹规划，择优建设；因地制宜，发挥优势；综合治理，综合投入；论证先行，科学决策；经营式建设，开放式建设等，力求设计出完善的方案。

②方案的主要内容。建设项目的种类不同，方案的内容也随之各有侧重，但就总体来

说,主要内容包括:指导思想(或开发方针)、建设目标、林业生态工程的体系组成、各种工程的布局、工程技术方案选择及相关基础设施建设方案与设备方案选择,还包括经营体制与政策(如生产资料所有权、使用权与经营管理权等)。

③方案制订的基本方法。广泛收集资料,深入分析研究,综合平衡,统一规划,多方案分析论证,对比选优。

(2)方案设计技术评价

林业生态工程建设项目方案设计技术评价必须以可靠的数据和资料为依据,详细研究和判断项目方案的内容、技术水平和可行性,探讨与项目建设和执行有关的各种技术问题。

①技术评价应达到的要求。结构合理、规模适度。

②技术评价应坚持的标准。首先是先进性,应尽可能采用先进技术;其次是有益性,在给社会带来最佳生态效益的基础上,能够生产相应的高产、优质、低耗、安全的经济产品;最后,必须具有可行性,方案的实施程序比较简明,条件容易满足,不可克服的限制因素极少。

10.3.3.4 项目实施组织的研究

(1)项目实施及其安排

应按不同子工程项目分别估算项目区的工作量,如良种繁育体系、整地工程、造林种草、科技培育及推广等,并对项目实施进度和施工量做好计划安排。

(2)项目组织管理

项目组织管理是保证项目按既定方案顺利实施,保证最大限度地提高资金利用效率的重要措施,是为项目实施服务的。一般应与项目的实施程序相适应,根据各项目的规模和进展情况设置。需要配备必要的管理层次,逐层进行指挥和管理,并注意协调好项目机构与项目区其他政府部门的关系。

(3)投资估算和资金筹集

投资是林业生态工程项目的首要条件。在可行性研究阶段,除对各项工程项目进行资金需要量估算外,还应对投资渠道和可能取得的额度进行分析。在分项进行投资估算后,还要计列不可预见费,包括实际不可预见费和价格不可预见费。项目资金的来源主要有项目单位的自筹资金、国拨资金和信贷资金3个方面,必要时还可利用外资,包括政府间信贷、国际金融组织信贷、合资经营、补偿贸易等。选择何种资金筹措方案,应仔细分析。此外,研究中还应根据贷款利率拟定贷款及其偿还方案。

10.3.3.5 综合效益评价

林业生态工程项目综合效益评价相关内容详见第11章。

10.3.4 可行性研究报告的编写和报审

10.3.4.1 可行性研究报告的编写

对林业生态工程建设项目进行认真的可行性研究后,即可编制可行性研究报告。可行性研究报告既要全面系统,又要精炼实用,它对项目的科学决策,报请上级主管部门进行项目评审和批准,以至项目实施,都有重要意义。

(1) 编写内容

可行性研究报告由承担项目可行性研究的单位编制,由项目委托或组织研究单位评审和修改定稿。报告要与项目规模和复杂程度相适应。规模较大的项目报告可长一些,几万字甚至十几万字,规模较小的项目报告的字数可适当减少。无论大项目还是小项目,一般都应包括可行性研究的各项内容,编写时应注意掌握要点。报告通常可采用九大部分加一个附件的编写格式,具体如下:

①项目概要和目标。简要介绍项目的背景、依据、目标、规模和设计思想,以便审阅报告者了解项目概况。

②项目区环境资源条件。介绍项目所处的环境条件,包括地理位置及各项自然资源条件、社会经济技术条件、生态环境状况,从宏观上论述项目成立的理由。

③产品方案和供需研究。提出项目区主要产品方案,从社会需求、项目区条件进行论证,阐明为什么要投资发展这些产品。另对所需要的投入物,包括苗木、能源、生产设备等的选择与采供进行必要的分析。

④方案制订和技术评价。该部分是整个项目报告的中心,要求具体细致,切合实际,方向要明确,要进行多方案比较优化,措施要得力,安排要妥帖。要通过分析论证,做好技术评价。

⑤项目实施及安排。根据制订的方案做好项目实施工程量的估算,安排好项目实施进度和施工量。

⑥项目组织管理。是保证项目建设得以顺利实施并取得成功的关键。报告中可绘制项目组织管理结构图。

⑦投资估算与资金筹集。是实现项目的基础。报告中需要分项估算,并列表加以说明。

⑧综合效益评价。实行定性和定量分析相结合,分别对项目的经济效益、社会效益和生态效益进行评价,注意数据可靠、符合实际。

⑨结论和建议。在三大效益评价的基础上,应综合考虑各方效益,集中做出判断,提出主要的结论性意见,对项目做出总体评价,提出存在的问题及解决问题的建议。

报告除主体外,还需附件加以说明。附件主要有林业生态工程建设项目布置图、项目可行性研究的各项基础数据、重点子项目的可行性研究报告。

(2) 编写要求

在编写可行性研究报告时,必须实事求是,在调查研究的基础上,进行多方案比较,按客观实际情况论证和评价,按自然规律、经济规律办事,以保证报告的科学性。编写可行性研究报告,基本内容要完整,数据要齐全,其深度应能满足确定项目投资决策的要求。

编制单位的总负责人以及经济、技术负责人应在可行性研究报告上签字,并对该报告的质量负责。可行性研究报告的审查主持单位,对审查结论负责。可行性研究报告的审批单位,对审批意见负责。若发现工作中有弄虚作假时,要追究有关负责人的责任。

(3) 林业生态工程建设项目可行性研究报告编制格式

编制可行性研究报告应该有一定的格式。本书提供了林业生态工程建设项目可行性研究报告的一般编制内容和格式，可供编制可行性研究报告时参照采用。

可行性报告编制格式依次是封面、扉页、设计单位资质证、前言、目录、正文(9个方面)、附件。以下格式提纲供各个建设项目在编制可行性报告时参考并应灵活掌握。

封面

林业生态工程建设项目可行性研究报告

项目名称＿＿＿＿＿＿＿＿＿＿＿＿＿＿＿＿

项目负责人：姓名＿＿＿＿＿＿＿职务、职称＿＿＿＿＿

项目可行性研究承担单位＿＿＿＿＿＿＿＿＿

可行性研究总负责人＿＿＿＿＿＿＿职务、职称＿＿＿＿＿

经济负责人＿＿＿＿＿＿＿＿职务、职称＿＿＿＿＿

技术负责人＿＿＿＿＿＿＿＿职务、职称＿＿＿＿＿

可行性研究负责人资格审查单位＿＿＿＿＿＿＿＿＿

资质证明

扉页

前言

目录

1　项目概要和目标
　1.1　项目背景与依据
　　1.1.1　项目来源与依据
　　1.1.2　项目的优势条件
　1.2　项目目标(简述)
　　1.2.1　产出目标
　　1.2.2　效益目标
　　1.2.3　不确定性因素及其风险分析
　1.3　项目规模和设计考虑
　　1.3.1　项目范围和建设规模
　　1.3.2　项目组成部分
　　1.3.3　技术选择
　　1.3.4　时间安排和阶段划分
2　项目区环境资源条件
　2.1　自然环境资源
　　2.1.1　地理位置及其条件
　　2.1.2　气候资源
　　2.1.3　土地资源
　　2.1.4　水资源
　　2.1.5　生物资源
　　2.1.6　农村能源和农用矿产资源
　　2.1.7　旅游资源和其他资源
　2.2　社会经济环境资源
　　2.2.1　人力条件
　　2.2.2　物力条件
　　2.2.3　基础设施
　　2.2.4　原有各业生产情况
　　2.2.5　农民经济收入
　2.3　生态环境状况
　　2.3.1　生态环境
　　2.3.2　环境污染及其治理保护
3　产品方案和供需研究
　3.1　项目区主要林产品方案
　　3.1.1　林产品方案内容
　　3.1.2　产品方案形成及其说明
　3.2　主要林产品的商品量预测
　3.3　投入物的选择与采供
　　3.3.1　苗木种子
　　3.3.2　其他材料
　　3.3.3　主要生产工具与设备

4 方案制订和技术评价
  4.1 方向和目标
    4.1.1 战略发展方向
    4.1.2 建设目标
    4.1.3 实现目标的步骤
  4.2 工程布局及评价
    4.2.1 生态保护与改造型工程
    4.2.2 生态防护型工程
    4.2.3 生态经济型工程
    4.2.4 农林复合型工程
    4.2.5 环境改良型工程
  4.3 技术措施及评价
  4.4 设备方案选择
  4.5 经营体制
    4.5.1 所有权
    4.5.2 经营形式与层次
    4.5.3 横向经济联系与协作
    4.5.4 区域开发的管理机构与经营机构
  4.6 方案的技术评价
    4.6.1 结构评价
    4.6.2 规模评价
    4.6.3 布局评价
    4.6.4 时序评价
    4.6.5 技术先进性评价
5 项目实施及安排
  5.1 项目实施工程量估算
  5.2 项目实施进度安排
  5.3 施工力量安排
6 项目组织管理
  6.1 项目的组织方式
  6.2 项目管理机构
  6.3 项目技术支撑
  6.4 项目组织管理结构图
7 投资估算与资金筹集
  7.1 投资估算
  7.2 资金筹集与来源
  7.3 资金运用(项目建设期)
8 综合效益评价
9 结论和建议
附件
1. 林业生态工程建设项目布置图
2. 林业生态工程建设项目可行性研究的基础数据
3. 重点子项目的可行性研究报告

10.3.4.2 可行性研究报告的报审

承担项目可行性研究的单位提交项目可行性研究报告和有关文件,经委托可行性研究的项目主管单位确认后,项目主管单位即可备文,连同报告向上一级主管部门申请正式立项。上一级主管部门应对报来的项目可行性研究报告及时审查,并组织专家小组进行项目评估。如果认为可行性研究报告有必要修改补充时,应在组织评估前向提交可行性研究报告的单位提出初审意见。对于审查单位提出的问题,报告提出单位应与承担可行性研究的技术咨询、设计单位或专家组密切合作,提供必要的资料、情况和数据,并负责解释。

10.4 林业生态工程初步设计

10.4.1 概述

林业生态工程建设项目经可行性研究、评估,同意立项以后,项目前期准备工作还没有结束,项目执行单位还必须根据已批准的可行性研究报告,按国家基本建设管理程序,进行项目所含各项工程的设计。

建设项目设计一般可划分为3个阶段:初步设计阶段、技术设计阶段(目前很多部门不进行技术设计，而直接进行招标设计，此阶段即为招标设计阶段)、施工图设计阶段。根据项目的不同性质、类别和复杂程度，初步设计阶段和技术设计阶段通常又可合并为1个阶段，称为扩大初步设计阶段，简称初步设计。对于林业生态工程建设项目，若为园林或开发建设项目造林，则其设计工作可根据要求分2个或3个阶段进行，如项目实行招标制，则为3个阶段，即初步设计阶段、招标设计阶段、施工图设计阶段；否则可采用2个阶段，即初步设计阶段、施工图设计阶段。若为一般荒山造林，可将3个阶段合并为1个阶段，即初步设计阶段。合并的初步设计，根据合并情况确定设计深度，应比分阶段的初步设计更细，3个阶段合1个阶段的，要求能够指导施工。

林业生态工程建设项目的初步设计，是继项目可行性研究报告批复并正式立项后，项目实施前的一个不可缺少的重要工作环节。它是根据批准的可行性研究报告，并利用必要的、准确的基础设计资料，对项目的各项工程进行通盘研究、总体安排和概略计算，以设计说明和设计图、表等形式阐明在指定的地点、时间和投资控制数以内，拟建设工程在技术上的可能性和经济上的合理性，对各项拟建工程做出基本技术、经济规定，并据此编制建设项目总概算。初步设计也是项目实施中编制年度工程计划，安排年度投资内容和投资额，检查项目实施进度和质量，落实组织管理，分析评价项目建设综合效益的主要依据。

为保证初步设计的严肃性、合理性和科学性，初步设计应由正式注册、有资质承担工程设计任务且在林业工程设计方面有丰富经验的设计单位承担。未经国家正式注册、无资质证的设计单位或个人编制的初步设计是无效的。

10.4.1.1 初步设计的基本组成与要求

林业生态工程建设项目一般由若干个单项工程组成，初步设计文件一般应分为两个层次：第一层次，项目初步设计总说明(含总概算书)及总体规划设计图；第二层次，各个单项工程初步或扩大初步设计说明(含综合概算)及设计图。

初步设计文件的要求，经过比选确定设计方案、主要材料(主要是种苗)与设备及有关物资的订货和生产安排、生态工程建设面积和范围、投资内容及其控制数额，据此进行第二阶段施工图的设计、项目实施准备。

10.4.1.2 初步设计文件的审批

按现行林业生态工程建设项目管理规定，各项目执行单位编制的初步设计，未经审批不得列入国家基建投资计划。各级管理机构对各项目执行单位报送的初步设计中的投资概算、用工用料等技术经济指标进行汇总审查，不得突破批准执行的可行性研究评估报告核定的有关指标。因特殊原因而有所突破者，必须按规定重新申报审议。初步设计文件经审定批准后，不得擅自修改变更项目内容。

10.4.2 总说明书基本内容

林业生态工程项目不同于一般的工业性项目，其涉及的区域较大、项目分布较广。各工程项目密切相关，综合构成区域性、综合性很强的有机整体。因此，其初步设计必须编制总体说明和总体规划设计图，用以明确各分项目、子项目或各单项工程之间的关系，以此指导各项工程的设计。

10.4.2.1　总体说明基本内容

(1)项目简况

用最简练的语言,简要说明林业生态工程建设的依据、性质、建设地点和建设的主要内容及其建设规模等内容,以对项目总体有一个初步的介绍。

(2)基本资料

主要介绍说明反映项目区域的自然、社会、经济状况的基础资料或设计依据。有关区域自然条件的基础资料一般包括:①反映现有地质、地貌状况的资料。②区域土壤调查资料。③区域内气象资料,内容包括降水、蒸发、气温、日照等。④水资源及可能涉及的水文与地质方面的资料。以上资料包括文字资料与图纸资料。应注意把已有的林业生态建设项目相关资料作为重要的基础资料。

(3)总体设计说明

总体设计说明是初步设计说明书的核心部分。主要包括:

①设计依据。包括主管部门的有关批文和计划文件,如生态建设规划、可行性研究报告批复文件等;已掌握的基本资料(简要说明其名目),通常包括地形测量资料、土壤资料、工程地质及水文地质资料、气象水文资料、工程设计规范或定额标准资料等方面。

②项目区自然、社会及经济概况。依据工程可行性研究报告提供的有关资料,在初步设计中进一步具体化,并说明它们与设计的关系。

③项目建设指导思想、内容、规模、标准和建设措施。

④土地利用情况。一般应包括项目选址的依据;农、林、牧、副、渔业用地比例、面积和位置等;子项目区的划分及其规模;各类工程布局及用地方案的设计思路等。

⑤主要技术装备、主要设备选型和配置说明。主要设备的名称、型号及数量。

⑥种苗、交通、能源、化肥及外部协作配合条件等。主要说明项目区内交通运输条件,工程建设使用种苗、化肥等供应渠道和消耗情况等。

⑦生产经营组织管理和劳动定员情况。主要说明项目区所涉及的县、乡人口及劳力情况,根据项目区的生产规模和生产力水平,确定经营管理体制,确定劳力、技术人员、管理人员及社会服务等各类人员的最佳配置和构成。

⑧项目建设顺序和起止期限。根据项目区各类项目的主次关系、轻重缓急和资金投放能力,初步确定各主要建设内容的先后次序和建设起止期限。

⑨项目效益分析。通过初步设计,进一步对项目的综合效益进行测算、分析和评价。

⑩资金筹措办法。说明项目建设资金来源,各项资金渠道的构成。

10.4.2.2　总体规划设计图基本内容

(1)基础资料图

这是对林业生态工程建设项目进行总体设计的基础资料图纸,是总体设计的重要依据,一般包括以下几种类型的图纸:

①项目区土地利用现状图。农、林、牧、水、渔各业用地状况,通常图纸的比例为1:(10 000~100 000)。特别要注重项目区荒地、滩涂等可作为林业利用的土地。

②项目区林业资源分布图。森林、经济林、灌草坡等的分布情况,通常图纸的比例为

1∶(10 000~100 000)。

③区域土壤分布图。绘制各种类型土壤的区域分布情况，并绘制可反映各类土壤特性的说明表、各类型土壤面积统计表。图纸的常用比例为1∶50 000。

④其他图纸。根据不同项目的具体要求确定，如水资源图等。

(2)总体设计图

总体设计图是项目初步设计图纸中最重要的部分，各单项工程必须围绕总体设计图进行设计。总体设计图通常包括：

①项目区林业生态工程总体布局。比例为1∶(10 000~100 000)，如涉及城市、工矿区绿化，可单独附大比例尺的建筑物分布及绿化总体设计平面图纸。

②土地利用总体设计图。主要反映林业生态工程建设后的土地利用状况，并要求在图纸上附土地利用面积分类统计表，常见图纸的比例有1∶(10 000~100 000)。

③其他图件。根据不同项目的要求确定，如与林业生态工程有关的水土保持、水利工程布局图等。

10.4.2.3　单项工程说明书及设计图基本内容

林业生态工程项目是一个系统工程，一般含有多个子工程，即单项工程，可独立成为一个单元。根据实际需要给出单项工程的说明书、概算书和设计图。它们是对林业生态工程项目初步设计总说明及总体设计图的进一步分类、分项和具体化，是编制项目总概算书以及进行第二阶段设计编制施工图或指导施工的依据。

10.4.2.4　设计说明书编写

项目设计说明书一般分为6部分：项目区概况；自然条件；林业生态工程设计[包括总体布局、单项工程设计如造林(种草)地的立地类型划分、小班造林(种草)设计、附属工程设计等]；施工组织设计和施工进度安排；投资概算与效益分析；实施管理。此外，还包括附表和附图。

(1)项目区概况

简单叙述项目区的地理位置(经纬度、所属行政区划)、范围、面积；交通运输与通信条件；各项生产简况及农、林、牧、副业的关系；林业生态工程建设的基础及历史，林业生态工程建设发展方向，林业生态工程效益，造林种草的经验教训；社会可提供的劳力及分布状况，种子苗木生产运输情况，以及上述条件与林业生态工程建设的关系及对工程运行的影响。

(2)自然条件

项目区的气候条件(年平均气温、1月平均气温、7月平均气温、极端最低气温、活动积温和有效积温、大风日天数、风力风向、平均风速、无霜期等)、土壤条件(母质、土类、物理化学性质、微生物情况、土壤利用历史等)、地形(大、中、小地形及特殊地形)、水文(降水量、蒸发量、相对湿度、地下水及含盐量、河流等情况)、病虫害等情况，主要是通过综合分析，找出该地区自然条件的特点与规律，指出在林业生态工程设计中应注意的问题。例如，某地区春季干旱多风，雨季集中于7、8、9三个月，对春季造林极为不利，设计中应抓住这一主要矛盾，采取抗旱保墒和雨季防涝等相应措施，以保证各项林业生态工程的成功。

项目区的植被情况，主要是林业资源情况，包括森林资源(树种、起源、年龄、组成、面积、生长量、蓄积量)、草地资源、宜林宜牧地资源等。

(3) 林业生态工程设计

①林业生态工程布局。在可行性研究的基础上，根据项目区生态经济分异规律及林业、草业、牧业的发展状况，分析确定林业生态工程布局的指导思想、原则、发展方向、任务等。据此，提出林业生态建设的主体工程及其他各类工程，在此基础上进行立地类型小区划分，不同的小区确定不同的林业生态工程单项工程。

②单项林业生态工程设计。分析造林(种草)地立地条件，划分立地条件类型，选择适宜的树种、草种，进行造林种草的设计(典型设计)。造林典型设计是单项工程设计核心部分。如果有城市、工矿区林业生态工程，特别是园林设计，应根据国家有关规范的规定，进行大比例尺平面图设计。一般的林业生态工程中的造林种草的设计主要包括：造林或种草设计图(1∶10 000 或 1∶5000 的地形图为底图，在外业调绘的小班上设计，并在设计图上标明小班因子)；各典型设计图式及说明，包括典型设计所适用的林班、小班号，造林整地时间、年份及季节，整地密度、带间距、带中心距、整地方法、整地规格、整地排列图式及整地图式、整地的具体技术措施、造林密度及株行距、造林图式、造林方法、混交方法、混交比例、树种组成、种植点、苗木年龄及规格，并说明造林树种的主要生物学特性及造林地、产地条件的主要特点及该典型设计的合理性、可行性。填写有关表格。

③计算工程量。对林业生态工程实际发生工程量进行计算，为概算做准备。主要包括以下内容：

a. 种苗需要量。先按小班或造林种类型求出各树种草种所需要的量，然后进行累加，所依据的面积一律为纯造林种草地面积。计算中应该注意整地方法、种植点配置及丛植等对种苗用量的影响。最后，把计算出的种苗量再加 10%，作为造林时种苗的实际消耗量。

b. 造林种草工程量。包括整地、挖穴、运苗运种、栽植或播种、浇水等的工程量(材料用量、土方量、机械的台班或台时等)。

c. 其他附属设施工程量。道路、房屋建设、灌溉、引水、苗圃建设等的工程量(土方量、材料用量等)。

d. 计算分部工程量。根据上述工程量合计分部工程量，如油松造林工程、红枣造林工程、人工林下种草工程、砌石工程等的工程量。

e. 计算单项工程量。合计分部工程量计算单项工程量，如天然林资源保护工程、水土保持林工程、果园灌溉工程等。

f. 项目总工程量。合计单项工程工程量，即为项目总工程量。

(4) 施工组织设计及施工进度安排

林业生态工程施工组织设计是确定如何组织施工，包括施工设备、施工场地、人员编制(指专业队伍)、劳力安排、施工程序、施工注意事项等。同时，根据计划任务、工程量安排施工进度，一般为年度进度，一些外资项目要求安排季度进度或月度进度。

第三阶段设计时，应单独进行施工设计，即施工图设计。因林业生态工程建设期长及林业的特殊性(受气候限制、每年施工条件变动很大)，需每年进行年度施工设计，在初步设计中只做简单安排。

以造林施工为例，年度造林施工设计的主要任务，就是在充分运用已有造林设计成果的基础上，按照下一年度的林木栽植计划任务量(或按常年平均任务量)，选定拟于下一年度进行林木栽植的小班，外业实施复查各小班的状况，若各小班的情况与造林设计完全相符，则应根据近年来积累的林木栽植经验、种苗供应情况及小班的具体情况，对各小班原设计决定做全部或部分必要的修改，然后进行各种统计说明。确实年度施工的种苗需要量、用工量及支付承包费用，计算依据是拟施工的小班面积，一定要保证其精度。若外业调绘的小班面积精度不能满足要求，应该实测小班实际造林面积。通常在进行造林施工设计时采用导线测量的方法实测小班面积和形状，也可在检查验收时实测或抽样实测小班面积。需要说明的是导线测量的误差也比较大，因而在外业调绘的小班面积误差较小时，一般不再实测小班面积。

(5) 投资概算与效益分析

①投资概算。包括：确定人工单价、材料单价、机械台班单价等，计算分部工程单价，再计算单项工程费用，最后汇总为项目总工程费用；其他费用计算，确定费率，根据建筑工程费用，计算出其他费用；汇总计算项目总投资；根据施工进度安排，计算分期(年度或季度)投资表。

②效益分析见第11章。

(6) 实施管理

实施管理包括行政组织管理、法律管理、技术管理等。

(7) 附表和附图

①附表。林业生态工程建设是在原工程造林的基础上发展起来的，迄今为止，全国尚无成套的、统一的设计表格。以下造林调查设计相关表格供设计者参考(表10-1至表10-11)。

表10-1 项目设计任务及成果

项目名称					批准文号					
项目规模(hm^2)					建设地点					
权 属					省投资指标(万元)					
设计建设任务						总投资概算				
总任务 (hm^2)	树种及比例				合计 (万元)	分项投资(万元)					
	林种	林种	林种	林种	林种	林种		预整地	造林	幼林抚育	补植	苗木费	设计费	其他
小班数													
占比 (%)							单位投资(元/hm^2)						
							合计	预整地	造林	幼林抚育	补植	苗木费	设计费	其他
年进度安排 (hm^2)	年— 年		年— 年		年— 年		年— 年			合 计		备 注	
说明													

表 10-2 工程建设条件

	统计单位	乡镇数(个)	村庄数(个)	人口及劳动力(人)			人均占有		主要产业	交通条件	造林期间可提供的劳动力(人)	其他
				总人口	农业人口	劳动力数	耕地(hm²)	粮食(kg)	人均收入(元)			
社会经济情况												

	总土地面积(hm²)	林业用地							农业用地			其他用地	
		天然林		人工林		宜林荒山荒地(hm²)	苗圃(hm²)	总面积(hm²)	25°以下坡耕地(hm²)	25°以上坡耕地(hm²)	牧业用地(hm²)	其他用地(hm²)	
		主要树种	面积(hm²)	主要树种	面积(hm²)								
土地利用现状													

	地形条件	气候条件	土壤条件	水源及灌溉条件	自然条件对造林的影响
自然条件概况					

	已造幼林的成活、保存情况	主要经验教训	主要造林树种生长情况	当地育苗现状
造林历史及现状				

表 10-3 立地类型划分

立地类型号	立地类型	立地因子							小班数	面积 (hm²)
		地形	海拔范围	坡向	坡度	土壤条件	植被条件	水源及灌溉条件	其他		

表 10-4 造林典型设计

设计号	立地类型号	造林设计									
		林种	树种	混交方法	造林季节	造林方法	株行距 (m)	密度 (株/hm²)	苗木种类	苗木规格 (cm)	幼林抚育设计

表 10-5 小班造林一览表

| 林班号 | 小班号 | 总面积 (hm²) | 纯造林面积 (hm²) | 造林地类型 | 立地类型 | 树种组成 | 造林密度 (株/hm²) | 配置模式 | 整地方法及规格 | 造林方法 | 造林季节 | 种苗规格 | 抚育内容 | 抚育年限及次数 |

表 10-6 造林（按工序，不包括育苗）年进度及苗木需要量

年度	造林典型设计号	面积（hm²）	小班数	造林面积（hm²）	预整地（hm²）	幼林抚育面积（hm²）	补植（hm²）	树种	苗木种类	需苗量（万株）	备注

表 10-7 造林用工量核算表

造林典型设计号	面积（hm²）	每公顷用工定额标准				用工量			备注
		预整地（工日/hm²）	挖穴整地（工日/100穴）	造林（工日/100株）	幼抚（工日/hm²）	补植（工日/100株）	总用工量（工日）	预整地用工量（工日）	造林用工量（工日）	

表 10-8 预整地、造林劳动力核算表

年度	预整地			造 林			备注
	需劳动力数	可供劳动力数	满足情况	需劳动力数	可供劳动力数	满足情况	

注：全年需劳动力数＝年进度任务量×每公顷用工量÷计划作业天数。

表 10-9 育苗安排及购苗计划表

年度	育苗地点	树种	育苗面积（hm²）				年度出圃苗木		购苗计划	
			总面积	新下种面积	新移植面积	留床面积	种类	数量（万株）	种类	数量（万株）

表 10-10 全额投资工程造林直接费用概算表

造林典型设计号	面积 (hm²)	每公顷单价标准（元）						分项概算（万元）				
		合计	预整地	造林	幼抚	补植	苗木费	其他	合计	预整地	造林	幼抚	补植	苗木费	其他

表 10-11 签字及审批意见表

签 字	设计单位	单位名称：	建设单位	单位名称：
		设计负责人：		工程负责人：
				技术负责人：
审批意见	地市（或省直属林业局）业务主管部门	（公章） 审批人： 年 月 日	省业务主管部门	（公章） 审批人： 年 月 日

②附图土地利用现状与规划图、林业生态工程布局图、单项工程设计总图、个别工程或分部工程典型设计图、附属工程设计图等。

10.4.3 总概算书

总概算书是确定林业生态工程项目全部建设费用的文件;是根据各个单项工程和单位工程的综合概算及其他与项目建设有关的费用概算汇总编制而成的。它是项目初步设计文件中的重要组成部分之一,是控制项目总投资和编制项目年度投资计划的重要依据。

10.4.3.1 总概算书的内容与程序

(1) 总概算书的内容

总概算书一般应包括编制说明和总概算计算数表。

①编制说明。包括工程概况、编制依据、投资分析、主要设备数量和规格,以及主要材料用量等内容。

a. 工程概况。扼要说明项目建设依据、项目的构成、主要建设内容和主要工程量、材料用量(如种子苗木、化肥、水泥、木材、钢材)、建设规模、建设标准和建设期限。

b. 编制说明。项目概算采用的工程定额、概算指标、取费标准和材料预算价格的依据。概算定额标准有国家标准、部颁、省颁(有些地区还有地颁)之分,在编制说明中均应说明。

c. 投资分析。重点对各类工程投资比例和费用构成进行分析。如果能掌握现有同类型工程的资料,可对两个或几个同类型项目进行分析对比,以说明投资的经济效果。

②总概算计算数表。是在汇总各类单项工程综合概算书和整个项目其他综合费用概算的基础上编制而成的。其他综合费用包括勘察设计费、建设单位管理费、项目建设期间必备的办公和生活用具购置费等。

(2) 总概算书编制程序

①首先收集基础资料,包括各种有关定额、概算指标、取费标准、材料、设备预算价格、人工工资标准、施工机械使用费等资料。

②根据上述资料编制单位估价表和单位估价汇总表。

③熟悉设计图纸并计算工程量。

④根据工程量和工程单位估价表等计算编制单项工程综合概算书。

⑤根据单项工程综合概算书及其他有关综合费用,汇编成总概算书。

10.4.3.2 单项工程概算书

单项工程概算书是在汇总各单位工程概算的基础上编制而成的。单位工程又是由各分部工程组成,分部工程又是由各分项工程所组成。概算计算数表的基本单位一般以分部工程为基础。所谓单项工程,是具有独立的设计文件,竣工后可以独立发挥效益的工程;所谓单位工程,是指具有独立施工条件的工程,是单项工程的组成部分。

10.5 林业生态工程实施及验收

10.5.1 工程实施

林业生态工程项目列入国家投资年度计划、完成初步设计及施工图后,即进入实施阶段。施工单位承接项目后,应根据招标文件、设计文件和施工图编制林业生态工程建设实施方案,并按照实施方案组织实施。

(1) 施工准备

施工准备一般包括技术准备、物资(机械设备)准备、劳动力组织准备和施工现场准备。技术准备是指组织技术人员及施工队有关人员研读图纸及设计说明,理解设计意图,根据施工图预算及施工组织设计,编制成本预算及材料计划,召集项目部与施工队有关人员做好技术交底,交底内容包括工程分区分段、工程分部分项、项目详细内容、施工现场地面、地下情况、控制程序,以及工程难点、重点、质量、安全、进度标准等。物资准备包括绿化苗木、种子、机械设备的准备、运输、堆放、仓库、场地等。劳动力组织准备包括组建项目部、组建施工队伍,并建立健全各项规章制度。施工现场准备需要搞好现场交接工作,还要做好现场的"三通一平"工作,按照施工计划和施工组织,安排人员、材料和机械进场。

(2) 工程施工

工程施工包括清理场地、工程测量、定点放线、整地挖穴、树种选择、运苗、种植苗木、施基肥、施保水剂、踩实、浇水、覆土、覆塑料薄膜、竣工清理(完成零星工程收尾、现场清理、施工档案整理、组织准备验收工作等)、养护管理。施工中按照监理工程师批准的施工组织设计,依照施工进度计划安排和招标文件规定的控制性工期要求,合理组织施工,统一调度工程项目,协调管理,确保按时保质保量完成施工任务。

(3) 施工监理

根据《林业生态工程建设监理实施办法(试行)》,林业生态工程实施监理制,建设单位一般应通过招投标方式择优选定监理单位,并签订工程委托监理合同。监理单位在建设单位授权范围内,以合同为依据,对工程施工进行质量、进度、造价控制方面的监督管理。为保证林业生态工程建设监理工作的顺利进行,监理单位应根据工程委托监理合同的服务内容、服务期限、工程类别、规模、施工难度、现场条件等因素确定项目监理机构的组织形式和规模。监理机构的职能部门设置和人员配备应符合精简高效和相对稳定的原则,专业人员数量应满足监理业务的需要。

10.5.2 工程验收

根据《林业建设项目竣工验收实施细则》,林业建设项目竣工验收管理工作实行分级管理。总投资规模2000万元以上(含2000万元)的项目,由国家林业局(现国家林业和草原局)或委托相关单位组织竣工验收;总投资规模在2000万元以下的项目,由省级林业行政主管部门或林业(森

《林业建设项目竣工验收实施细则》

工)集团总公司组织竣工验收,验收结果报国家林业局备案。总投资规模在3000万元以下的直属项目,即国家林业局直属单位承建的建设项目,由国家林业局或委托相关单位组织竣工验收。

建设项目在竣工验收之前,先由建设单位组织施工、监理、设计及使用等有关单位进行初步验收。初步验收之前,由施工单位按照国家规定,整理好文件、技术资料,向建设单位提出交工报告。建设单位接到报告后,应及时组织初步验收。初步验收不合格的工程不得申请竣工验收。

初步验收合格并具备竣工验收条件的地方项目,建设单位应在15个工作日内向省级林业行政主管部门或林业(森工)集团总公司提出竣工验收申请报告。省级林业行政主管部门或林业(森工)集团总公司在收到竣工验收申请报告后,根据验收权限组织项目竣工验收,或审核后上报国家林业局申请竣工验收。初步验收合格并具备竣工验收条件的直属项目,由建设单位在15个工作日内向国家林业局提出竣工验收申请报告,国家林业局在收到竣工验收申请报告后,根据验收权限组织项目竣工验收,或审核后上报国务院投资主管部门申请竣工验收。竣工验收申请文件应附有竣工验收总结报告、竣工财务决算、审计报告。

10.5.2.1 竣工验收条件

申请竣工验收的项目应当具备下列条件:

①完成批准的项目可行性研究报告、初步设计和投资计划文件中规定的各项建设内容,能够满足使用及功能的发挥。

②所有技术文件材料分类立卷,会计档案、技术档案和施工管理资料齐全、完整。主要内容包括:项目审批文件和年度投资计划文件,设计(含工艺、设备技术)及设计变更、施工、监理文件,招投标、合同管理文件,会计档案(含账簿、凭证、报表等),财产物资清单,工程总结文件,勘察、设计、施工、监理等单位签署的质量合格文件,施工单位签署的工程保修证书,工程竣工图等。

③土建工程质量经建设工程质量监督机构备案。

④主要工艺设备及配套设施能够按批复的设计要求运行,并达到项目设计目标。

⑤环境保护、劳动安全卫生及消防设施已按设计要求与主体工程同时建成并经相关部门审查合格。

⑥建设项目或各单项工程已经建设单位初步验收合格。

⑦编制完成工程结算和竣工财务决算,并委托有相应资质的中介机构或审计机构进行了造价审查或财务审计。

⑧对有以下情况之一者,经批准可进行项目竣工验收:

a. 项目基本符合竣工验收标准,只是零星土建工程和少数非主要设备未按设计规定的内容全部建成,但不影响正常生产,应组织竣工验收。对剩余工程,应按设计留足投资,限期完成。

b. 项目已全部完成各项建设内容,但项目的投产初期一时不能达到设计能力所规定产量的,应组织竣工验收。

c. 建设项目或单项工程已形成部分生产能力或实际上已投入生产经营，近期不能按原设计规模续建的，应从实际出发，可缩小规模，报可行性研究报告批准单位批准后，对已完工的项目和工程组织验收，移交固定资产。

d. 国外引进设备项目，按合同规定完成负荷调试，设备已考核合格的，可组织竣工验收。

10.5.2.2 竣工验收内容

林业建设项目竣工验收的主要内容包括：

①项目建设总体完成情况。建设地点、建设内容、建设规模、建设标准、建设质量、建设工期等是否按批准的可行性研究报告和初步设计文件建设完成。

②项目资金到位及使用情况。包括中央基本建设资金投资计划下达情况、地方配套资金及自筹资金到位情况，资金管理及会计核算情况，是否严格执行《会计法》《基本建设财务管理规定》和《国有建设单位会计制度》，是否按项目单独建账，单独核算。

③项目变更情况。项目在建设过程中是否发生设计或施工变更，是否按规定程序办理报批手续。

④施工和设备到位情况。各单位工程和单项工程验收合格记录。包括建筑施工合格率和优良率，仪器、设备安装及调试情况，生产性项目是否经过试生产运行，有无试运转及试生产的考核、记录，是否编制各专业竣工图。

⑤法律、法规执行情况。环保、劳动安全卫生、消防等设施是否按批准的设计文件建成，是否合格，建筑抗震设防是否符合规定。

⑥投产或者投入使用准备情况。组织机构、岗位人员培训、物资准备、外部协作条件是否落实。

⑦竣工财务决算情况。是否按要求编制了竣工财务决算，并通过了审核。

⑧档案资料情况。建设项目批准文件、设计文件、竣工文件、监理、质检文件及各项技术文件是否齐全、准确，是否按规定立卷。

⑨项目管理情况及其他需要验收的内容。

本章小结

本章主要介绍了林业生态工程项目管理和规划的主要内容，介绍了项目管理的意义和程序；项目规划的具体步骤及如何编写规划方案的提纲；可行性研究的概念、程序和内容，并就如何编写和报审可研报告进行了详细说明，还给出了编制参考模式，对初步设计具体内容进行了详细介绍、对总概算书的编写及列举出了需要的各类表格；最后介绍了项目实施过程、验收的管理、验收程序、验收内容及需要具备的条件。

复习思考题

1. 简述林业生态工程项目管理的程序。
2. 项目规划的主要内容有哪些？

3. 简述林业生态工程项目规划的具体步骤。
4. 如何编写项目规划方案的提纲？
5. 可行性研究报告的主要内容有哪些？
6. 如何对林业生态工程进行初步设计？
7. 林业生态工程是如何验收的？验收的内容包括哪些？

第 11 章

林业生态工程效益评价

森林——生物生态系统的初级生产者,它不仅是人类赖以生存的物质和能量基础,而且具有调节气候、保持水土、防风固沙、涵养水源、美化环境等多种功能。防护林作为一个重要的林种,不管是人工林,还是天然林,它们都在其生长发育过程中,不同程度地反映了森林所具有的各种功能,二者的功能和效益在本质上没有什么区别。但近几十年来,世界范围内出现人口、粮食、能源、自然资源保护以及环境污染等五大国际性问题以后,人们越来越深刻地认识到森林与人类生存生活休戚相关的重大意义。因此,对森林的生态效益进行正确的、科学的评价,并以生态效益为依据,反馈指导对森林的经营管理和促进本学科的技术进步,是亟须解决的问题,对生态建设具有现实指导意义。

随着社会发展,人们对生态环境的要求越来越高,而经济发展对环境的破坏也日趋严重,如何解决生态环境和经济发展的矛盾成为我国面临的重大问题。国家为解决这一矛盾提出了绿色 GDP 的概念,而林业的生态效益是绿色 GDP 的重要组成部分。对林业生态效益的正确评价不仅是制定经济发展政策的重要参考,也能更加全面地反映林业在国民经济中的地位和作用。

林业生态工程效益目前还没有明确的概念,可参照《中国水利百科全书·水土保持分册》中对水土保持效益的定义,对林业生态工程效益进行初步定义:在水土流失地区为防治水土流失、改善生态环境营造的森林生态系统所获得的生态效益、经济效益和社会效益的总称。林业生态工程效益的评估,是进行林业生态工程规划和建设的参考依据。林业生态工程效益评价是评价水土保持生物措施成效的最重要的组成部分,选择或提出合理的林业生态工程效益计量方法,是科学定量地评价林业生态工程效益的关键。

11.1 林业生态工程效益评价概述

11.1.1 效益评价的内涵

进入 21 世纪,我国林业生态工程的选定、可行性研究、规划、审核、实施、竣工、检查验收各环节工程都得到了加强和规范。特别是"九五""十五"期间国家加大投资力度,建设了一大批林业生态工程。"十一五"期间,许多国家级、省级、市级和县级的林业生态工程已经或即将建设期满,这些林业生态工程是否取得了预期效益,都需要通过评价加以确定。

林业生态效益评价有人也称为林业生态效益后评价，主要指对已实施或完成的林业生态工程的综合效益进行系统、客观的分析评价，以确定工程建设体现出的综合效益、综合效益发挥的程度以及后续发挥潜力的大小等。从微观角度看，它是对单个林业生态工程的分析评价；从宏观角度看，它是对整体社会经济活动情况进行的评价和反思。林业生态工程综合效益评价主要包括生态效益、经济效益和社会效益三方面的内容。我国开展林业生态工程效益评价工作的主要目的是：发挥评价工作强大的监督功能，并与林业生态工程前期评价、中期评价结合在一起，形成开放的循环控制系统，建立工程决策、投资、建设、管理等各方面的评价监督机制，从而提高过程管理效率，实现林业生态工程效益最大化；通过效益评价工作，总结工程建设的经验教训，并通过及时有效的信息反馈系统，完善已建林业生态工程，指导在建工程，改进待建工程规划，提高科学决策水平，实现生态系统效益最大化的目的；根据效益评价结果，对其可持续发挥程度进行预测判断，并对完善经济社会系统的管理体系提出合理化建议，实现生态系统与经济系统综合效益最大化。

林业生态效益评价仍然沿用森林生态效益评价，主要是指评价在森林生态系统及其影响范围内，森林对人类社会有益的全部效益。它包括在森林生态系统之中，以木本植物为主体的生物系统，即生命系统提供的效益，以及与这些生命系统相适应的环境系统所提供的效益，生命系统和与其相适应的环境系统在进行种种生态生理作用过程中所形成的高于或大于其组成部分之和的整体效益。

研究森林生态效益的宗旨，是在于探索森林生态效益的客观运动规律，以便得出在森林生态效益范围内的最高整体水平。人们进行森林生态效益计量研究，不是为了确定森林中凝结了多少社会必要劳动时间，即经济学意义上的价值量，而是为了反映森林所产生的综合作用以及为制定林业发展战略目标，进行林业区划和林种布局等提供基础数据。

11.1.2 效益评价的意义

随着社会进步和人们生活水平的普遍提高，对环境的要求越来越高。为了治理、改善被破坏和污染的环境，首先就有一个全面、正确认识环境的问题，因此环境质量评价便提上了议事日程。目前，世界上许多国家根据各国国情制定了环境质量标准，建立了环境评价制度。森林是环境建设的主体，在保护和改善环境方面发挥着巨大作用，对其环境效益进行正确地认识和评价当然是非常必要的。

(1) 林业生态建设是环境建设的主体

① 森林具有时空优势。森林是以乔木为主，包括灌木、草本植物以及其他生物在内，密集生长，占有一定的面积，并能显著影响周围环境的生物群落。全世界森林面积 $41.3 \times 10^6 \ km^2$，占陆地总面积的 31.7%，比草原、农地面积还要大得多。森林具有发达的空间构造，地上部分可达 20~30 m，热带雨林可高达 60~70 m；乔木根系深 1~3 m，在干旱地区可达 5~30 m。森林树种寿命长，比如红松、云杉一般存活 200~300 年，我国的银杏可以存活 3000 多年。由于森林具有这些时空上的优势，在影响环境及产生各种效益方面，必然比其他生态系统大得多。

② 森林具有复杂的种类成分和结构。森林中的各种生物种类成分极为复杂，除了各种乔木、灌木、草本、苔藓、地衣外，还有形形色色的动物，如野生动物、鸟类、昆虫与土

壤动物,还有大量微生物,所以森林是物种最丰富的生物群落。同时,森林的层次多,可为各种动植物及微生物提供优越的生存空间,食物链极为复杂,从而形成最稳定的生态系统。

③森林具有最大的生物量和生产优势。所有植物生物量约占地球总生物量的99%,而森林又占植物生物量的90%以上。从单位面积来看,森林每公顷生物量约在100~400 t,相当于农地或草原的20~100倍。就生产力来说,每公顷阔叶林每年生产干物质6~7 t,针叶林6 t左右,高草草原5 t左右,矮草草原1.6 t,冻草原还不到0.9 t。因此,森林在固定太阳能、生产有机物质和维持生物圈动态平衡中具有极为重要的地位。

正因为森林具有上述种种优势,所以它既是提供木材、能源,提供多种林副产品与生物资源的基地,又能发挥多种生态效益和社会效益,对维持地区和全球生态平衡起着至关重要的作用。

(2)林业生态环境效益评价可以帮助人们加深对森林的认识

人类开发利用森林具有悠久的历史,在远古时期就用木棍猎取动物。钻木取火后,人类发展进入划时代的发展阶段,对森林的利用大大增加。上古时代,人们就已学会用木材建房、造舟车、弓箭等。因此,人类的发展史与森林有着密切关系,森林是人类的母亲和摇篮。不过,人类在利用森林的绝大部分时间里,对森林作用的认识不深,取得木材是他们利用森林的主要目的。正是在这样的认识基础上,对森林的破坏必然十分严重,早在周代人们就开始大规模砍伐森林,当秦始皇统一中国时中原一带已经没有多少森林了,修建阿房宫只好远采蜀山之木。据不完全统计,到1949年中华人民共和国成立时,我国森林覆盖率只有8.6%。

通过环境效益评价,全面认识森林的功能与效益,可以改变人们对森林的认识,使人人都自觉地爱护森林、保护森林,全社会形成一个爱林、护林的风尚。经过计量评价,人们对森林的环境效益就有一个量化的概念,如果生态环境效益超过木材价值许多倍,人们当然就不会舍大取小、一味追求森林的直接效益了。

(3)林业生态环境效益评价是一项基础工作

林业生态环境效益是评价环境科学体系的一项基础工作,是环境科学的一项重要内容,主要研究林业生态环境各组成要素及其整体的组成、性质及变化规律,以及对人类生产、生活及生存的影响,目的是保护、控制、利用和改造森林环境质量,使之与人类的生存和发展相适应。

林业生态环境效益评价是环境管理工作的重要组成部分,或者说是环境管理工作的基础。通过生态环境效益计量评价,可弄清森林各生态功能在区域环境保护中的性质、作用和地位,以及环境质量发展变化对社会经济发展的影响,为制定环境保护规划方案、拟定地方有关环境保护法规条例提供科学依据。环境影响评价还为解决森林开发利用和环境保护之间的矛盾提供了途径,是贯彻预防为主、强化管理的重要手段。

林业生态环境效益评价还是制定林业建设规划、开展森林经营的重要依据。林业生产的任务不仅是取得林产品,更重要的是发挥其环境保护功能,从某种意义上说林业建设工程就是一项环境保护工程,是环境建设的重要内容之一,因而林业生态环境评价结果对于确定林业发展方向、开展森林经营活动具有重要影响。

11.1.3 外部效益评价概况

林业生态工程不是一个简单的自然生态系统,而是一个人工生态经济系统,在这一系统中生产的所有物质,包括能够进入市场的直接林产品和不能进入市场的"非市场产品",都包含了人们的劳动,都是以某种资源投入和劳动投入(包括物化劳动和活劳动)而产生的"产品",不管其形态如何,对社会的作用怎样实现,都是人们的劳动成果,这就奠定了计量林业生态工程生态效益的经济基础。

(1)外部经济效果

林业生态工程建设正是在投入各种资源和劳动而形成的产品,不论是属于直接经济效益的林产品,还是属于间接效益的生态效益,诸如防止土壤侵蚀、涵养水源、调节洪水、减少泥沙流失等,都是通过投入所产生的生态经济效果。而从林业生态工程建设方法上,不论是人工营造还是封山育林,所形成的林业生态工程都是资源和劳动投入所产生的结果。因此林业生态工程的形成,本身就已经赋予了其某种经济属性,已经属于一种人工生态经济系统,对这一系统生态效益的评价,在国民经济活动中,也就成为一种必需。

林业生态工程具有典型的外部经济性,通过林业生态工程建设,给各有关部门带来了超额的经济效益,而这些超额的经济效益又是无偿的。包括:

①下游或附近的防护区范围内的农业部门的单位面积产量提高,单位产品的成本降低,从而获得一部分超额利润。

②使环境具有更大的承载能力,给下游地区的河道整治、交通、航运、水电、水产业以及相关工业部门带来较大的经济收益。

③环境有了较大的防灾抗灾能力,工农业、交通运输业、通讯水利等产业部门的损失减少,节约开支,使这些部门实际获得了很大的经济效益。

④给农业生产中的其他行业带来实际的经济收入,例如,在黄土高原营造的大面积刺槐林,使这一地区的养蜂业得到了长足的发展,仅山西吉县,每年的刺槐花蜜收入就达到几十万元。

但是,林业生态工程所发挥的涵养水源、防止土壤侵蚀、调节径流、减少泥沙和洪水危害等多种效能给社会其他产业部门带来的经济效益,并不是通过市场机构提供的,而是林业生态工程经营者在进行林业生态工程生产经营活动带来的,因此,这些效益无疑是一种外部经济效果。

(2)级差地租综合评价

关于林业生态工程生态效能外部效果的经济机制,运用马克思关于级差地租的理论,可以提供一个强有力的理论基础。级差地租是产品的社会生产价格和个别生产价格的差额所形成的一种超额利润。级差地租形成的条件:第一是在资源丰度和环境质量或地理位置不同的地块上各个投资的生产率的差别;第二是在同一地块上技术水平不同的各种投资的生产率的差别。由第一个条件形成的级差地租,马克思称之为级差地租Ⅰ,由第二个条件形成的级差地租,则称之为级差地租Ⅱ。在社会主义制度下,土地私有权消失了,但土地的经营权还是分属于各个国家企业、集体企业或家庭,因而,各地投资的自然条件或各种投资的技术条件的差别同这种土地经营权长期分属于各单位的局面相结合,就必然导致级差地租的形成。既然级差地租是社会主义社会客观存在的一个经济范畴。那么，在社会主义经济中，哪里有级差地租形成的条件，哪里就有级差地租产生。林业生态工程的多种生态效益就使得在两个其他自然条件基本一致的区域，深受生态建设影响的区域和这种影响范围以外的区域，在资源丰度和环境质量上存在差别，当这种差别分别在这两个区域的各个投资的生产率出现差别时，就必然产生出级差地租。

林业生态工程的多种生态效益，不仅能通过提高土地的肥力给农业带来级差地租，而且也能给受其影响的其他国民经济部门带来级差地租，其生态效益使有关的国民经济部门具有资源丰度和环境质量上的某种优势而获得的级差地租，就是林业生态工程生态效益在国民经济中发挥作用的经济形式，这也就是林业生态工程生态效益给国民经济带来的经济效益，计量这些级差地租就是对林业生态工程的生态效益进行经济评价。也就是说，林业生态工程的涵养水源、防止泥沙流失、防止土壤崩塌、防风固沙、改善小气候、保护野生动物等效能。给受益工农业生产部门带来的级差地租，就是这些生态效益带来的经济效益。林业生态工程的这些生态效益在农业生产中是综合地起作用的，因而对这些生态效益也只能用它们综合作用的结果：一定量的级差地租来进行综合评价。

(3) 公共财产属性

然而，林业生态工程的这种生态效益不能由市场经济机构提供，我们把具有这些效益的财产、服务称为公共财产。就是说能满足公共需求的财产和服务便是公共财产。这里所说的公共需求必须由公共部门解决。当市场经济机构缺乏有效发挥林业生态工程效能的条件时，就不能充分实现资源的有效分配和确保生态效能的发挥，因此需要公共部门解决。

由于市场经济结构不能有效发挥效能，所以公共财产在市场上的真正价值得不到正确评价。如果把公共财产的供给权委托给某个企业，就不能确保供给社会期望的数量，这是不容置疑的。因为就外部效果而言，市场的经济利益是不能由该企业带来的。从企业的立场出发，决定生产投资不过是把生产的个人所得的产品界限作为考虑对象。这就是所谓个体纯产品与社会纯产品的矛盾现象。

一般来说，外部经济效果投资较大，并由集体企业经手时，投资所带来的个体纯产品往往小于社会纯产品。相反，对外部经济投入的大量资源而言，在正常情况下，资源投入产生的社会费用应从企业产品价值中扣除，这样，社会纯产品往往小于个体纯产品。由此可以发现这样一种倾向，即外部经济效果大的投资，只是由私营企业承担，该投资量比起社会观点所认为的最适水平还低，反之，外部经济效果大的投资则过大。

另外，林业生态工程在其生态效能方面也能看到个体纯产品和社会纯产品的矛盾。也就是说，如果对林业生态工程涵养水源、保护国土和环境保护效能的发挥仅仅期望于林业生态工程所有者的林业经营活动，那么林业生态工程的生态效能完全得不到市场价格体系的保护，所以就会产生个体生产条件和社会生产条件的不一致；最后，社会对生态效能要求的水平与内容都将成为泡影。这样，国家必须积极进行政策干涉，以确保林业生态工程生态效能的发挥。有必要树立这样的基本态度：把林业生态工程生态效能视为公共财产，而公共财产的供给由国家或者地方公共团体及其他政府机关来承担。就是说必须把林业生态工程看作全社会的财产，并制定和推行与此相应的政策。

为使外部经济内部化，通常的做法是采取财政补贴和征税方法。即对具有外部经济效果的企业给予补贴，使得原来不给企业带来市场经济利益的外部经济效果能为企业带来利益。这样，个体生产条件和社会生产条件就一致了。另外，对带来外部经济作用的企业征税，使过去没算入该企业的外部经济造成的社会费用转化为该企业成本，这样可能使个体生产条件接近社会生产条件。

如何确保林业生态工程生态效能，原理上与上述情况相同，但必须考虑下述办法：把外部效果内部化，即根据市场经济机构，把不能给林业生态工程所有者带来经济利益的各种生态效能的社会效益与林业生态工程所有者的个体利益联系起来，使生态效能的发挥能为林业生态工程建设带来经济利益。补贴是典型的方法，但又并不只限于补贴，此外还要广泛采用贷款、税收等多种辅助措施，这样才符合林业生态工程经营的实际情况。

11.2 林业生态工程效益评价方法

11.2.1 林业生态工程生态效益的评价

11.2.1.1 生态效益

生态效益指改善生态环境的效益。通常包括：

(1) 改善了土壤的理化性质和生物生态环境

在一定深度内(主要在表土层0~30 cm)，提高了土壤含水量和氮、磷、钾、有机质的含量，促进了团粒结构的形成，增加了土壤孔隙率，减少了土壤容重，提高了田间持水能力和抗御自然灾害(特别是干旱)的能力。

(2) 改善和改良水质

减少小流域和区域的水质污染源(农药、化肥和土壤养分随降水和径流的流失)，改善和改良水质变化。

(3) 增加地面的植被覆盖度

通过实施水土保持措施，使得原有植被面积有所增加。

(4) 改善小气候

在一定小范围内(特别在农田防护林网内)，减少了风暴日数，减少了风速风力，改善了地面温度、湿度，减轻了霜冻灾害等。

通过实施水土保持措施后，对局部或较大范围内的生态环境质量的良性改变效应。生态效益的计算，通常分为改善农业生产基本条件，增加植被覆盖，改善人类生存环境，保护和改善生物多样性等效应。

11.2.1.2 生态效益评价指标

(1) 涵养水源指标

林业生态工程具有重要的涵养水源工程。其涵养水源指标包括：

①截留量(t/hm^2)。该指标为降水过程中由地上植被和活地被物截留的降水量。

②土壤(包括死地植被)贮水增加量(t/hm^2)。由于林业生态工程的建设，使土壤和死地被物持水量的增加量。

③地表径流减少量[t/(hm²·年)]。由于林业生态工程的建设,一定区域内地表径流的减少量,该指标反映了土壤入渗和渗透能力。

④土壤入渗率(mm/h)。该指标反映地表水转化为土壤水或地下径流的能力。

⑤洪枯比。反映流域内森林减缓洪峰的能力,即洪水期的水位与枯水期的水位之比。

(2) 水土保持指标

水土保持是林业生态工程的最主要功能之一。其水土保持指标包括:

①土壤侵蚀模数减少量[t/(hm²·年)或 m³/(hm²·年)]。该指标反映减轻土壤侵蚀的能力。

②土壤营养元素流失减少量(kg/hm²)。该指标主要指氮、磷、钾(包括速效养分和全量)的流失。

③减少江河下游河床的淤积量[m³/(hm²·年)]。该指标反映林业生态工程减轻水土流失危害的能力。

④河渠等坍塌减少量[m³/(hm²·年)]。该指标反映林业生态工程(河流防护)的防护工程和减轻水土流失危害的功能。

⑤土壤抗冲性。该指标指土壤抵抗径流和风等侵蚀力机械破坏作用的能力,用抗冲指数表示。

⑥土壤抗蚀性。该指标指土壤抵抗雨滴打击和径流悬浮的能力,可用水稳定性指数表示。

⑦径流系数(%)。该指标为年平均地表径流深(mm)与年平均降水量(mm)之比。

⑧侵蚀速率(年)。该指标为有效土层厚度(mm)与每年侵蚀深度(mm/年)的比值,是反映土壤潜在危险程度的指标。

⑨输移比(%)。该指标为流域输沙量与侵蚀量之比,其值越大说明森林的水土流失越严重。

(3) 提高土壤肥力指标

由于林业生态工程防止水土流失的功能,可提高土壤肥力。其提高土壤肥力的指标包括:

①土壤有机质含量(kg/hm²)。该指标反映对土壤肥力状况的改善作用。

②土壤含水量(%,t/hm²)。该指标反映在干旱半干旱地区对土壤蓄水保墒能力的增强功能。

③土壤营养元素含量(kg/hm²)。主要反映氮、磷、钾等土壤肥力指标的提高。

④土壤容重。该指标反映对土壤物理性状的改善功能,容重较低时表明了土壤有良好的物理形状。

⑤土壤孔隙度(%)。该指标包括毛管孔隙度、非毛管孔隙度和总孔隙度,与土壤容重有密切的关系。

⑥土壤团聚体数量。该指标反映对土壤结构的改良效果,土壤团聚体越发达,土壤结构越良好,土壤就有良好的通气、透水和保肥能力。

⑦土壤酶活性。该指标反映土壤的肥力变化,间接反映了植被恢复过程中群落的演替和植被的恢复程度。

⑧土壤呼吸强度(CO_2 mg/g 土)。该指标反映土壤通气透水性能和微生物活动能力的强弱。

⑨土壤微生物数量(个/g 土)。该指标反映对土壤微生物活动能力的增强功能。

⑩地下水位(m)。林业生态工程一般具有降低地下水位的作用,该指标可反映对湿地或地下水位较高地区土壤的改良效果。

(4) 防风护田和固沙指标

防护林带和片林等林业生态工程均具有防风固沙功能。其防风护田和固沙指标包括:

①农作物产量[kg/(hm^2·年)]。由于林业生态工程改善小气候、预防病虫害的功能,可增加农作物产量。

②稳定沙源,避免流沙吞没农田的数量(hm^2/年)。该指标反映林业生态工程的防风固沙功能。

③灾害风风速、灾害日天数。防护林带具有直接的防风功能,成片林地也由于增加空气下垫面的粗糙度、增加空气乱流,有利于降低风速。

④干热风天数(d/年)。由于林业生态工程降低风速、增加空气湿度的功能,可减少干热风的发生。

⑤林带疏透度(%)。该指标表示林带疏密程度和透风程度的指标,可用林带纵断面透光空隙总面积与林带纵断面积之比来表示。

(5) 调节气候指标

林业生态工程由于具有降低风速、调节气温、增加空气湿度等功能,能明显调节小气候。其调节气候指标包括:

①蒸散量(t/hm^2)。林地的蒸散量对于增加低湿地区的空气湿度具有明显的效果,所以蒸散量增加量是反映林业生态工程调节小气候的重要指标。

②无霜期(d/年)。该指标反映林业生态工程调节气温的作用。

③高温天气(>35℃)天数(d/年)。该指标同样反映了林业生态工程调节气温的作用。

④地温(℃)。林业生态工程不同能调节气温,由于增加地面覆盖,减少太阳直射和阻止地面热辐射,可调节地温。

⑤空气相对湿度(%)。该指标反映林业生态工程增加空气湿度的作用。

(6) 改善大气质量指标

林业生态工程具有吸收二氧化碳、释放氧气、净化空气、吸收有害气体等功能,能改善大气质量。其改善大气质量指标包括:

①释氧量[t/(hm^2·年)]。该指标反映林业生态工程释放氧气的能力。

②二氧化碳吸收量[t/(hm^2·年)]。该指标反映林业生态工程固放二氧化碳的能力。

③对二氧化硫或其他有毒气体的吸收量[kg/(hm^2·年)]。该指标反映林业生态工程吸收有害气体的能力。

④滞尘量[t/(hm^2·年)]。该指标反映林木吸附悬浮颗粒物的能力。

⑤负离子增加量[kg/(hm^2·年)]。该指标反映林业生态工程释放负离子的能力。

⑥杀菌素—芬多精增加量[kg/(hm^2·年)]。该指标反映林业生态工程产生杀菌素等挥发性物质能力。

(7) 提高土地自然生产力指标

由于林业生态工程防治水土流失的显著功能,可明显提高土地生产力。其提高土地自然生产力指标包括:

①总生物量[t/(hm²·年)]。该指标指林业生态工程自身及其防护范围内生态系统的总生物量增加量。

②光合生产力[t/(hm²·年)]。该指标指林业生态工程自身及其防护范围内生态系统光合产物的增加量。

③生物量转化率(%)。指次级生产力与初级生产力的比值。其中,初级生产力指植物的生物量,次级生产力指转化为动物机体的生物量。

④病虫害。林业生态工程可为病虫害的天敌提供栖息场所,对预防病虫害有重要作用,该指标反映了预防病虫害的能力。

⑤害虫天敌的种群数量。该指标反映了林业生态工程预防虫害的基础功能,主要指鸟类、有益昆虫等。

⑥生物多样性。该指标包括植物、野生动物、鸟类等种类的组成成分和数量的变化。

(8) 森林分布均衡度 (E)

$$E = 1 - \frac{\sum_{i=1}^{n} |A - B_i|}{n \times A} \tag{11-1}$$

式中　A——总覆盖率;

　　　B_i——第 i 个统计小区的覆盖率。

当 $E=1$ 时,表明森林分布最均匀,最有利于环境功能的提高;当 $E=0$ 时,表明森林分布最不均匀,最不利于环境能力的提高。

11.2.2　林业生态工程经济效益的评价

经济效益分直接经济效益和间接经济效益。

11.2.2.1　直接经济效益

林业生态工程直接产生的产品及其相应的产值。如林地、活立木、灌木增产枝条、经济林增产果品、种草增产饲草等。各类产品未经加工转化时的产量和产值,都是直接经济效益。

11.2.2.2　间接经济效益

上述各类产品,经加工转化后,提高了的产值为间接经济效益。如:果品加工成饮料、果酱、果脯、枝条加工成筐、篮、工艺品、纤维板,饲草养畜后的畜产品等。

实施水土保持措施后为社会带来的物质财富或对项目区或国民经济所创出的物质财富,它含有物质数量增加(增产)和社会价值增加(增收)。

经济效益计算时,通常分为直接经济效益(有实物产出的效应)和间接经济效益。前者指粮食、果品、牧草等种植业的原产品(初级产品)等增加的效益,后者指初级产品加工转化后所衍生的效益。

11.2.3 林业生态工程社会效益的评价

社会效益是林业生态环境效益的一部分,由于它比生态效益更难以在货币尺度上加以定量评价,因而人们对其认识也不统一,无论社会功能子项目的设立,还是相关指标的选择,都有待进一步研究。这里,应用张建国等的观点,将社会效益分成以下几个方面:

(1) 社会进步指数

林业生态工程的社会效益对社会进步的影响,通常并不是直接和决定性的因素,有些影响往往很少而不易察觉,具有间接和隐藏的特点。社会进步是一个复杂而内涵丰富的概念,可用社会进步系数表示,它是以下 5 个反映社会进步的主要指标的连乘积。

$$I = E \times L \times W \times B \times J \tag{11-2}$$

式中 E——人均受教育年数,年;

L——人均期望寿命,年;

W——人口城镇化比重,%;

B——计划生育率,%;

J——劳动人口就业率,%。

(2) 增加就业人口数

指评价区内以森林资源为基础的一切相关从业人员。

(3) 健康水平提高

可由地方病患者减少人数乘上一个调整系数(一般为 0.2~0.4,表明林业生态工程的社会效益作用)来反映。

(4) 精神满足程度

可通过对人们观感抽样调查,来反映森林景观改善的美学价值。

(5) 生活质量的改善

可由人均居住面积变化来反映。

(6) 社会结构优化

①区域产业结构变化由第一、二、三产业结构比例来反映;

②区域农业结构变化由农、林、牧、副、渔各业的比例来反映;

③区域消费结构变化可由恩格尔系数反映。

(7) 犯罪率减少

应当指出,在具体计量评价时,有些指标作用微弱甚至根本就没有意义,可舍之不计量;有些指标不够详细或没有设立,则应酌情补充。总之,应按评价的具体目的、要求,当地的林情和社会经济特点,对以上指标加以适当的增减取舍。

11.2.4 林业生态工程综合效益评价

11.2.4.1 评价内容

林业生态工程综合效益评价是一项极为复杂的系统工程。它涉及面广、评价的内容多。并且不同类型林业生态工程综合效益也具有不同特征(表 11-1)。但总体来看,林业生态工程综合效益评价主要包括效益监测、效益评价指标和指标体系的建立、效益评价方法、手段和技术等多个方面。

表 11-1 主要林业生态工程类型综合效益特征

类 型	分布区域	生态经济效益	效益周期	实 例
防护林生态工程	生态环境脆弱带	宏观调节气候,发挥间接经济效益	长	三北防护林体系建设工程
水源涵养林生态工程	水土易流失区域	保持水土,稳定农田生态系统	长	长江中上游防护林体系建设工程
海岸防护林生态工程	大陆—海洋交替带	保护动植物资源,直接或间接经济效益的产生	长	华南红树林生态工程
农用林生态工程	农作区	生态和经济效益并重	中	华北农桐间作工程
绿化林生态工程	居住区	净化空气,美化环境,经济效益处于次要地位	长中短	城镇或城市绿化林
经济林生态工程	低山丘陵、农田、村落	经济效益处于主导地位	中短	热带地区橡胶间作茶树

注:引自彭培好,2003。

11.2.4.2 评价方法

(1)水文生态效益

林业生态工程通过森林生态系统中不同层次对降水的截留、蒸散、吸渗作用,减弱了地表径流速度,增加了土壤拦蓄量,同时改善了土壤结构和物理性质,提高了土壤的抗冲、抗蚀性能。加之植物的根系作用,综合表现为涵养水源、保土减沙和改善水质等效益。

①植被冠层截留降水。分别在各种林分的内外选择有代表性的标准木和空地作为长期观测对象。在所取得的标准木和林外空地放置雨量槽或雨量筒,测定每次的降雨量、降水强度和降水过程。林冠截留量 I 近似地表达为:

$$I = P_{林内} - P_{林外} \tag{11-3}$$

式中 $P_{林内}$——林内降水量;

$P_{林外}$——林外降水量。

②枯枝落叶层水文生态作用。包括枯枝落叶层蓄积动态(在林分内设置标准地,沿对角线机械分布样方,收集其上枯落物。烘干后测得现存蓄积量,并随时间变化测定其分解率和分解量),枯落物抗冲试验研究(水槽法)以及枯枝落叶层阻延径流速度的相关方法。

③林地土壤入渗。包括土壤水分运动参数的测定、野外入渗过程的测定(如单环水头法、双环入渗法),室内入渗过程的测定及土壤饱和导水率的测定。

④坡面径流与泥沙。根据观测地区植被的典型性和实验的对比性。选择实验标准地，布设坡面径流小区，观测每次产流产沙量和过程，分析计算场暴雨坡面产流产沙量，并和对比小区进行比较。

⑤小流域径流与泥沙。在实验小流域的出口断面设置各种量水堰（槽），布设自记水位计记录每次降雨产流过程，并配合使用流速仪法、浮标法和体积法进行流量测验。

泥沙取样有自动和人工两种方法。通常是间隔一定的时间或水位进行取样，然后过滤、烘干、称重，求其泥沙含量，进而推算场暴雨输沙总量和过程。

⑥水质效应。目前，在欧洲各国关于森林与水质的关系研究较少，国内的研究多集中于河沙含量的研究，而在森林对水化学性质影响方面的研究处于摸索阶段。关于林业生态工程对水质效应目前大多数采用定位取样分析实验的方法，按国家颁布标准进行水样分析。分析内容一般包括：pH 值、电导率、游离 CO_2、侵蚀性 CO_2、Ca^{2+}、Mg^{2+}、K^+、Na^+、Cl^-、SO_4^{2-}、CO_3^{2-}、HSO_3^-、NH_2^-、NO_2^-、NO_3^-、Fe^{3+}、P_2O_5、Si、离子总量、矿化度、总硬度、化学耗氧量、泥沙含量和级配等。

（2）涵养水源效益

国内外研究的方法有两种：一是森林区域水量平衡方法；二是根据森林土壤的蓄水力和森林区域的径流量计算森林涵养水源量。

①根据水量平衡法计算森林涵养水源总量

$$森林年水源涵养量 = 森林年总降水量 - 森林年总蒸散量 \tag{11-4}$$

$$森林年总降水量 = 区域年降水量 \times 区域森林覆盖率 \tag{11-5}$$

$$森林年总蒸散量 = 森林年总降水量 \times 70\% \tag{11-6}$$

②根据森林土壤的蓄水力和区域径流量计算森林涵养水源量

$$森林涵养水源量 = 林冠截流的降水量 + 枯枝落叶层的降水容量 + 森林土壤的降水储量 \tag{11-7}$$

$$森林土壤的降水储量 = 森林地域面积 \times 土壤深度 \times 非毛管孔隙度 \tag{11-8}$$

（3）土壤改良效益

林业生态工程具有明显的改良土壤效益。主要表现在以下几个方面：

①对土壤理化性质的改良作用。采用土壤剖面调查和土样化验的方法。先挖土壤剖面，进行土壤调查，填写土壤剖面调查记录表，并按要求采土样。然后则是土壤物理性质和化学性质的测定。

土壤物理性质的测定：包括土壤密度、孔隙度、土壤质地、水稳定性团粒结构。具体的测定可参照《土壤理比分析》（中国科学院南京土壤研究所，1978）和《土壤农业化学常规分析方法》（中国土壤学会农业化学专业委员会，1983）。

土壤化学性质的测定：包括全 N、全 P、全 K、有机质、水解氮、氨态氮、速效磷、缓效钾、速效钾、$CaCO_3$、pH 值。微量元素包括锰、铜、锌、铁、硼、钼。具体的测定方法、步骤可依据上述两本土壤物理性质测定的参考书的方法。

②土壤抗蚀抗冲。根据不同类型防护林的分布，在实验区布设若干研究样地。在样地内分成 0~20 cm、20~40 cm、40~60 cm 3 个层次采集土壤剖面。样品带回室内，风干备用。同时，在现场测定有关土壤物理和力学性质。

土壤抗蚀性测定：通过测定土壤团聚体在静水中的分散速度，以比较土壤的抗蚀性能大小，并用水稳性指数"K"表示。有机质含量较高的土壤，其水稳性指数较高，抗蚀性较强，反之则小。

土壤抗冲性测定：用一定坡度、一定雨强下，冲刷 1 g 土所需的时间来表示土壤抗冲性能的强弱，即用 As(Anti-scourability) 表示。As 值越大，土壤的抗冲性越强。

③土壤抗剪作用。土壤抗剪作用的研究目前一般采用应变控制式三轴剪切仪。

试验原理：采用应变控制式三轴剪切仪，选用固结不排水方法剪切。选用 0.5 kg/cm、1.0 kg/cm、1.5 kg/cm、2.0 kg/cm 24 级周围压力，测算出最大主应力差 ($\delta_1-\delta_2$)，根据库仑—摩尔强度理论，用图解法求出 C、φ 值。即通过试验测绘一组极限应力圆，并作这组圆的公切线，得试样的极限抗剪包线。该线于核轴的夹角为内摩擦角 φ，在纵轴上的截距为凝聚力 C。

试验方法：采用承筒按预定的初始体积密度和含根率制备试样，然后使试样静置一定时间。试验时将试样装在压力室内。试样体积 96 cm³。对试验施加各项平等的周围压力。按规定的速率对试样施加附加的轴向压力，使试样受剪，直至剪破。在剪切过程中同时测记试样的轴向压缩量，计算出相应的轴向应变 δ_2，并绘制在该周压 δ_3 作用下的主应力差 $[(\delta_1-\delta_2)/2]$ 与轴向应变 δ_2 的关系曲线，以该曲线上峰值作为该级周压 δ_3 作用下的极限应力圆的直径。

④防护林根系固土作用。国外关于林木根系固土作用的研究已经有几十年的历史。早期的研究多借用农业上研究作物抗风倒的研究方法，即侧向或垂直向上整体拉拔，对树木整体的侧向抗拉力或垂直抗拔力进行计算的参数，然后进行整体评价。与此同时，为了克服野外实地测定易受的多方限制，一些学者借助于室内实验，研制了各种模型，以从理论上对根系的固土作用加以解释。

就野外实地测定来说，目前尚无系统的测定方法。在吸取国外对根系固土研究中的经验的基础上，提出我国现有条件下研究林木根系固土作用的方法。

林木根系对土体的固持作用从根本上讲就是要将土体网络固定，使其不发生滑动或移动。在有林木生长的斜坡上，如果根系分布范围内的土体发生移(滑)动，那么横穿滑动面的根系必然受力，对滑动体产生拉力。这种拉力的方向正好于土体滑动的方向相反，所以是抗滑力的组成部分，有利于保持斜坡上土体的稳定。

土体的滑动是一种剪切(过程)。用原位直接剪切法测定林木根系的固土作用(同样条件下测定无植物生长的空闲地—对照点土体的抗剪强度)是符合实际的。对于乔木根系，由于牵引设备的限制，尚不能用剪切的方法研究其固土作用，因此可以采用单根抽拉法，即平行于坡面进行抽拉，找出每一个根的抗拉力(即对土体的固持力)。从理论上讲，某一面积所有单根抗抽拉力之和就是该面积上根系总的固持力。

(4) 改善小气候效益

在各类防护林林种中，对于小气候的改善效益，则当选农田防护林和水土保持林。

对于农田林网气候效益的研究，我国和国外的学者曾有过许多论著。其中研究方法最多的是从林带背风面(也包括迎风面)不同树高倍数处的各类气象因子与旷野的比较，而且大多数是从单因子着手。

水土保持林体系小气候效益则主要体现在水土保持林体系对区域小气候的影响上。包括太阳辐射、气温、湿度、风速、风向、气压、云量、日照状况、土壤温度、树体温度和土壤湿度等方面。

小气候效益研究首先是选择不同的典型天气(包括晴天、多云和阴天等)进行小气候观测,同时空旷地进行对比,进而计算各防护林体系的小气候效益。

各气象要素的观测方法同气象站气象要素的观测。

(5)农田防护林对农田农作物的增产效益

农田防护林农作物增产率计算公式：

$$r = \frac{s - s_0}{s_0} \times 100\% \tag{11-9}$$

式中　r——相对增产或减产率,正值为增产率,负值为减产率;

　　　s——有林带保护农田(简称网格农田)的平均单位面积产量,简称网格产量;

　　　s_0——无林带保护农田(对照农田)的平均单位面积产量,简称对照产量。

S 的测算方法：根据网格农田面积的大小,选出几十个或更多些样方。样方的布设在网格中间部位大体上是平均分配,在林带附近设密些。根据实测记录绘出林网作物产量等值线平面图,再根据此图按不同产量的面积进行加权平均,求出平均产量。计算公式：

$$S = \frac{1}{A} \sum_{i=1}^{n} \frac{1}{2}(S_i + S_{i+1}) \times A_{i, i+1} \tag{11-10}$$

式中　S——区域平均产量;

　　　S_i,S_{i+1}——分别表示某一网格相邻两条等产量线的数值;

　　　$\frac{1}{2}(S_i + S_{i+1})$——代表两条带间的平均产量;

　　　$A_{i, i+1}$——代表这两条线之间的面积,m^2;

　　　A——代表整个网格农田的面积。

(6)国外评价方法种类

国外比较有代表性的林业生态工程综合效益评价方法有以下几种：

①政策性评估。是森林主管部门根据经验对所辖区内的森林做出最佳判断而赋予的价值,其典型的方法有美国的阿特奎逊法和德国的普罗丹法。

②生产性评估。是从生产者的角度出发,森林游憩的价值至少应该等于开发、经营和管理游憩区投入的成本,其典型方法有：直接成本法和平均成本法。

③消费性评估。从消费者的角度出发,森林游憩的价值至少应该等于游客游憩时的花费,其典型方法：游憩消费法。

④替代性评估。以"其他经营活动"的收益作为森林游憩的价值,其典型方法有机会成本法和市场价值法。

⑤间接性评估。根据游客支出的费用资料求出"游憩商品"的消费者剩余,并以消费者剩余作为森林的游憩价值,其典型方法有旅行费用法。

⑥直接性评估。直接询问游客或公众对"游憩商品"的自愿支付价格,其典型方法有条件价值法(随机评估法)。

⑦旅行费用法和条件价值法。是目前世界上最流行的两种森林游憩经济价值评估方法。但旅游费用法(TCM)只能评价森林游憩的利用价值。

⑧随机评估法(条件评估法)(CVM)。既可评价森林游憩的利用价值又可评价它的非利用价值。

(7)林业生态工程经济效益

系统地评价林业生态工程的经济效益，不仅对国家的国民经济宏观决策，而且对地区的区域性国民经济发展技术具有十分重要的意义。这方面的研究工作，既是一项具有主要理论价值的基础性研究工作，也是一项具有深刻实践意义的应用性研究工作。

经济效益的统计量一般有以下四种：

①净现值。是从总量的角度反映林业生态工程防护林建设从整地造林到评价年限整个周期经济效益的大小。它是将各年所发生的各项现金的收入与支出，统一折算为现值。也就是将从整地造林到评价年限不同年份的投资、费用和效益的值，以标准贴现率折算为基准年的收入现值总和与费用现值总和，二者之差即为净现值，用公式表达如下：

$$NPV = \sum_{i=1}^{n} \frac{B_t}{(1+e)^t} - \sum_{i=1}^{n} \frac{C_t}{(1+e)^t} \tag{11-11}$$

式中　NPV——净现值指标；
　　　B_t——第 t 年的收入；
　　　C_t——第 t 年的费用；
　　　e——标准贴现率；
　　　n——评价年限。

净现值指标可以使人一目了然地知道林业生态工程建设从整地造林到评价年份为止的整个周期经济效益的大小，同时也考虑了资金的时间基准和土地的机会成本等因素的影响，因此，能够比较真实客观地反映林业生态工程效益的好坏。

②内部收益率。也叫内部报酬率，是衡量林业生态工程经济效益最重要的指标。就其内涵而言，是指能收益与费用的现值代数和为零的特定贴现率。它反映从整体造林到评价年限时投资的回收的年平均利润率，也就是投资林业生态工程项目的实际盈利率，是用来比较林业生态工程盈利水平的一种相对衡量指标。这一指标着眼于资金利用的好坏，也就是投入的资金每年能回收多少(利润率)。

内部收益率的计算，一般是在试算的基础上，再用线形插值法公式求出精确收益率。其公式为：

$$IRR = e_1 + \frac{NPV_1(e_1 - e_2)}{NPV_1 - NPV_2} \tag{11-12}$$

式中　IRR——内部收益率；
　　　e_1——略低的贴现率值；
　　　e_2——略高的贴现率值；
　　　NPV_1——用低贴现率计算的净现值；
　　　NPV_2——用高贴现率计算的净现值。

③现值回收期。就是用投资费用现值总额与利润现值总额计算的投资回收期。它表明

林业生态工程建设的投入，从每年获得的利润中收回来的年限，它着眼于尽早收回投资，但在时间上只算至按现值将投入本金收回为止，本金收回后的情况不再考虑。

其具体计算方法，就是将一次或几次的投资金额和各年的盈利额，用贴现法统一折算为基准年的现值，当投资费用现值总额等于利润现值总额时，其年限即为现值回收期。因此，现值回收期的计算式必须满足以下的要求：

$$\sum_{i=1}^{n} \frac{B_t}{(1+e)^t} = \sum_{i=1}^{n} \frac{C_t}{(1+e)^t} \tag{11-13}$$

式中　　B_t——第 t 年的收益(现金流入量)；
　　　　C_t——第 t 年的费用(现金流出量)；
　　　　e——标准贴现率；
　　　　n——评价年限；
　　$(1+e)^t$——贴现系数。

根据上述等式，现值回收期可用列表法求解得到。

④益本比。也叫利润成本比，这一指标反映林业生态工程建设评价年限内的收入现值总和与现值费用总和的比率。它对于政府有关林业生态工程建设尤为重要。因为国家建设林业生态工程往往是从社会、经济、生态各方面的发展需要而投资的，这就需要从整个国民经济的角度去进行评价，而益本比恰恰能反映这方面的内容。益本比的计算公式为：

$$\frac{B}{C} = \sum_{i=1}^{n} \frac{B_t}{(1+e)^t} / \sum_{i=1}^{n} \frac{C_t}{(1+e)^t} \tag{11-14}$$

式中：B——收入现值总和；
　　　C——费用现值总和。

如果其比值大于1，说明林业生态工程建设收入大于费用，有利可得；反之则亏损。

林业生态工程经济效益的评价，涉及林学、生态学、气象学、土壤学、经济学、地学、系统工程等许多学科。其中常用的方法有：

①采用相关分析法，判断林业生态工程建设对当地经济发展的作用。相关分析主要包括两个方面：一是林业生态工程建设与复合农业的相关分析；二是林业内部各林种与林业产值的相关分析。

②运用农村快速评估法(RRA)和参与评估法(PRA)获取调查资料，参与层次分析法对心态调查结果进行分析，从林业生态工程建设经营者的角度考察其经济效益。

③运用林木资源核算法以林木资源再生产过程为主要对象进行全面核算，系统地反映林木资源产业的经济运行过程、经济联系和经济规律，从而有助于从总体上全面评价林业经济效益。

④运用投入产出技术编制营林生产过程中的各种投入与产出之间的内在联系并加以分析，以揭示营林投入与营林产出之间的内在规律性，并对营林生产进行预测和优化。

⑤参与可行性研究法。

11.3　林业生态工程综合效益评价指标体系

森林系统及其评价指标系统是一个复杂的软系统，森林利用的目的是保障森林综合效益的永续和扩大，要使环境资源得到持续稳定发展，不仅要求林业产业自身持续稳定发展，而且还要为整个人类社会和经济的持续发展创造条件，因此选择评价指标和评价标准时，既要能体现森林本身的发生、发展规律，还要体现其对生态、经济、社会环境的保护、增益和调节功能，同时为政府确定整个林业产业在国民经济中的作用和地位、制定林业发展规划与宏观决策等提供科学依据和准确数据信息，因此评价指标必须有典型性、代表性和系统性。

国外林业生态工程综合效益评价指标体系多参照森林持续利用的标准与指标体系。自从1992年联合国环境与发展大会后，对森林持续利用的标准与指标体系已展开了国际性广泛的研讨和协调行动，一些国家制定了国家级标准与指标，少数国家（如丹麦）已经开展了示范区的实验性研究。目前，国际上主要的森林可持续经营指标与标准有：①1991年国际热带木材组织（ITTO）针对热带天然林可持续经营提出国家级5个标准、27个指标，森林经营单位级6个标准、23个指标。②1993年蒙特利尔行动纲要提出了温带与北方森林保护与可持续经营63个指标，其中包括森林生态、经济以及社会效益的保持与加强指标。③1994年赫尔辛基行动通过了一个含6个标准、27个指标的标准体系，并将它作为欧盟国家在联合国环境与发展委员会指导下的有一定约束性的框架文件。④1995年亚马孙行动针对拉丁美洲亚马孙热带雨林国家提出了森林可持续经营指标体系，分3个方面，即国家水平的41个指标，经营单位水平的23个指标，为全球服务水平的7个指标。⑤1996年国际林业研究中心在调查研究的基础上，为热带森林可持续经营试验示范项目提出了一个标准与指标体系，共包括33个指标，有较强的实用性。另外，还有政府间森林工作组（IWCF）、印度—英联邦活动、森林管理委员会（FSC）、森林和可持续发展的世界委员会（WSFSD）、国际林业研究中心（CIFOR）在1994年12月开展了森林可持续经营的国际对话，组织了在加拿大、印度尼西亚、巴西和非洲的森林可持续经营标准与指标的实施示范。近东地区1996年10月15~17日在开罗举行的"近东可持续森林管理标准和指标专家会议"确定了一套适合本地区的标准和指标，并已经逐渐开始应用。

11.3.1 评价指标体系建立的原则和方法

11.3.1.1 评价指标建立的原则

①系统性。评价指标和标准不仅要反映森林的发生发展规律，而且还要反映对区域功能的促进，即森林系统与环境、社会经济系统的整体性和协调性。

②独立性。各评价指标和相应标准应相互独立。

③可比性。指评价指标和标准应有明确的内涵和可度量性。

④真实性。指评价指标能反映事物的本质特征。

⑤实用性。指评价指标应操作简便，评价方法易于掌握。

11.3.1.2 指标体系建立的方法

森林效益评价指标系统属于复杂软系统范畴，要多种方法相结合才能比较客观地进行评价，常用的系统分析评价方法有软系统方法（SSM）、综合集成法（SIM）、定性中的广义归纳法和系统工程（SE）等，结合森林效益评价指标体系，每一种分析评价方法有其优缺点：①SSM 法是一个已感知的期待改善问题的开始，未包括问题的发现与形成这一前期阶段。且 SSM 目标在于探索与改进问题，其变革现实部分比较笼统。②SIM 法也如此，但它难以掌握解决问题的"度"，其研究结论通常缺乏量的规定与可操作性；然而能得到有针对性的对策或行动方案，使 SSM 中笼统的变革部分具体又可操作，对剩下的难于结构化的问题也可用 SSM 法改进。③SE 工程偏于硬系统，解决良性结构问题。因此，只有把 SSM、SIM、SE 和定性研究四种方法有机结合起来，逻辑上才完善，也才能覆盖各种系统。其次，这些方法本身的特点是互补的，因定性研究长于发现问题，提出问题和开发概念，SSM 法有可能使整个问题或其部分结构化后成为目标明确的优良结构系统，从而用 SE 求得问题的解决；再由定性研究→SSM→SIM→SE，定量研究色彩越来越浓，对专家经验体系的利用越来越弱，因此，在进行森林效益评价时应该把 SSM、SIM、定性研究和 SE 四种方法有机融合起来，形成软系统归纳集成法（SSMII），作为评价指标体系建立的方法和软件支撑。SSMII 的逻辑程序由 4 个相互关联部分组成。

（1）任务目标分析阶段

接受了解决目标不明确，结构模糊的复杂软系统问题后，要通过对系统的环境、功能、组成要素、结构与运行、输入与输出、历史与现状等进行调研与分析，来构想问题情境，挑选专家与样本（或典型）。基本上采用广义归纳方法，以专家会议或咨询形式，形成对研究问题明白的、公认的表述形式系统（以后可以再修正）。通过结构化分析分别转入第二或第四步。

（2）用 SSM 处理不良结构问题使其科学化阶段

在问题系统更新以后，或者再用 SSM 改进问题提法，或者再作结构化分析并分别转入第三或第四步。

（3）用 SIM 处理半结构化问题

尽管对这种问题的全部不一定能把握，但总可以找到供行动决策的（当时当地）相对满意方案。

（4）用 SE 处理不良结构问题

一般可求得这部分问题的最优解。

要说明的是第二、三、四步都需要对解决问题的认识与行动方案，要通过数据模拟结果的效益评价与风险（或可靠性）分析，并通过专家组的审议，满意后才能付诸行动，否则要返回重新用 SSM 定义问题或者再进行更基础的抽象归纳，以修正原问题系统。

11.3.1.3 评价指标的筛选与权重确定方法

评价指标筛选是根据 K.J. 法、Delphi 法、会内会外法。用专家咨询表的定量信息和定性信息进行统计分析，如果有 1/3 以上的专家认为某项指标一般或不重要，该指标即被淘汰，此外，对于权重很小的指标并入相近指标中。经过 4 轮专家咨询，直到 70% 以上的专家认同，才列入指标体系，形成评价指标。

评价指标权重确定方法主要有 Delphi 法、AHP 法、AHP-Delphi 法、把握度—梯度法和最大熵—最大方差法。首先请专家填写 3 种咨询表格。第一种咨询表请专家对每一待定指标按很重要、重要、一般、不重要 4 个等级填写；第二种表请专家直接综合该指标的权重(对紧上指标);第三种由专家按递阶层次结构对每一个上级指标,按其所辖的下级指标两两比较其重要程度,用5等9级法得出判断矩阵。

课题组尽量利用已积累的各评价单元的各选定指标的观测数据,得出单元评价数据矩阵 $X_{n\times m}$。同时课题组的专家们对各评价单元给出模糊评价判断矩阵 R。

在设计林业生态工程效益评价指标体系咨询表时,实际上是要求专家们按四大防护林分别填写咨询表与分类整理单元评价数据矩阵 X。

对第一种与第二种咨询表以 Delphi 法处理(进行3轮),必要时也可按会内会外法加快处理。前者用以确定一条指标是否被淘汰。后者可得出要保留的第 j 指标的权重为 DW_j,DW_j 可能与地区分类有关。

对第二种咨询表以3种群组 AHP 法处理,即①对数最小二乘意义下的群组 AHP 法;②AHP-Delphi 组合法;③把握度、梯度特征向量法。此3种方法求得的指标权重,往往仍有差异,故需由课题组使用会内会外法将三者综合为指标的 AHP 权。

对专家们给出的评价单元意见表,处理后得出单元模糊评价矩阵 R_i。使用 Fuzzy 单纯形调优运算以求各指标的模糊权重 $FW_j(j=1,2,\cdots,m)$。

对观测统计得出的 n 个单元,m 个指标数据矩阵 X;我们仍首先使用主成分法来求出第一成分各分量,即从 X(或经过规范化)求得其相关系统矩阵 R,再求出其特征值与相应特征向量(应归一化)。这第一主成分的分量表示为 $PW_j(j=1,2,\cdots,m)$。

使用主成分法虽有上段指出的问题,但由它求得的各主成分,实际提供了森林评价体系中 B 级与 A 级指标(已有综合性)的设置是否与观测数据相协调的信息。如果专家们(通过会内会外法)认为两者是协调的,还应把各主成分向量适当加权综合为 PW_j(主成分权向量);如果专家们认为两者很不协调,而原设定的递阶层次结构指标(主要是 B 层)也合理,则使用上段的最大熵—最大方差法来求出各指标权重,记为 $HPW_j(j=1,2,\cdots,m)$。

上述4类权重估计,Delphi 权与 AHP 权主要基于专家群体的经验,主成分权取决于观测数据的科学性,Fuzzy 权则与专家及观测值均有关,在仔细分析4种权之间的异同(采用 K.J.法开会讨论)后,认定了其间差异可以接受,并规定第 j(基原)指标权重 $W_j = 0.5DW_j + 0.25AW_j + 0.25PW_j$(或 HPW_j)。

当然加权系数 0.5、0.25、0.25 也可由会内会外法做其他选择。上述方法确定各指标权重后,采用由下层逐级向上合成。

11.3.2 效益评价指标体系建立

通过搜集国内外防护林效益研究方面的文献,认真分析蒙特利尔行动纲要、赫尔辛基行动、亚马孙行动、国际热带木材组织等的标准和指标,国内"长江中上游防护林体系生态经济效益评价技术研究""黄土高原水土保持林体系综合效益研究"等文献,结合四大防护林体系的环境背景特征及我国防护林建设的目的和区域社会经济状况,尽可能多地搜集评价指标,采取宁多勿缺的原则,并按生态、经济、社会三大效益作为标准,形成第一轮评价指标(图 11-1)。

据此,邀请相关专家学者召开咨询会。通过会内法,根据专家建议,将相应指标纳入森林生态系统,使之更加完善。会外请专家填咨询表,对指标框架和各级指标的构成进行

图 11-1　第一轮评价指标体系框架

(彭培好，2003)

表态，按"赞成、基本合理、需修改、不恰当"4项，同时对指标的重要性进行表态，按"很重要、重要、一般、次要和无法表态"填写咨询表格。

通过会内专家对指标的评判和专家咨询表统计分析，若专家赞成某项指标的人数大于60%时，该指标作为保留指标；对于补充指标，在会上提出，请专家表态，若60%以上的人赞成增补的，作为保留指标，由此把课题组整理提出的指标进行调整和归并，并构成第二轮评价指标体系(图 11-2)。

图 11-2　第二轮评价指标体系框架

(彭培好，2003)

对第二轮评价指标,仍邀请相关方面的专家,运用头脑风暴法和会内会外法对指标框架和各级指标进行归并、补充和重要性表态,经统计、分析、整理,凡评价指标有70%以上的专家赞成的,均作为保留指标,同时又根据专家的定性和定量信息对指标的重要性和权重进行分析,由此构成第三轮评价指标体系(图11-3)。

图 11-3　第三轮评价指标体系框架

(彭培好,2003)

以第三轮评价指标为基础,根据我国四大生态林业工程建设状况,各区的生态、经济特点,按照 SSMII 法的要求,在我国三北、太行、沿海、长江四大片,各邀请 11~12 名专家和高层管理人员,请他们对全国和各区的指标进行重要性表态和指标两两比较。最终确定效益评价指标体系。

对于通过上述方法确定删除的指标,采用会内会外法再次确定是否保留。由此,B 级指标保持 13 个不变,C 级指标由 81 个压缩为 51 个,由此形成第四轮评价指标体系(图11-4)。

图 11-4　第四轮评价指标体系框架

(彭培好,2003)

11.3.3 综合效益评价指标的确定

效益评价的首要工作是建立一套能客观、准确、全面并定量化反映效益的评价指标或指标体系。到目前为止，世界上还没有一个能被广泛接受的效益评价指标体系。要成功地提出一整套综合效益指标体系，必须选择定性与定量相结合的原则和方法。首先由专家组群研究指标体系的具体构成。依据水土保持林体系综合效益评价的目的，选取各项评价指标。评价指标应意义明确，能较好地反映水土保持林体系的特征，符合生态经济理论和系统分析原理。周学安等指出，效益指标的确定应对应于其总效益与诸多分效益，可以由4级指标组成体系。Ⅰ级指标为总指标，称聚合指标（总效益指标）；Ⅱ级指标为分类指标，又称性质指标（分效益指标）；Ⅲ级指标为具体指标，又称体现指标（准效益指标）；Ⅳ级指标为结构指标，又称效益构成指标（也即计算效益的基础指标）。其次，分析指标体系中各项要素之间的相互作用和相互联系，提出它们在综合体系中的相对地位和相对影响，也就是所占的权重。近几年来，随着线性代数、模糊数学、集合论和电子计算机的应用，人们确定权重的方法正在从定性和主观判断向定量和客观判断的方向逐步发展。目前常用的方法有：专家评估法（特尔菲法）、频数统计分析法、等效益替代法、指标值法、因子分析法、相对系数法、模糊逆方程法和层次分析法等。最后，在不同层次上，综合成具有横向维、竖向维和指标维的三维综合效益指标体系。

11.3.4 综合效益评估模型的建立

评估模型建立的主要程序是：第一，应对林分进行详尽的可利用功能的调查，即了解该片森林可被利用的功能种类；第二，研究估测每种可利用功能可能达到利用的程度，是利用得很充分，还是只限于一般性利用，或是利用水平暂时还不理想；第三，给不同的利用程度确定量化比重，如设充分利用为100%，一般利用为50%，暂时还不理想为20%；第四，设计林分利用功能的计算模型，即评估模型。建立评估模型，一方面可以进一步验证用指标比较方法进行评价的优越性；另一方面又可以对不宜于或难于用指标比较方法进行评价的方案进行优化处理。评估模型建立的关键性问题是：确定效益评价的统一尺度；确定在此尺度下的计量指标体系；将不同性质的效益内容用适当方法，在统一尺度中加以衡量。

11.4 林业生态工程效益评价典型案例

彭培好在其博士论文《林业生态工程效益评价的软系统方法论及其应用》中，对川江流域防护林综合效益进行了评价，其中包括以下5个方面：

11.4.1 川江流域防护林基本概况

(1) 林分结构组成

川江流域的防护林的建设自1985年启动实施，截至2000年，历经10多年，现有防护林 285.6×10^4 hm^2，其中幼林、中林、近熟林、成熟林、过林分别占44.80%、40.47%、

4.77%、9.41%、0.55%。可见川江防护林是以建设于"八五"和"九五"期间的幼林与中林为主的人工林。

主要造林树种为马尾松、柏木、云南松、栎类、冷杉、华山松等六种,分别占31.11%、30.53%、10.51%、6.43%、3.02%、3.72%。其余22个树种总面积仅390 669.7 hm²,仅占防护林总面积的13.68%。

(2) 投入、产出概况

工程总投资91.55亿元,平均每公顷资金投入约为3205元(每亩213.7元)。通过长防林工程建设,到2000年川江的森林覆盖率提高17%,生物多样性指数达到7.64,干燥度为88.27%。每公顷防护林生物量为31.27 t,年调蓄水效益平均为0.366 t/hm²,蓄水容量达到414 t/hm²,林区土壤侵蚀面积减少62.2%,每公顷保土效益为18.07 t,森林土壤总孔隙度为46.63%,有机质含量达4.8%,平均每公顷木材产值565.71元,可固定CO_2量为45.73 t。

11.4.2 川江流域防护林综合效益总体评价

长防林一期工程(川江部分),从1985年启动历经"七五""八五""九五"3个五年计划,在表11-2给出了1985—2010年川江防护林的面积、资金投入、每公顷综合效益指数和平均综合效益。由表11-2可见,川江部分防护林综合效益,2000年时约为1985年的7倍,到2010年时达到9.66倍;林分每公顷平均效益,2000年时虽仅为1985年的76.14%,但到2010年时达到119.32%。这一结果反映了随着新造工程林的成长,防护林的林分质量逐步提高,效益也在稳步提升。

表11-2 江川防护林(一期)综合效益

年度	防护林面积 (×10⁴ hm²)	综合产出总分 (万分)	每公顷 平均效益	一期工程面 积变化指数	总分	每公顷效益 相对指数
1985	35.27	1018.70	54.40	100.00	100.00	100.00
1990	42.06	2409.40	57.20	119.30	126.00	105.00
1995	155.06	6446.80	41.42	441.30	337.00	76.14
2000	285.61	13 333.70	46.86	809.80	698.00	86.14
2005	285.61	17 322.40	60.65	809.80	902.80	111.49
2010	285.61	18 539.90	64.91	809.80	966.30	119.32

注:引自彭培好,2003。

11.4.3 川江流域防护林主要林分类型的综合效益分析

川江流域防护林(一期)工程的主要林分类型由桉树和柏木等28种树木构成,分析每一林分类型的面积、每公顷效益、总分与贡献(该树种对川江综合效益的贡献,表11-3)。总分贡献与平均效益用直方图(图11-5)表示。由图可见,两者很不匹配,表明川江流域防护林的树种结构不够合理,尚待优化。

表 11-3 江川防护林林分效益分析

树种	每公顷效益	综合效益总分	面积(hm²)	贡献	贡献排名	每公顷效益排名
桉树	37.43	41 189.71	1100.4	0.0308	20	24
柏木	12.88	37 396 979.65	872 068.81	27.9423	1	20
刺槐	57.62	35 634.83	618.40	0.0266	22	6
枫杨	31.34	670.79	21.40	0.0005	26	28
高山松	58.28	209 451.02	3593.60	0.1565	17	5
国外松	39.21	777 041.56	19 813.00	0.5806	14	21
华山松	50.24	3 573 015.02	70 858.10	2.6697	8	12
桦木	54.32	2 028 331.51	37 334.20	1.5155	10	8
冷杉	65.72	7 538 197.63	114 690.20	5.6324	5	3
栎类	52.83	9 706 073.68	183 715.38	7.2524	4	9
柳杉	47.03	38 474.55	818.00	0.0287	21	17
落叶松	36.43	22 529.91	618.40	0.0168	25	25
马尾松	39.17	34 800 090.80	888 402.22	26.0019	2	22
桤木	50.37	412 607.96	81 793.22	3.0788	7	13
千丈	52.07	10.41	0.20	0.0000	28	10
青冈	69.21	2 080 348.33	30 057.00	1.5544	9	2
软阔	57.12	6 068 773.14	106 232.73	4.5345	6	6
杉木	38.09	1 947 681.65	51 125.30	1.4553	11	23
湿地松	49.62	76 717.99	1546.10	0.0573	19	14
杨树	48.37	177 710.71	3673.50	0.1328	18	15
意杨	43.36	22 844.52	526.80	0.0171	24	18
硬阔	48.10	1 763 538.29	36 658.80	1.3171	12	16
油杉	43.19	26 851.48	621.60	0.0201	23	19
油松	34.91	1 149 819.20	32 935.70	0.8591	13	27
云南松	64.93	19 492 964.16	300 197.30	14.5648	3	4
云杉	51.76	438 557.09	8471.90	0.3277	15	11
杂木林	35.58	310 875.28	8483.54	0.2256	16	26
樟树	70.58	283.43	4.00	0.0002	27	1
合计	46.859	133 836 566.30	2 855 980.00	100.0000		

注：引自彭培好，2003。

也可看出，贡献最大的树种(前八名)依次为柏木(27.9%)、马尾松(26%)、云南松(14.6%)、栎类(7.2%)、冷杉(5.6%)、软阔(4.5%)、桤木(3%)、华山松(2.7%)，共占91.5%。基本上与这八种树的造林面积所占比例91.66%相当。按单位面积(公顷)平均效益看，效益最高的树种依次为樟树、青冈、冷杉、云南松、高山松、刺槐、栎类、桦木、云杉、华山松、桤木、湿地松、杨树、硬阔、柳杉等16种。这16个树种的每公顷森林综合效益都高于川江防护林的平均(每公顷森林)综合效益。16个树种中，仅云南松、栎类、华山松、桤木的造林面积与贡献同时进入前八名，而造林面积最大的柏木与马尾松的平均综合效益排在第21名与第22名。表明柏林和马尾松林的林分质量较差，需要进一步抚育，并进行林分结构调整。

图11-5 江川防护林林分平均效益及其贡献比例

(彭培好，2003)

11.4.4 川江流域各支流防护林综合效益分析

分析得知，对川江流域一期防护林综合效益的贡献由大到小依次为金沙江(21.33%)、嘉陵江(19.32%)、长江上游干流(18.07%)、渠江(16.21%)、涪江(14.73%)、沱江(10.32%)。平均效益如以川江总体为基准，也以金沙江流域最高，达135.80；沱江次之，为106.6；涪江为95.05；其余各流域均在90~92，差异不大。资金投入产出比以长江上干流最好，其次为沱江、涪江、嘉陵江、金沙江，最差的为渠江(表11-4)。

表11-4 全流域和各流域长防林工程效益表

流域名	森林面积 (hm²)	资金投入 (万元)	平均效益值		产出总分值		投入产出比 (分/万元)
			得分	%	万分	%	
长江干流	573 353.00	50 625.25	42.18	90.02	21 418.7	18.07	477.77
沱江	276 614.90	85 552.20	49.99	106.69	1383.08	10.33	167.54
涪江	442 589.10	128 065.24	95.05	95.05	1917.38	14.73	153.94
嘉陵江	601 309.51	177 278.18	91.76	91.76	2585.51	19.32	145.85
渠江	513 405.40	226 111.74	90.18	90.18	2169.63	16.21	95.95
金沙江	448 707.90	250 836.97	135.80	135.80	2855.37	21.33	113.83
川江	2 855 979.80	915 469.58	100.00	100.00	13 383.65	100.00	146.19

注：引自彭培好，2003。

11.4.5　川江流域各县防护林综合效益分析

68个县在1985—2010年防护林一期工程的综合效益总产出分，以及它们对同期川江流域防护林总效益的贡献进行评分。

在长防工程启动初的1985年，川江流域防护林综合效益主要集中在12个县，从大到小依次为（括号内为贡献百分比）：西昌（11%）、冕宁（8.6%）、会东（8.46%）、通江（7.4%）、茂县（6.9%）、旺苍（5.6%）、开县（5.3%）、仁和区（5.1%）、丰都（3.5%）、奉节（3.3%）、广元（3.1%）、綦江（3.1%），这12个县共占了总效益的62.8%。其余56个县的贡献只占372%，其中处于四川盆地丘陵区的45个县的贡献均远低于1%，而简阳、内江、武胜、开江等14个丘陵县的贡献更小，累计值仅占总效益的0.72%。

经过"七五""八五""九五"的持续建设，川江流域防护林在2000年已初具规模，总的综合效益指数达698（以1985年100计算），其中防护林效益贡献最大的前十个县依次是：西昌（43%）、冕宁（72%）、会东（4.9%）、通江（4.2%）、茂县（5.3%）、广元（4.3%）、旺苍（3.9%）、宣汉（3.9%）、剑阁（3.2%）、奉节（3.4%）。这十个县再加上排名第十一的开县（2.9%），第十二的盐亭（2.8%）共占了总效益的50.2%，这12个县中，宣汉、剑阁、盐亭的贡献都增加1倍以上。前述四川盆地丘陵地区14个县（除去武胜、岳池、西昌）的贡献一般都增加了10倍，对川江部分总产出的贡献由1985年时的0.72%，急剧增加到2000年的6.88%。

到2010年时，上述趋势更为明显，长防一期工程林的效益在总量增加为966.3（以1985年为100）的同时，效益贡献更为均匀。贡献超过3%的县只有9个，依次是冕宁（6.1%）、茂县（43%）、广元（4.1%）、通江（4.1%）、会东（4.1）、宣汉（3.9%）、旺苍（3.6%）、剑阁（3.5%）、西昌（3.5%），再加上贡献排名10~12位的奉节、盐亭和巴中，这12个县的贡献为45.39%，比1985年下降17.4个百分点。

本章小结

本章介绍了林业生态工程效益的概念、林业生态工程效益评价指标体系的建立和林业生态工程效益评价方法。林业生态工程效益目前还没有统一的概念，本章仅根据水土保持效益的概念进行初步定义。林业生态工程效益包括生态效益、社会效益和经济效益，生态效益指水源涵养、对土壤、水文和水质、小气候的改善程度，社会效益指社会进步指数、生活质量的改善等反映社会发展的情况，经济效益包括直接经济效益和间接经济效益。林业生态工程效益评价指标体系根据生态效益、社会效益和经济效益分别确定，并用彭培好博士论文中的川江流域防护林体系实例对林业生态工程效益进行了分析。

复习思考题

1. 什么是生态工程？什么是林业生态工程？
2. 森林具有哪些生态功能？

3. 我国目前实施的林业生态工程有哪些？各有哪些特点？

4. 林业生态工程包括哪些具体类型？各种类型的林业生态工程分别承担什么生态功能？

5. 应从哪些方面考虑山丘区林业生态工程的配置模式？

6. 森林培育应包括的技术体系？

7. 干旱地区林业生态工程建设的限制性因素是什么？关键性解决技术有哪些？

8. 集水系统主要有哪些类型？微区域集水系统的结构和功能有什么特点？

参 考 文 献

白清俊,董树亭,李天科,等,2004. 小流域集水效率的试验研究[J]. 水土保持学报,18(5):72-74,150.
程荣香,张瑞强,2008. 光伏提水技术在农作物灌溉上的应用[J]. 可再生能源(1):72-73,78.
单奇华,张建锋,沈立铭,等,2012. 沿海生态防护林结构与构建技术[J]. 浙江林业科技,32(1):58-62.
丁光敏,2001. 福建省崩岗侵蚀成因及治理模式研究[J]. 水土保持通报,21(5):10-15.
丁圣彦,梁国付,曹新向,2003. 集水背景下小流域综合治理的措施和管理形式[J]. 水土保持通报,23(3):50-52,63.
董晓宁,2014. 治理崩岗的一种生物新技术[J]. 亚热带水土保持,26(3):49-50.
杜天真,1991. 论鄱阳湖区防护林体系建设[J]. 江西林业科技(3):27-30.
范志平,曾德慧,余新晓,等,2006. 生态工程理论基础与构建技术[M]. 北京:化学工业出版社.
付昆,赵志伟,2005. 论林业生态工程生态效益的经济计量[J]. 甘肃农业(5):14.
高占义,刘静,余根坚,2015. 太阳能光伏提水灌溉技术应用[J]. 水利水电技术,46(6):104-107.
韩清芳,李向托,王俊鹏,等,2004. 微集水种植技术的农田水分调控效果模拟研究[J]. 农业工程学报,20(2):78-82.
胡海波,张金池,鲁小珍,2001. 中国沿海防护林体系环境效应的研究[J]. 世界林业研究,14(5):34-43.
胡培兴,白建华,但新球,等,2015. 石漠化治理树种选择与模式[M]. 北京:中国林业出版社.
康立新,王迷礼,张纪林,等,1997. 沿海防护林体系气候、土壤及护堤效应[M]. 北京:中国林业出版社.
雷加富,2001. 新时期林业建设的战略性调整——论六大林业重点工程建设[J]. 林业经济(2):15-18.
雷孝章,王金锡,彭培好,等,1999. 中国生态林业工程效益评价指标体系[J]. 自然资源学报,14(2):175-182.
李凯荣,张光灿,2012. 水土保持林学[M]. 北京:科学出版社.
李世东,2001. 世界重点林业生态工程建设进展及其启示[J]. 林业经济(12):46-50.
刘勇,支玲,邢红,2007. 林业生态工程综合效益后评价工作研究进展[J]. 世界林业研究,20(6):1-5.
马骏,阚丹好,沙敏,等,2014. 滇池流域石漠化地区植被恢复技术研究[J]. 安徽农业科学,42(33):11782-11783,11807.
南岭,郭芬芬,王小丹,等,2011. 云南元谋干热河谷区典型植被恢复模式的水土保持效应[J]. 安徽农业科学,39(9):5168-5171,5225.
彭培好,2004. 林业生态工程效益评价的软系统方法论及其应用[D]. 成都:成都理工大学.
阮伏水,2003. 福建省崩岗侵蚀与治理模式探讨[J]. 山地学报,21(6):675-680.
阮光忠,许基金,2010. 高效益沿海防护林体系建设初探[J]. 中国林业(9):39.
沈国舫,2001. 森林培育学[M]. 北京:中国林业出版社.
沈慧,姜凤岐,1999. 水土保持林效益评价研究综述[J]. 应用生态学报,10(4):492-496.

孙立达，孙保平，齐实，等，1992. 小流域综合治理理论与实践[M]. 北京：中国科学技术出版社.
王百田，2010. 林业生态工程学[M]. 3版. 北京：中国林业出版社.
王克勤，孟菁玲，1996. 国内外集水技术的研究进展[J]. 干旱地区农业研究，14(4)：109-117.
王克勤，赵雨森，陈奇伯，等，2008. 水土保持与荒漠化防治概论[M]. 北京：中国林业出版社.
王礼先，1995. 水土保持学[M]. 北京：中国林业出版社.
王礼先，王斌瑞，朱金兆，等，2000. 林业生态工程学[M]. 2版. 北京：中国林业出版社.
王学强，蔡强国，2007. 崩岗及其治理措施的系统分析[J]. 中国水土保持(7)：29-32.
王永安，1989. 论我国水源涵养林建设中的几个问题[J]. 水土保持学报，3(4)：74-82.
王治国，张云龙，刘徐师，2000. 林业生态工程学：林草植被建设的理论与实践[M]. 北京：中国林业出版社.
吴志峰，李定强，丘世均，1999. 华南水土流失区崩岗侵蚀地貌系统分析[J]. 水土保持通报，19(5)：24-26.
谢以萍，杨再强，2004. 攀西干旱干热河谷退化生态系统的恢复与重建对策[J]. 贵州林业科技，32(1)：8-12.
徐超，王昌，闫洪波，等，2016. 一种光伏光热太阳能发电及集水于一体装置[J]. 能源与节能(10)：71-72.
徐红梅，唐万鹏，潘磊，等，2010. 三峡库区低山丘陵区水土保持型植被建设[J]. 湖北林业科技(2)：2.
杨京平，2005. 生态工程学导论[M]. 北京：化学工业出版社.
杨荣慧，王延平，张海，等，2004. 山地集雨节灌系统的设计与利用[J]. 西北农业学报，13(2)：138-143.
叶金虎，赖明，2022. 乡村振兴背景下光伏提水灌溉技术在农业中的应用研究——以广东云浮地区为例[J]. 农机与农艺(1)：57-59.
云正明，刘金铜，王占升，等，1998. 生态工程[M]. 北京：气象出版社.
翟明普，沈国舫，2016. 森林培育学[M]. 3版. 北京：中国林业出版社.
张建国，1994. 林业经营综合效益评价研究[J]. 林业资源管理(4)：70-73.
张廓玉，周晓林，1999. 怎样营造梯田地坎防护林[J]. 林业科技通讯(10)：26-30.
张淑焕，2000. 中国农业生态经济与可持续发展[M]. 北京：社会科学文献出版社.
张余田，2007. 森林营造技术[M]. 北京：中国林业出版社.
赵辉，罗建民，2006. 湖南崩岗侵蚀成因及综合防治体系探讨[J]. 中国水土保持(5)：1-31.
赵培仙，孔维喜，何璐，2014. 金沙江干热河谷退耕还林造林模式及造林技术研究[J]. 陕西林业科技(5)：29-34.
周春来，2013. 山丘区及坡面水土保持林体系及其配置模式[J]. 民营科技(4)：106.
周诗萍，2010. 浅谈儋州市沿海防护林建设存在问题及发展对策[J]. 热带林业，38(2)：50-51.